Bauen im Bestand ⇋ Gerd Geburtig, Frank Eßmann, Jürgen Gänßmantel (Hrsg.)

Außenabdichtungen

Andreas Brundiers, Gero Hebeisen, Ralf Hunstock, Arnt Meyer, Rainer Spirgatis

Bauen im Bestand ↔ Gerd Geburtig, Frank Eßmann, Jürgen Gänßmantel (Hrsg.)

Außenabdichtungen

Andreas Brundiers, Gero Hebeisen, Ralf Hunstock, Arnt Meyer, Rainer Spirgatis

2., überarbeitete und erweiterte Auflage

Fraunhofer IRB Verlag Beuth Verlag GmbH

Bibliografische Information der Deutschen Nationalbibliothek:
Die Deutsche Nationalbibliothek verzeichnet diese Publikation in der Deutschen Nationalbibliografie; detaillierte bibliografische Daten sind im Internet über www.dnb.de abrufbar.

Redaktion: Fraunhofer IRB Verlag, Stuttgart
Herstellung / Layout / Satz: Gabriele Wicker
Umschlaggestaltung: Martin Kjer
Umschlagfoto: Daniel Buchberger, Bergkirchen
Druck: Offizin Scheufele Druck und Medien GmbH & Co. KG, Stuttgart

ISBN (Print): 978-3-7388-0134-7
ISBN (E-Book): 978-3-7388-0135-4

Fraunhofer-Informationszentrum
Raum und Bau IRB
Nobelstraße 12, 70569 Stuttgart
Telefon +49 711 970-2500
Telefax +49 711 970-2508
irb@irb.fraunhofer.de
www.baufachinformation.de

ISBN (Print): 978-3-410-28555-7
ISBN (E-Book): 978-3-410-28556-4

Berlin · Wien · Zürich
Am DIN-Platz
Burggrafenstraße 6, 10787 Berlin
Telefon +49 30 2601-0
Telefax +49 30 2601-1260
info@beuth.de
www.beuth.de

Inhalt

Vorwort zur zweiten Auflage		11
1	Einleitung	13
2	Regelwerke	15
2.1	Geltungsbereiche	15
2.2	Regeln der Technik	15
2.3	Die DIN 1853er-Reihe für Bauwerksabdichtungen	16
2.4	DIN 18533 – Abdichtung von erdberührten Bauteilen	19
2.4.1	Wassereinwirkungsklassen	19
2.4.2	Rissklassen	20
2.4.3	Rissüberbrückungsklassen	20
2.4.4	Raumnutzungsklassen	21
2.4.5	Wahl der Abdichtungsbauart	21
2.5	Richtlinien für die Planung und Ausführung von Abdichtungen mit flüssig zu verarbeitenden Abdichtungsstoffen	22
2.5.1	Richtlinie für die Planung und Ausführung von Abdichtungen mit polymermodifizierten Bitumendickbeschichtungen (PMBC)	22
2.5.2	Richtlinie für die Planung und Ausführung von Abdichtungen von Bauteilen mit mineralischen Dichtschlämmen	24
2.5.3	Richtlinie für die Planung und Ausführung von Abdichtungen erdberührter Bauteile mit flexiblen Dichtschlämmen	24
2.5.4	Richtlinie für die Planung und Ausführung von Abdichtungen mit flexiblen polymermodifizierten Dickbeschichtungen (FPD)	25
2.6	Merkblatt zur Abdichtung von Mauerwerk	26
2.7	WTA-Merkblätter	27
2.7.1	WTA-Merkblatt 4-5 Beurteilung von Mauerwerk – Mauerwerksdiagnostik	28
2.7.2	WTA-Merkblatt 4-6 Nachträgliches Abdichten erdberührter Bauteile	29
2.7.3	WTA-Merkblatt-Entwurf E-4-9 Instandsetzung von Gebäude- und Bauteilsockeln	30

3	**Grundlagen der erdberührenden Bauwerksabdichtung nach DIN 18533**	31
3.1	Wassereinwirkungsklassen	31
3.1.1	Bodenfeuchte und nichtdrückendes Wasser (W1-E)	34
3.1.2	Drückendes Wasser (W2-E)	36
3.1.3	Nichtdrückendes Wasser auf erdüberschütteten Decken (W3-E)	37
3.1.4	Spritzwasser und Bodenfeuchte am Wandsockel sowie Kapillarwasser in und unter Wänden (W4-E)	37
3.2	Mauerwerksbeanspruchungen	37
3.3	Planungs- und Ausführungsleitsätze	39
3.3.1	Rissklassen (Rx-E)	40
3.3.2	Rissüberbrückungsklassen (RÜx-E)	41
3.3.3	Raumnutzungsklassen	41
3.4	Anforderungen an die Abdichtung und an den Untergrund	42
3.5	Anwendungen von Bitumenbahnen für erdberührte Bauwerksabdichtungen	44
3.5.1	Bitumen-Voranstrichmittel	45
3.5.2	Schweißverfahren	46
3.5.3	Gießverfahren	46
3.5.4	Kaltselbstklebeverfahren (KSP-Bahnen)	46
3.5.5	Kaltselbstklebeverfahren (KSK-Bahnen)	46
3.6	Flüssig aufzutragende Abdichtungsstoffe für erdberührte Bauwerksflächenabdichtungen	47
3.6.1	Kunststoffmodifizierte Bitumendickbeschichtung (PMBC)	48
3.6.2	Anwendungsbereiche für kunststoffmodifizierte Bitumendickbeschichtungen (PMBC)	48
4	**Anwendung und Grenzen normengerechter PMBC-Bauwerksabdichtungen**	51
4.1	Untergrund	51
4.1.1	Mauerwerk	52
4.1.2	Verputzte Wandflächen	53
4.1.3	Betonoberflächen	53
4.2	Vorbereitungen	56
4.3	Innenecken	56
4.4	Hinterfeuchtungsschutz	59
4.5	Grundierungen	60
4.6	Detaileinbindungen	61
4.6.1	Durchdringungen	61
4.6.2	Fugen	63
4.7	Witterungsbedingungen	64
4.8	Schutzmaßnahmen	67

4.9	Verarbeitungen der PMBC-Abdichtung	67
4.9.1	Mischen	68
4.9.2	Materialaufträge	70
4.10	Frischschichtdicke	75
4.11	Verstärkungseinlagen	76
4.12	An- und Abschlüsse	77
4.13	Trockenschichtdicken	77
4.14	Schutzmaßnahmen	78
4.15	Schutzschichten	79
4.16	Baugrubenverfüllung	81
4.17	Qualitätssicherung vor Ort	81
4.18	Nachbesserung an PMBC-Abdichtungen	82
4.19	Anwendungsgrenzen	83
4.19.1	Dränmaßnahmen	83
4.19.2	Schadensbilder an PMBC-Abdichtungen	84
5	**Untersuchungen zur Schadensfindung**	89
5.1	Feststellung des Ist-Zustandes	89
5.2	Allgemeine Checkliste zur Beantwortung offener Fragestellungen	90
5.3	Checkliste zur Ermittlung von Kenndaten für die Ortsbegehung	92
5.4	Schäden im Gründungsbereich	94
5.5	Probennahme und Dokumentation	95
5.5.1	Probennahmen für die Feuchte- und Festigkeitsanalytik	96
5.5.2	Probennahmen für die Analytik bauschädlicher Salze	97
5.6	Fachplaner für Bauwerksinstandsetzung nach WTA	97
5.7	Planung der Ausführung	99
5.8	Planungsgrundsätze für Bauwerksabdichtungen im Bestand	99
5.9	Außenabdichtungsvarianten	100
6	**Bauwerksaußenabdichtung erdberührter Bauteile im Bestand**	103
6.1	Bauliche Erfordernisse	104
6.1.1	Wassereinwirkungsklassen nach DIN 18533	105
6.1.2	Baugrubenaushub	106
6.2	Abdichtungsstoffe	107
6.2.1	Referenzfläche	107
6.2.2	Produkt-/Systemauswahl	108
6.2.3	Allgemeine Randbedingungen	110
6.3	Untergründe	110
6.3.1	Untergründe von Bestandsabdichtungen	111
6.3.2	Teerhaltige Untergründe	111
6.3.3	Mineralische Untergründe	112
6.3.4	Bitumenhaltige Untergründe für Bauwerksabdichtungen	113

6.4	Übergänge und Anschlussbereiche	116
6.4.1	Übergangsbereich am Wandfußpunkt	116
6.4.2	Durchdringungen der Abdichtung	119
6.4.3	Anschlussbereiche	120
6.5	Grundierungen	121
6.6	Lokale Reparaturen an PMBC-Abdichtungen	121
6.6.1	Fehlstellen und Beschädigungen	121
6.6.2	Beschädigte Übergangsbereiche am Wand-Sohlenanschluss	122
6.7	Nachträgliche Bauwerksabdichtung mit PMBC	123
6.8	Flächige Bauwerksabdichtung mit PMBC auf Altbitumenuntergründen	125
6.9	Nachträgliche Bauwerksabdichtung im erdberührten Bereich mit mineralischen Dichtungsschlämmen (MDS)	126
6.10	Flexible polymermodifizierte Dickbeschichtungen (FPD)	128
6.10.1	Untergrund	128
6.10.2	Grundierungen/Haftbrücken	130
6.10.3	Vorteil Haftung	131
6.10.4	Zwischenabdichtung	131
6.10.5	Überarbeitung von Altbeschichtungen	132
6.10.6	Verarbeitung	134
6.10.7	Mindesttrockenschichtdicke	136
6.11	Abdichtungen aus WU-Beton	137
6.12	Schutzmaßnahmen und Schutzschichten	137
6.13	Perimeterdämmung	139
6.14	Instandsetzungen des Fassadensockels	141
6.15	Flankierende Maßnahmen	142
6.15.1	Maßnahmen gegen Schadsalze	142
6.15.2	Maßnahmen gegen hygroskopische Feuchte	143
6.15.3	Maßnahmen gegen kapillar aufsteigende Feuchtigkeit im Mauerquerschnitt	143
6.15.4	Trocknung durchfeuchteter Bauteile	148
6.15.5	Verputz von feuchten und durch Schadsalz belasteten Wandoberflächen	149
7	**Grundlagen der Gebäudesockelsanierung**	**151**
7.1	Definitionen	151
7.2	Sockelkonstruktionen	151
7.2.1	Einschalige Sockelkonstruktion	151
7.2.2	Zweischalige Sockelkonstruktionen	153
7.3	Belastungen	155
7.3.1	Beanspruchungen oberhalb der Geländeoberkante	155
7.3.2	Beanspruchungen unterhalb der Geländeoberkante	158

7.4 Regelkonforme Ausführung 158
7.4.1 Planung 158
7.4.2 Normative Vorgaben nach DIN 18533 159
7.4.3 Sockelputzrichtlinie 161
7.4.4 Geländeführung 162
7.5 Schäden am Gebäudesockel 163
7.5.1 Wasseraufnahme von Baustoffen 165
7.5.2 Bauschädliche Salze 170
7.5.3 Optische Schäden 171
7.5.4 Technische Schäden 172
7.6 Sockelzustandsanalyse 174
7.7 Regelwerke 176
7.8 Sanierung/Instandhaltung 177
7.8.1 Baustoffe für Abdichtungen des Sockels 178
7.8.2 Baustoffe für Sockelputze 178
7.8.3 Sanierputzmörtel 180
7.9 Grundlagen für die Ausführung gemäß WTA-Merkblatt-Entwurf E-4-9 181
7.9.1 Untergrundvorbehandlung 181
7.9.2 Vorarbeiten/Egalisierung 181
7.9.3 Flankierende Maßnahmen 182
7.9.4 Auftrag der Sockelabdichtung 182
7.9.5 Verklebung von Sockeldämmplatten 183
7.9.6 Sockelputze 183
7.9.7 Sanierputzsysteme-WTA 184
7.9.8 Putzabdichtung 184
7.10 Sanierung von steinsichtigen Gebäudesockeln 184
7.11 Ausführungsvarianten 185
7.11.1 Einschaliges Mauerwerk mit Wärmedämmverbundsystem (WDVS) 185
7.11.2 Einschalige, verputzte Sockelausführung 186
7.11.3 Zweischaliges Mauerwerk 187

8 Maßnahmen zur Qualitätssicherung 189
8.1 Messung der Nassschichtdicken 190
8.2 Prüfung von Trockenschichtdicken 191
8.3 Prüfungen auf Durchtrocknung 192
8.4 Haftungsprüfungen 192
8.5 Baustellendokumentationen für Neubauabdichtungen und nachträgliche Abdichtungen im Bestand 194

8.6 Qualifikationen 198
8.6.1 Qualifikationsnachweise durch Weiterbildungen 198
8.6.2 Qualifikationsnachweise durch Aus- und Fortbildungen 201
8.7 Baubegleitende Kontrollen 202
8.8 Ergebniskontrollen 202
8.9 Ausführungs-, Nutzungs- und Wartungshinweise 203

9 **Anhang** 205
9.1 Leistungsverzeichnisse 205
9.1.1 Nachträgliche Außenabdichtung erdberührter Wände mit PMBC auf mineralischen Untergründen wie Mauerwerk, Putz und Beton 206
9.1.2 Nachträgliche Außenabdichtung erdberührter Wände mit einer PMBC auf vorhandener bituminöser Altabdichtung 214
9.1.3 Nachträgliche Außenabdichtung erdberührter Wände mit einer flexiblen MDS auf mineralischen Untergründen wie Mauerwerk, Putz, Beton 222
9.2 Kalkulatorische Arbeitszeitrichtwerte (ARH) nachträglicher Außenabdichtung erdberührter Außenwände 230
9.3 Abrechnungsgrundlage von Leistungen für erdberührte Bauwerksaußenabdichtungen und Sockelinstandsetzungen im Bestand 232
9.4 Checklisten 236
9.4.1 Allgemeine Checkliste zur Beantwortung offener Fragestellungen vor Ort 236
9.4.2 Checkliste zur Ermittlung von Kenndaten für die Ortsbegehung 238
9.4.3 Checkliste zur optischen Beurteilungen von Schäden im Gründungsbereich 241
9.4.4 Checkliste zur Probennahme im Keller-, Sockel- und Erdgeschossbereich 244
9.4.5 Auftrag zur Probenbearbeitung 248
9.4.6 Ausführungsprotokoll 250
9.5 Literatur 259

Stichwortverzeichnis 262

Vorwort zur zweiten Auflage

Fehler an äußeren Abdichtungen von Gebäuden können verheerende Schäden nach sich ziehen. Deswegen ist der richtige Umgang mit nachträglichen Abdichtungen bei der Bauwerkserhaltung von außerordentlicher Bedeutung. Somit beginnt die neue Buchreihe zum BAUEN IM BESTAND konsequenterweise mit diesem fundamentalen Thema der Bauwerkssanierung.

Schon kleine Mängel an Außenabdichtungen können zu großen Feuchtigkeitsschäden führen, die dann im Nachhinein oft nur sehr aufwendig zu sanieren sind. So liegt es auf der Hand, dass der richtigen Abdichtung eines Gebäudes die besondere Aufmerksamkeit zu widmen ist. Gleichsam gibt es aber das Problem, dass die Methoden zur erdberührten Bauwerksaußenabdichtung normativ nur für Neubauten nach DIN 18533 geregelt sind. Für das nachträgliche Abdichten ist mittlerweile jedoch ein umfangreiches Regelwerk für die Sanierungspraxis in Form von Merkblättern durch die Wissenschaftlich-Technische Arbeitsgemeinschaft für Bauwerkserhaltung und Denkmalpflege e.V. (WTA) herausgegeben worden. Daher werden mit diesem Band zusammenfassend die anwendbaren Regeln, die sich zum einen aus den normativen Bestimmungen, zum anderen auch aus dem Regelwerk der WTA ergeben, beleuchtet und wertvolle Hinweise für den Sanierungsalltag gegeben.

Dabei freut es uns besonders, dass als Autoren ausgewiesene Experten ihres Fachs, die auch innerhalb der WTA kräftig »mitmischen«, gewonnen werden konnten. So ist ein Praxisbuch entstanden, das alles Notwendige enthält: Grundlagen der Bauwerksabdichtung, gut anwendbare Checklisten für die verschiedenen Sanierungsphasen und vielfältige Planungshinweise, sinnvolle Maßnahmen zur Qualitätssicherung bei der Ausführung sowie Tipps für die Ausschreibung der notwendigen Arbeiten.

Dafür gilt unser Dank den Autoren, die sich die Zeit nahmen, umfangreiche Hinweise für den erfolgreichen Start einer jeden Gebäudesanierung zu geben.

Die Herausgeber
Dormettingen, Mölln, Weimar, im Januar 2019

1 Einleitung

Die erdberührte Bauwerksabdichtung im Neubau und im Bestand stellt eine häufig auftretende Problemstellung in der Bauwerkserhaltung und Gebäudeinstandsetzung dar. Fehlt im Gründungsbereich eine funktionstüchtige, vertikale Außenabdichtung, kommt es zur Wasseraufnahme des Grundmauerwerks. Dies führt zur Beeinträchtigung der ursprünglich geplanten Nutzung des Kellers, des Wohnklimas und der Gesundheit der Bewohner. Wird dieser Faktor der Wasseraufnahme durch eine funktionstüchtige Abdichtung unterbunden, ist ein erheblicher Trocknungseffekt des feuchte- und oftmals salzgeschädigten Mauerwerks gegeben und die Voraussetzung für den dauerhaften Erfolg weiterer Instandsetzungsmaßnahmen geschaffen.

Ausgehend von den wirkenden Wasserbeanspruchungen und der Nutzung werden unterschiedliche Konzepte, Abdichtungstechniken und flankierende Maßnahmen aufgezeigt.

Unter Berücksichtigung der baukonstruktiven Gegebenheiten werden die praxisbewährten nachträglichen Abdichtungsvarianten mit flüssig aufzutragenden Abdichtungsstoffen beschrieben. Die Ausführungen durch qualifizierte Fachunternehmen und die fachspezifischen Qualitätssicherungen vor Ort ermöglichen, die vormals geschädigte Bausubstanz dauerhaft zu nutzen und zu erhalten.

Grundlage der nachträglichen erdberührten Bauwerksabdichtung ist die Planung – das Abdichtungskonzept. Basierend auf den Ergebnissen der Voruntersuchungen ist die Planung Grundstein des Erfolges. Es gilt, die umfangreiche Kenndatenermittlung der objektbezogenen Schadensbilder, deren Art, Ausmaß und Besonderheiten, sowie die Konstruktion des Kellermauerwerks zu prüfen. Neben der Art der am Objekt anstehenden Wasserbeanspruchung muss die Eignung und die Tragfähigkeit des Untergrunds der Außenwand für den jeweiligen Abdichtungsstoff beurteilt werden. Die Art der künftigen Nutzung des geschädigten Bauteils (Räumlichkeit) entscheidet über den Aufwand der weiteren Maßnahmen.

Neben den bauteilbezogenen Schadensuntersuchungen und deren Bewertungen mit daraus folgenden Sanierungskonzeptionen werden die Möglichkeiten der Schadensbeseitigung, der nachträglichen erdberührten Außenabdichtungen am Stand der aktuellen Regelwerke vorgestellt.

Neben den Bänden **Außenabdichtungen** und **Innenabdichtungen** ist in der Fachbuchreihe BAUEN IM BESTAND noch ein weiterer Band zum Thema Injektionsabdichtung geplant. Die Reihe wird als Handbuch aus der Praxis für die Praxis erstellt, wendet sich aber nicht nur an den Praktiker aus dem Handwerk, sondern auch an die Planer sowie die Bauüberwachung etc.

2 Regelwerke

2.1 Geltungsbereiche

Die am häufigsten festgestellten Bauschäden an Neu- und Bestandsbauten werden durch Feuchtigkeit hervorgerufen. Die Hitliste der Schäden an Gebäuden wird von durchfeuchteten Kellern und den angrenzenden, von Erdreich und Spritzwasser berührten Bauwerksteilen angeführt. Das universell anzutreffende Wasser mit seinen chemischen und physikalischen Besonderheiten kann direkt als Schadstoff oder indirekt als Transporteur von Schadstoffen auftreten. Folgenden Merksatz sollten daher alle Planer, Ingenieure und ausführenden Unternehmer beherzigen:

Feuchtigkeit ist der größte Feind aller Baustoffe!

Fehleinschätzungen der tatsächlichen Wasserbelastung sowie Unkenntnis der anzuwendenden technischen Regelwerke für die Planung und Ausführung sind neben fehlerhaft verarbeiteten Abdichtungsstoffen, einzeln, oftmals kombiniert auftretend, ursächlich und zeichnen verantwortlich für die hohe Schadensquote.

Um die komplexen Zusammenhänge für die Instandsetzung von feuchte- und salzgeschädigten Baustoffoberflächen und Bauteilen zu verstehen, müssen die am Bau Beteiligten auch Kenntnisse über die anzuwendenden Regelwerke besitzen. Die Hinweise sind vom Ausführenden als Hilfestellungen anzunehmen und praxisnah umzusetzen.

2.2 Regeln der Technik

Die anerkannten Regeln der Technik sind Regeln, die in der Wissenschaft als theoretisch richtig erkannt sind und feststehen, in der Praxis bei dem nach neuestem Erkenntnisstand vorgebildeten Techniker durchweg bekannt sind und sich aufgrund fortdauernder praktischer Erfahrung bewährt haben. Die Normen als anerkannte Regeln der Technik definieren den Standard im Bauwesen.

Dem Planenden und Ausführenden stehen technische europäische (EN) und nationale (DIN) Bemessungs-, Bauausführungs- und Bauproduktnormen zur Verfügung. Weiter- wie auch Fortentwicklungen der Regeln der Technik sind aufgrund des fortschreitenden Bauprozesses und der Produktentwicklungen geläufig.

Bauwerksabdichtungsarbeiten müssen nach Regeln durchgeführt werden, die ein dauerhaftes Funktionieren sicherstellen. Für die Planung, Ausführung und Beurteilung von Bauwerksabdichtungen im Neubaubereich hat sich in den vergangenen Jahrzehnten die Normenreihe der DIN 18195 bewährt. Diese Norm wurde durch die Einführung der Normenreihe DIN 18531 bis 18535 für die Abdichtung von Bauwerken im Juli 2017 ersetzt.

DIN-Normen haben einen hohen Status, dienen den am Bau Beteiligten der technischen Verständigung und tragen zur Gebrauchstauglichkeit und Qualitätssicherung bei. Allgemein gelten DIN-Normen als Maßstab für einwandfreies technisches Verhalten, da diese eindeutigen technischen Aussagen beinhalten. Durch die Vereinbarung von Normen lassen sich Rechtsstreitigkeiten vermeiden.

»Die am Bau Beteiligten schulden dem Besteller grundsätzlich kein »normgerechtes«, sondern ein den »anerkannten Regeln der Bautechnik« (a. R. d. Bt.) entsprechendes Werk – wenn nicht im Vertrag ausdrücklich etwas Anderes vereinbart wurde. Eine Abdichtungsbauweise entspricht den a. R. d. Bt. wenn sie als wissenschaftlich richtig anerkannt gilt, unter gut vorgebildeten Bautechnikern allgemein bekannt ist und wenn sie durch längere Praxis als »bewährt«, d. h. langfristig praxistauglich, eingeschätzt werden kann.« [1]

2.3 Die DIN 1853er-Reihe für Bauwerksabdichtungen

Als Bauwerksabdichtung werden alle Maßnahmen bezeichnet, die zum Schutz des Bauwerks oder Bauteils gegen Feuchtigkeit und Wasser geplant und ausgeführt werden. Schädigender Einfluss auf die Bausubstanz muss verhindert und die Nutzbarkeit sichergestellt werden. Der Schutz des Bauwerks gegen Wassereinwirkungen gehört somit zu den wichtigsten Aufgaben, um die Dauerhaftigkeit des Gebäudes und die Nutzung sicherzustellen.

Die DIN 18195 hatte ihren Ursprung (1983) in der Verwendung vorwiegend bahnenförmiger Abdichtungen. Sie basierte im erdberührenden Bereich auf weitgehend vereinheitlichten Abdichtungsverfahren. Neben erdberührten Bauteilen ging die Norm in Teil 5 auch auf genutzte Deckenflächen und Nassräume sowie in Teil 7 auf Behälter und Becken ein. Darüber hinaus wurden Detailfragen für Bewegungsfugen, Durchdringungen, An- und Abschlüsse in den Teilen 8–10 behandelt und beispielhaft Darstellungen für die Anordnung und Lage der Abdichtung mit Beiblatt 1 zur DIN 18195 gegeben.

Mit Einführung der neuen europäischen Produktnormen zeigte sich, dass die Aufnahme neuer Abdichtungsstoffe in diese Produktnormen zwangsläufig Auswirkungen auf den Teil 2 **Stoffe** hatte und die Ausführungsteile der DIN 18195 mit einschloss. Umfassend fand die letzte Überarbeitung im Dezember 2011 statt.

Die ursprünglich beabsichtigte Vereinheitlichung von Abdichtungsverfahren für alle Abdichtungsaufgaben wurde zwischenzeitlich durch die Entwicklung der Abdichtungstechniken überholt. Bauwerke werden heute auch aus wasserundurchlässigem Beton erstellt oder Abdichtungen mit Fliesen im Verbund dauerhaft abgedichtet, allerdings ohne bis dato normativ geregelt zu sein. Deshalb wurde im Herbst 2010 durch die betreffenden Normenausschüsse und anschließend durch das Lenkungsgremium des Fachbereichs 02 entschieden, die Normen der Bauwerksabdichtung zu bauteilorientierten Abdichtungsnormen neu zu strukturieren. Die Anwendungen der Normen werden für die Nutzer aus Planung, Ausführung und zur Beurteilung von Bauwerksabdichtungen systematisiert. Die bauteilorientierten Abdichtungsnormen erhalten eine gleichartige Struktur, mit vergleichbarem Sicherheitskonzept und mit gleichen Begrifflichkeiten, die in der eigens neu geschaffenen DIN 18195 **Begriffe** definiert sind.

Die Nummerierung der Bauwerksabdichtungsnormen erfolgt dabei nach den abzudichtenden Bauteilen:

- *»DIN 18195, Abdichtung von Bauwerken – Begriffe,*
- *DIN 18531, Abdichtung von Dächern sowie von Balkonen, Loggien und Laubengängen,*
- *DIN 18532, Abdichtung von befahrbaren Verkehrsflächen aus Beton,*
- *DIN 18533, Abdichtung von erdberührten Bauteilen,*
- *DIN 18534, Abdichtung von Innenräumen sowie*
- *DIN 18535, Abdichtung von Behältern und Becken«.* [2]

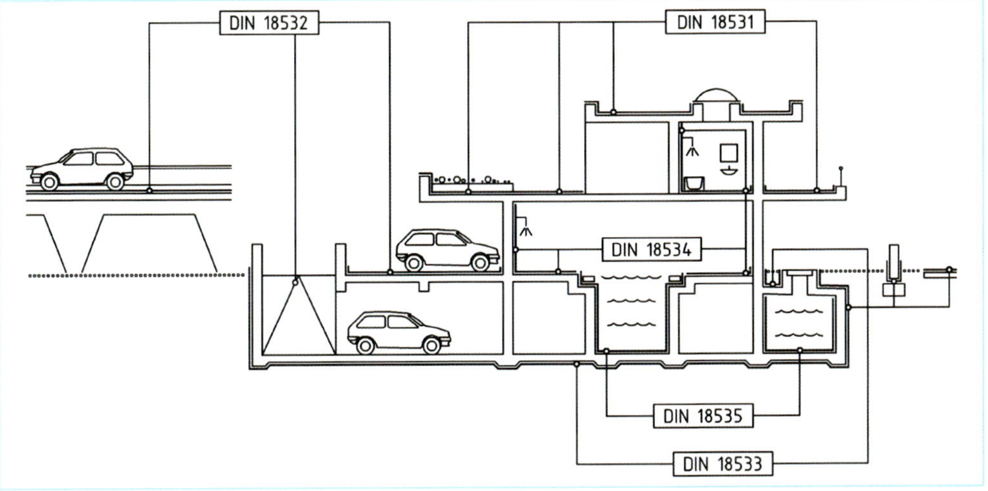

Bild 1 Anwendungsbereiche für Bauwerksabdichtungen nach der 1853er-Reihe [2]

Die DIN 1853er-Normen regeln die unterschiedlichen Anwendungsbereiche für Abdichtungen am und im Bauwerk. Mit der Neugliederung des nationalen Normenwerks fanden einerseits praxisbewährte, bisher normativ noch nicht geregelte Abdichtungsprodukte Eingang in die Normung, andererseits sind auch für bereits normativ geregelte Abdichtungsprodukte diese mit einem breiteren Anwendungsbereich als nach bisheriger Norm einsetzbar. Jede neue Bauwerksabdichtungsnorm erhält einen übergeordneten Anforderungs-, Planungs- und Bemessungsteil, der durch Stoff- und Ausführungsteile ergänzt wird.

DIN 18531 **Abdichtung von Dächern sowie von Balkonen, Loggien und Laubengängen**

- Teil 1: Nicht genutzte und genutzte Dächer – Anforderungen, Planungs- und Ausführungsgrundsätze
- Teil 2: Nicht genutzte und genutzte Dächer – Stoffe

- Teil 3: Nicht genutzte und genutzte Dächer – Auswahl, Ausführung und Details
- Teil 4: Nicht genutzte und genutzte Dächer – Instandhaltung
- Teil 5: Nicht genutzte und genutzte Dächer – Balkone, Loggien und Laubengänge

DIN 18532 **Abdichtung von befahrbaren Verkehrsflächen aus Beton**
- Teil 1: Anforderungen, Planungs- und Ausführungsgrundsätze
- Teil 2: Abdichtung mit einer Lage Polymerbitumen-Schweißbahn und einer Lage Gussasphalt
- Teil 3: Abdichtung mit zwei Lagen Polymerbitumenbahnen
- Teil 4: Abdichtung mit einer Lage Kunststoff- oder Elastomerbahn
- Teil 5: Abdichtung mit einer Lage Polymerbitumenbahn und einer Lage Kunststoff- oder Elastomerbahn
- Teil 6: Abdichtung mit flüssig zu verarbeitenden Abdichtungsstoffen

DIN 18533 **Abdichtung von erdberührten Bauteilen**
- Teil 1: Anforderungen, Planungs- und Ausführungsgrundsätze
- Teil 2: Abdichtung mit bahnenförmigen Abdichtungsstoffen
- Teil 3: Abdichtung mit flüssig zu verarbeitenden Abdichtungsstoffen

DIN 18534 **Abdichtung von Innenräumen**
- Teil 1: Anforderungen, Planungs- und Ausführungsgrundsätze
- Teil 2: Abdichtung mit bahnenförmigen Abdichtungsstoffen
- Teil 3: Abdichtung mit flüssig zu verarbeitenden Abdichtungsstoffen im Verbund mit Fliesen und Platten (AIV-F)
- Teil 4: Abdichtung mit Gussasphalt oder Asphaltmastix
- Teil 5: Abdichtung mit bahnenförmigen Abdichtungsstoffen im Verbund mit Fliesen und Platten (AIV-B)
- Teil 6: Abdichtung mit plattenförmigen Abdichtungsstoffen im Verbund mit Fliesen und Platten (AIV-P)

DIN 18535 **Abdichtung von Behältern und Becken**
- Teil 1: Anforderungen, Planungs- und Ausführungsgrundsätze
- Teil 2: Abdichtung mit bahnenförmigen Abdichtungsstoffen
- Teil 3: Abdichtung mit flüssig zu verarbeitenden Abdichtungsstoffen

Während DIN 18195 als Nummer behalten wurde, regelt sie nunmehr die verwendeten Begriffe, die in der DIN 1853er-Normenreihe verwendet werden. Ergänzt wird die Normenreihe um die DIN 18195, Beiblatt 2, das keine normativen Festlegungen, jedoch Hinweise zur Kontrolle und Prüfung der Schichtdicken von flüssig verarbeiteten Abdichtungsstoffen gibt.

Eine weitere Nummer in der DIN 1853er-Reihe ist für die Bauwerksabdichtung im Bestand reserviert. Die Aufnahme der Beratungstätigkeiten dieses Normenausschusses ist geplant.

2.4 DIN 18533 – Abdichtung von erdberührten Bauteilen

DIN 18533 regelt die Außenabdichtungen im Neubaubereich, d. h. die Abdichtung von erdberührten Bodenplatten und Wänden, von Querschnitten von Mauerwerken und Sockelbereichen von Hochbauwerken sowie von erdüberschütteten Decken.

Es wird in Feuchte und Wasser unterschieden. Im erdberührten Bereich wirkt Bodenfeuchte, nichtdrückendes Wasser oder drückendes Wasser auf Bodenplatten und Wänden ein. Nichtdrückendes Wasser stellt sich auf erdüberschütteten Decken <10 cm Anstauung ein. Kapillarwasser wirkt auf erdberührte Wände und Spritzwasser auf Gebäudesockel ein.

Für Deponien, Erdbauwerke, Tunnel, Anlagen zum Umgang mit wassergefährdenden Stoffen sowie wasserundurchlässige Bauteile, etwa WU-Beton, gilt diese Norm nicht.

DIN 18533 gilt somit für die Abdichtungen erdberührter Bauteile, wie Wände und Bodenplatten, sowie erdüberschüttete Dächer, gegen Einwirkungen durch Spritzwasser am Sockelbereich und für Abdichtungen in und unter Mauerwerkswänden.

Im Vergleich zur Vorgängernorm, der DIN 18195, sieht DIN 18533 für die Planung und Auswahl auch Kriterien für die Zuverlässigkeit der Abdichtung vor, um die richtige Abdichtungsbauart auszuwählen. Die Auswahl der Abdichtungsbauart nach DIN 18533 wird durch die

- Wassereinwirkungsklasse,
- Rissklasse,
- Rissüberbrückungsklasse,
- Raumnutzungsklasse,
- Zuverlässigkeitsanforderungen bestimmt.

Die Zuverlässigkeitsanforderungen sind erfüllt, wenn die Funktion der erdberührten Bauwerksabdichtung für die geplante Nutzungsdauer des Bauteils/Bauwerks sichergestellt ist. ([2], 4.1.4)

2.4.1 Wassereinwirkungsklassen

DIN 18533 klassifiziert die Wassereinwirkung nicht mehr nach der Entstehungsart des Wassers und dessen Einwirkungsdauer. Relevant für die Beurteilung der Wassereinwirkungsklasse ist die Einwirkungsart und Einwirkungsintensität auf das jeweilige Bauteil. Diese werden anhand der Wassereinwirkungsklassen W1-E bis W4-E definiert.

DIN 18533 beschreibt die erdberührten (E) Wassereinwirkungsklassen (Wx-E) wie folgt:

- **W1-E Bodenfeuchte und nichtdrückendes Wasser**
  - W1.1-E Bodenfeuchte und nichtdrückendes Wasser bei Bodenplatten und Wänden
  - W1.2-E Bodenfeuchte und nichtdrückendes Wasser bei Bodenplatten und erdberührten Wänden mit Dränung
- **W2-E Drückendes Wasser**
  - W2.1-E Mäßige Einwirkung von drückendem Wasser ≤3 m Eintauchtiefe
  - W2.2-E Hohe Einwirkung von drückendem Wasser >3 m Eintauchtiefe

- **W3-E Nichtdrückendes Wasser auf erdüberschütteten Decken**
- **W4-E Spritzwasser und Bodenfeuchte am Wandsockel sowie Kapillarwasser in und unter Wänden**

2.4.2 Rissklassen

Zur Auswahl der Abdichtungsbauart muss der Abdichtungsplaner die Rissaufweitung vorhandener Risse oder die zu erwartende Neurissbildung und Rissbreitenänderung kennen. Dazu wurden vier Rissklassen (R1-E bis R4-E) definiert, denen Rissüberbrückungsklassen (RÜ1-E bis RÜ4-E) der zu verwendenden normkonformen Abdichtungsstoffe zugeordnet sind. Für die Auswahl der Abdichtung sind die Rissklassen (Rx-E) des Abdichtungsuntergrundes zu berücksichtigen:

- **R1-E (gering)**
  Rissbildung oder Rissbreitenänderung **≤0,2 mm**, typischer Abdichtungsuntergrund wäre Stahlbeton, Mauerwerk im Sockelbereich oder Untergründe für die Querschnittsabdichtungen von Mauerwerken in und unter Wänden.
- **R2-E (mäßig)**
  Rissbildung oder Rissbreitenänderung **≤0,5 mm** in Beton oder im Mauerwerk unter Erddruck belastet
- **R3-E (hoch)**
  Rissbildung oder Rissbreitenänderung **≤1,0 mm und/oder Rissversatz ≤0,5 mm** in Beton oder im Mauerwerk, z. B. bei Aufstandsfugen von erddruckbelasteten Wänden
- **R4-E (sehr hoch)**
  Rissbildung oder Rissbreitenänderung **≤5,0 mm und/oder Rissversatz ≤2,0 mm**, z. B. bei Erschütterungen oder Erdbeben

2.4.3 Rissüberbrückungsklassen

Rissüberbrückende Eigenschaften sind abhängig von den Abdichtungsbauarten, wie

- den Eigenschaften des Abdichtungsstoffs,
- eventuell vorhandener Verstärkungen,
- der Schichtdicke,
- der Lagenzahl und
- der Art des Haftverbundes zum Abdichtungsuntergrund.

Die in DIN 18533 geregelten Abdichtungsbauarten mit flüssig zu verarbeitenden Abdichtungsstoffen sind in Rissüberbrückungsklassen (RÜx-E) eingeteilt:

- **RÜ1-E** – geringe Rissüberbrückung, ≤0,2 mm (MDS),
- **RÜ2-E** – mäßige Rissüberbrückung, ≤0,5 mm (FLK/PMBC),
- **RÜ3-E** – hohe Rissüberbrückung, ≤1,0 mm mit einem Rissversatz ≤0,5 mm (FLK/PMBC),
- **RÜ4-E** – sehr hohe Rissüberbrückung, ≤5,0 mm mit einem Rissversatz ≤2,0 mm.

Die Wahl der Abdichtungsbauart hängt von der Wassereinwirkungsklasse (Wx-E) und – aus Gründen der Zuverlässigkeit – von der erforderlichen Rissüberbrückungsklasse (RÜx-E) ab.

Folgende Mindestanforderungen müssen erfüllt werden:
- W1-E mindestens RÜ1-E,
- W2.1-E mindestens RÜ3-E,
- W2.2-E mindestens RÜ4-E,
- W3-E mindestens RÜ3-E,
- W4-E mindestens RÜ1-E.

2.4.4 Raumnutzungsklassen

Die Raumnutzungsklassen (RNx-E) definieren die Trockenheit der Raumluft von erdseitig abgedichteten Räumen unterschiedlich mit geringen bis hohen Anforderungen. Für die Raumnutzung ist die Zuverlässigkeit der Abdichtungsbauart bedeutend.
- **RN1-E** Raumnutzung mit **geringer Anforderung** an die Trockenheit der Raumluft, wie z. B. Lagerhalle, Tiefgarage
- **RN2-E** Raumnutzung mit üblicher Anforderung an die Trockenheit der Raumluft und Zuverlässigkeit der Abdichtungsbauart; entspricht der **üblichen Anforderung** von Aufenthaltsräumen, Keller- und Lagernutzungen in üblichen Wohn- und Bürogebäuden
- **RN3-E** Raumnutzung mit **hoher Anforderung** an die Trockenheit der Raumluft und hoher Anforderung an die Zuverlässigkeit der Abdichtungsbauart, wie z. B. Archive, Räume zur Lagerung unersetzlicher Kulturgüter oder Kellerräume für den Zentralrechner

Die Einwirkungs- und Raumnutzungsklassen dienen zur Festlegung der Abdichtungsbauart und bilden somit die wesentliche Planungsgrundlage für die Abdichtung von erdberührten Bauteilen.

2.4.5 Wahl der Abdichtungsbauart

Folgende Kriterien sind entscheidend für die Wahl der Abdichtungsbauart nach DIN 18533:
1. die Wassereinwirkungsklasse (W1-E bis W4-E),
2. die Rissklasse (R1-E bis R4-E),
3. die Raumnutzungsklasse (RN1-E bis RN3-E) und
4. die Zuverlässigkeitsanforderungen.

Hierfür muss der Abdichtungsstoff folgende Anforderungen erfüllen:
- Dichtheit,
- Beständigkeit,
- Rissüberbrückungsverhalten,
- Dauerhaftigkeit,
- Zuverlässigkeit über die geplante Nutzungsdauer,
- Anordnung auf der Wasser zugewandten Seite,
- Verhalten bei Bewegungen der Bauteile.

2.5 Richtlinien für die Planung und Ausführung von Abdichtungen mit flüssig zu verarbeitenden Abdichtungsstoffen

2.5.1 Richtlinie für die Planung und Ausführung von Abdichtungen mit polymermodifizierten Bitumendickbeschichtungen (PMBC)

Die Richtlinie Planung und Ausführung von Abdichtungen mit polymermodifizierten Bitumendickbeschichtungen (PMBC) wurde in vierter Überarbeitung 2018 der Fachwelt vorgestellt.

Die Richtlinie der Deutschen Bauchemie hat sich seit ihrem erstmaligen Erscheinen im Jahr 1997 als fachliche Ergänzung zur damaligen DIN 18195 **Bauwerksabdichtungen** etabliert und dient:

- als Grundlage für die Planung von Abdichtungen mit PMBC,
- als Grundlage für die Ausführung von Abdichtungen mit PMBC,
- zur Erläuterung der in DIN 18533 festgelegten Grundanforderungen und Grenzwerte,
- der Erhöhung der Verarbeitungssicherheit (Ausführungssicherheit),
- als Hinweis für Qualitätssicherungsmaßnahmen auf der Baustelle,
- als Grundlage zur Beurteilung von ausgeführten Abdichtungen mit PMBC. [3]

Diese Richtlinie hat das Ziel, die Verarbeitungssicherheit durch eindeutige Hinweise für Qualitätssicherungsmaßnahmen auf der Baustelle zu erhöhen. Neben den Mindestanforderungen und Grenzwerten von kunststoffmodifizierten Bitumendickbeschichtungen werden die Ausführungen der Abdichtungsvarianten entsprechend den Beanspruchungen/Einbausituationen sowie den baulichen Voraussetzungen nach DIN 18533 für den Neubaubereich geregelt.

Für Nachbesserungen zum Zeitpunkt der Ausführung an Abdichtungen aus kunststoffmodifizierten Bitumendickbeschichtungen werden Empfehlungen gegeben. Für nachträgliche Abdichtungsmaßnahmen wird auf das WTA-Merkblatt 4-6 **Nachträgliches Abdichten erdberührter Bauteile** verwiesen.

Die zahlreichen Prinzipskizzen der Richtlinie geben sowohl dem Planenden wie auch dem Ausführenden Hilfestellungen für die Anwendung. Die Regelungen der DIN 18195 und die Anwendung von polymermodifizierten Bitumendickbeschichtungen (PMBC) im erdberührten Bereich ziehen nicht gleich mit der Anwendungspraxis.

Die Richtlinie erfasst die Abdichtung:

- von erdberührten Bodenplatten und Außenwandflächen gegen Bodenfeuchte und nichtdrückendes Wasser,
- erdberührter Bauteile gegen Druckwasser von außen (<3 m) inklusive Übergang zu Bauteilen aus Beton mit hohem Wassereindringwiderstand,

- erdüberschütteter Deckenflächen bei nichtdrückendem Wasser,
- in und unter Wänden (Anschlüsse) bei Bodenfeuchte und kapillar aufsteigendem Wasser,
- von Wandsockeln gegen Oberflächen- und Spritzwasser und
- streifenförmiger außen liegender Fugen zwischen Bauteilen aus Beton mit hohem Wassereindringwiderstand und
- komplettiert die vielfältigen Anwendungsmöglichkeiten dieser Abdichtungsbauart.

Die als Zebra-Abdichtung bekannte, streifenförmige Abdichtungsvariante von Betonkellern mit hohem Wassereindringwiderstand, bei denen die Stoß-/Arbeitsfugenabdichtung 30 cm breit mit PMBC abgedichtet werden, sind ebenfalls in dieser Richtlinie geregelt.

Der Anwender hat die Art der Bauwerksabdichtung mit PMBC außerhalb der Anwendungsempfehlungen der DIN 18533 mit dem Bauherrn zu vereinbaren. Die Ausführung der Arbeiten erfolgt analog der allgemeinen Angaben der Teile A, B und C. Abweichende Regelungen – Hinweise zur vertragsrechtlichen Vereinbarung – werden in Teil B gegeben und auf das Protokoll des Aufklärungsgesprächs zwischen Auftraggeber und Auftragnehmer verwiesen. Der Text des Protokolls sollte dabei folgenden Satz beinhalten:

> *»Der Auftraggeber erklärt, vom Auftragnehmer über das Abweichen der angebotenen Ausführungsart von den anerkannten Regeln der Technik umfassend informiert worden zu sein. Der Auftraggeber erklärt weiter, dies vollumfänglich verstanden zu haben und verzichtet auf sämtliche Gewährleistungsansprüche, die sich aus der von den anerkannten Regeln der Technik abweichenden Herstellung ergeben. Gewährleistungsansprüche, die die Tauglichkeit der vorgeschlagenen Bauweise bzw. des vorgeschlagenen Abdichtungssystems und die ordnungsgemäße Werkleistung als solche betreffen, bleiben selbstverständlich vollumfänglich erhalten.«* ([3], [6])

Weitere Hinweise finden sich in der Vergabe- und Vertragsordnung für Bauleistungen (VOB). Unter Punkt 0.3 werden die notwendigen Hinweise zu Einzelangaben bei vorab genannten Abweichungen von DIN 18195 beschrieben. Hier heißt es in den Allgemein Technischen Vertragsbedingungen für Bauleistungen (ATV) der DIN 18336 unter Punkt 0.3.1:

> *»Wenn andere als die in dieser ATV vorgesehenen Regelungen getroffen werden sollen, sind diese in der Leistungsbeschreibung eindeutig und im Einzelnen anzugeben. 0.3.2 Abweichende Regelungen können insbesondere bei den Abschnitten 3.2 bis 3.10 in Betracht kommen.«* [7]

2.5.2 Richtlinie für die Planung und Ausführung von Abdichtungen von Bauteilen mit mineralischen Dichtschlämmen

Die Anwendung von starren mineralischen Dichtschlämmen wurde im Mai 2002 mit dieser Richtlinie geregelt. Zurzeit wird dieses Regelwerk durch die Deutsche Bauchemie überarbeitet.

Die Art der mineralischen Dichtschlämme hat keine rissüberbrückenden Eigenschaften (RÜo-E).

Nach der Richtlinie werden nicht rissüberbrückende Dichtschlämmen für folgende Arten von Bauwerksabdichtungen eingesetzt:

- als Innenabdichtung von Behältern, bei denen die Rissbildung bereits abgeklungen ist, wie z. B. Stahlbetonbehälter, älter als 6 Monate bzw. bei Instandsetzungen von derartigen Bauwerken,
- als Zwischenabdichtung zum Schutz von Abdichtungen, die keiner Wassereinwirkung von der Haftseite ausgesetzt werden dürfen, wie z. B. Dichtungsbahnen, Folien, Bitumendickbeschichtungen,
- zur Schaffung eines Untergrundes zur Aufnahme von Abdichtungen, die einen trockenen Untergrund benötigen. Hier speziell bei nassen Mauerwerken in der Altbauinstandsetzung, siehe auch WTA-Merkblatt 4-6,
- als Spritzwasserschutz im Sockelbereich,
- für waagerechte Abdichtungen in und unter aufgehenden Wänden gegen aufsteigende bzw. fortleitende Feuchtigkeit,
- in Bereichen, in denen rissüberbrückende Abdichtungen nicht eingesetzt werden können, z. B. nachträgliche Innenabdichtung bei der Altbauinstandsetzung, bei Unterfangungsarbeiten bzw. Grenzbebauungen etc.

Werden Ausführungen von Bauwerksabdichtungen mit mineralischen Dichtschlämmen (MDS) für erdberührte Wandflächen unter Einbeziehung der VOB/B im Neubaubereich geplant, ist entsprechend den Hinweisen der ATV DIN 18336 **Abdichtungsarbeiten** die Verwendung von Dichtschlämmen eindeutig und im Einzelnen zu beschreiben und in der Leistungsbeschreibung anzugeben.

Die Mindesttrockenschichtdicke beträgt in diesen Fällen für die Beanspruchung durch:

- Bodenfeuchte und nicht stauendes Sickerwasser: ≥2 mm,
- aufstauendes Sickerwasser und drückendes Wasser: ≥3 mm.

2.5.3 Richtlinie für die Planung und Ausführung von Abdichtungen erdberührter Bauteile mit flexiblen Dichtschlämmen

Die Richtlinie regelt Abdichtungen von erdberührten Bauteilen mit flexiblen Dichtschlämmen gegen die Wasserbeanspruchungen Bodenfeuchte, nichtdrückendes und drückendes Wasser, die Abdichtung gegen kapillar aufsteigende Feuchtigkeit und gegen das aus Niederschlägen herrührende Spritzwasser im Sockelbereich sowie die Abdichtung von Behältern als Innenabdichtung. Zur Zeit wird dieses Regelwerk durch die Deutsche Bauchemie überarbeitet.

Einsatzbereiche für rissüberbrückende (flexible) Dichtschlämmen sind:
- Vertikalabdichtung von erdberührten Bauteilen,
- Horizontalabdichtung von erdberührten Bauteilen,
- Vertikalabdichtung im Spritzwasserbereich von Sockeln,
- Horizontal-/Querschnittsabdichtung in/unter aufgehenden Wänden,
- Abdichtung von Feucht-/Nassräumen im Verbund mit keramischem Belag,
- gegen von innen drückendes Wasser (Behälter),
- Abdichtung gegen zeitweise von innen einwirkendes Wasser während der Bauphase.

Abdichtungen aus MDS sind in mindestens zwei Arbeitsgängen zu einer zusammenhängenden Schicht auszubilden, die auf dem Untergrund fest haftet. Der Auftrag der Folgeschicht kann erst erfolgen, wenn die vorhergehende Schicht nicht durch den folgenden Auftrag beschädigt werden kann.

Die Mindesttrockenschichtdicken betragen für Bauteil-/Bautenschutzmaßnahmen:
- Querschnittsabdichtung in/unter Wänden ≥2 mm,
- erdberührte Abdichtung gegen Bodenfeuchtigkeit und nichtdrückendes Wasser ≥2 mm,
- drückendes Wasser bis 3,0 m Eintauchtiefe ≥3 mm,
- von innen drückendes Wasser bis 5,0 m Stauhöhe ≥2,5 mm.

Die Ausführung von erdberührten Bauwerksabdichtungsarbeiten mit mineralischen Dichtschlämmen (MDS) und flexiblen polymermodifizierten Dickbeschichtungen (FPD) für diesen Anwendungsbereich muss mit den Bauherren vereinbart werden.

Unter Einbeziehung der VOB/B ist darauf zu achten, dass gemäß der ATV DIN 18336 **Abdichtungsarbeiten** die Verwendung eindeutig und im Einzelnen in der Leistungsbeschreibung anzugeben ist. Die **Richtlinie für die Planung und Ausführung von Abdichtungen erdberührter Bauteile mit flexiblen Dichtungsschlämmen** ist neben dem Technischen Datenblatt des Herstellers für die Ausführung zu berücksichtigen.

2.5.4 Richtlinie für die Planung und Ausführung von Abdichtungen mit flexiblen polymermodifizierten Dickbeschichtungen (FPD)

Die **Richtlinie für die Planung und Ausführung von Abdichtungen mit flexiblen polymermodifizierten Dickbeschichtungen (FPD)** der Deutschen Bauchemie wird voraussichtlich im Herbst 2018 erstmalig aufgelegt. Darin wird die Produktgruppe FPD vorgestellt und die an sie gestellten bauaufsichtlichen Anforderungen für ihre Verwendung zur Abdichtung erdberührter Bauwerke und von Behältern beschrieben.

»Die Richtlinie erfasst:

- *Die Abdichtung von erdberührten Bodenplatten und Außenwandflächen gegen Bodenfeuchte und nichtdrückendes Wasser.*
- *Die waagerechte Abdichtung in und unter Wänden.*
- *Abdichtung von Wandsockeln gegen Oberflächen- und Spritzwasser.*
- *Die Abdichtung erdberührter Bauteile gegen Druckwasser von außen.*
- *Abdichtung von Übergängen von Flächenabdichtungen auf Bauteile aus Beton mit hohem Wassereindringwiderstand.*
- *Streifenförmige außenliegende Abdichtung von Fugen zwischen Bauteilen aus Beton mit hohem Wassereindringwiderstand.*
- *Die Abdichtung von Brauchwasserbehältern gegen von innen drückendes Wasser.*

Die Richtlinie dient:

- *als Grundlage für die Planung von Abdichtungen mit flexiblen polymermodifizierten Dickbeschichtungen (FPD)*
- *als Grundlage für die Ausführung von Abdichtungen mit flexiblen polymermodifizierten Dickbeschichtungen (FPD)*
- *der Festlegung von Grundanforderungen und Grenzwerten*
- *der Erhöhung der Verarbeitungssicherheit (Ausführungssicherheit)*
- *als Hinweis für Qualitätssicherungsmaßnahmen auf der Baustelle*
- *als Grundlage zur Beurteilung von ausgeführten Abdichtungen mit flexiblen polymermodifizierten Dickbeschichtungen (FPD)«* [4]

Der bauaufsichtliche Verwendbarkeitsnachweis erfolgt mittels eines allgemein bauaufsichtlichen Prüfzeugnisses (abP) anhand der PG-MDS/FPD. Hinsichtlich der Verwendung und Verarbeitung der Produkte orientiert sich die Richtlinie am neu konzipierten Regelwerk zur Bauwerksabdichtung, insbesondere an DIN 18195, DIN 18533 und DIN 18535; die Produkte selbst sind bisher normativ darin nicht geregelt.

2.6 Merkblatt zur Abdichtung von Mauerwerk

Bahnenförmige oder flüssig zu verarbeitende/aufzutragende Abdichtungsstoffe ermöglichen die dauerhafte Abdichtung von Mauerwerkskellern. Planungs- und Ausführungshinweise stehen im Mittelpunkt dieses Merkblattes der Deutschen Gesellschaft für Mauerwerks- und Wohnungsbau e.V.:

> *»Der Mauerwerksbau hat durch Weiterentwicklung der Baustoffe, der Steinformate und Mauertechniken mit den heutigen Anforderungen z. B. der Energieeinsparung, der Rationalisierung und der Wirtschaftlichkeit Schritt gehalten. Auch im Abdichtungsbereich ist ein Wandel der Stoffe und Methoden zu beobachten, dem die Normung nur langsam folgt. Das immer weitere Öffnen der Schere zwischen Normentheorie und Baupraxis birgt*

die Gefahr, dass ohne irgendeinen Schaden über längst bewährte Abdichtungsverfahren prozessiert wird, allein weil diese (noch) nicht genormt sind. Hier zur Streitvermeidung beizutragen, ist eine weitere wichtige Aufgabe dieses Merkblatts.« [1]

Beschrieben werden Abdichtungen von Mauerwerk:

- gegen Bodenfeuchtigkeit und nicht stauendes Sickerwasser,
- als Feuchteschutz von Bodenplatten,
- in Form vereinfachter Abdichtungen gegen aufstauendes Sickerwasser mit dem Anschluss der Wandabdichtung an die Bodenplatte in dem Bereich von Stauwasser,
- gegen drückendes Wasser.

Die Abdichtung von Mauerwerkswandflächen wird mit den Ausführungsvarianten kunststoffmodifizierter Bitumendickbeschichtung (PMBC) und bahnenförmiger Wandabdichtungen unter Berücksichtigung der Hausanschlüsse, Fugen notwendiger Dränmaßnahmen und Schutzschichten beschrieben.

Detailliert werden in Wort und Bild für die Abdichtung nicht wasserdicht ausgeführter Gebäudesockel aus Mauerwerk mit Höhenlage, Maßnahmen an Türschwellen sowie Ausführungen für verputzte und Verblendschalensockel weitere Hinweise gegeben.

Die Aufgabe von Horizontal-/Querschnittsabdichtungen (HZ) in/unter Mauerwerken ist es, den Wandbildner vor aufsteigender Feuchtigkeit zu schützen. Ebenfalls muss die Verbindung zwischen Bodenplatten- und Außenwandabdichtung von der HZ-Sperre sichergestellt werden, da Kellerwände durch Erddrücke belastet werden. Mauerwerksaußenwände müssen nicht nur die senkrecht zur Wandfläche einwirkenden Kräfte aufnehmen können und dürfen deshalb keine Gleitschichten darstellen. Anzahl und Lage geeigneter bahnenförmiger Stoffe sowie die Anwendung und Ausführung von mineralischen Dichtschlämmen als Horizontalsperre werden beschrieben.

Es wird ebenso in diesem Merkblatt festgestellt, dass zur Gründung von Mauerwerksgebäuden häufig wasserundurchlässige Bodenplatten aus Beton mit hohem Wassereindringwiderstand verwendet werden, und das dann im weiteren Baufortschritt Querschnittsabdichtungen in/unter Mauerwerken entfallen können.

2.7 WTA-Merkblätter

Während im Neubaubereich Planer darauf zu achten haben, dass die Gründung, die Umfassungswände und die Planung der Bauwerksabdichtung nach den einschlägigen Regeln der Technik bemessen und ausgeführt werden, gelten für das Bauen im Bestand weiterführende Fachregeln.

Die Wissenschaftlich Technische Arbeitsgemeinschaft für Bauerwerkserhaltung und Denkmalpflege e. V. (WTA) verfolgt das Ziel, die Forschung und die praktische Anwendung auf der Baustelle in der Bauwerkserhaltung und der Denkmalpflege zu fördern, den neusten Erkenntnisstand und die allgemein anerkannten Regeln der Technik in Merkblättern zu beschreiben.

Die zunehmende Bedeutung des Bauens im Bestand und der Erhaltung historischer Bausubstanz erfordert diesen intensiven Erfahrungsaustausch zwischen der Wissenschaft und den Anwendern. Um die gemachten Erfahrungen der Praxis zu verarbeiten und nutzbar zu machen und damit die Anwendung neuer Erkenntnisse und moderner Technologien zu beschleunigen, hat die WTA Kommunikationswege entwickelt. Hierzu zählen Veröffentlichungen, in der Fachwelt als WTA-Merkblätter bekannt, die theoretisch richtig und praktisch erprobt die Erfahrungen im Bereich der Bauwerkserhaltung und Denkmalpflege spiegeln und konkrete Hilfestellungen geben.

Mit dem Status von Regelwerken werden die Regeln des Bauens im Bestand, zur Instandsetzung und Sanierung als Merkblätter in den Referaten der einzelnen Arbeitsgruppen erstellt. Die Referate haben folgende Themen zum Inhalt: Holz und Holzschutz, Oberflächentechnologie, Naturstein und Kunststein, Bauwerksabdichung, Beton, Bauphysik, Tragverhalten und Schadensdiagnostik, Fachwerk und Holzkonstruktionen, Stahl und Glas, Präventive Konservierung und Brandschutz.

Alle Merkblätter der WTA weisen auf der Innenseite des Deckblattes darauf hin, dass die Angaben in dem jeweiligen Merkblatt sich auf den derzeitigen Stand der der WTA vorliegenden Kenntnisse stützen:

»Die WTA kann jedoch keinerlei Haftung übernehmen. Vorschläge oder Einwände, die gegebenenfalls bei einer Neuauflage berücksichtigt werden können, sind an die Geschäftsstelle der WTA zu richten. Bei Streitfällen ist die deutsche Fassung gültig. Den Auftrag vergebenden Architekten, Denkmalpflegeämtern und den staatlichen, kommunalen und kirchlichen Bauämtern wird nahegelegt, auf dieses und die weiteren Merkblätter der WTA zum Bautenschutz und zur Bauwerksinstandsetzung in Ausschreibungen und Aufträgen Bezug zu nehmen und deren Kenntnisnahme allen Auftragnehmern zur Auflage zu machen.« [5]

2.7.1 WTA-Merkblatt 4-5 Beurteilung von Mauerwerk – Mauerwerksdiagnostik

Dieses Merkblatt [6] dient als Anleitung zum Vorgehen bei Untersuchungen im Rahmen von Bauteil- und Mauerwerksinstandsetzungen, beschreibt die Grundsätze des Sehens/Erkennens/Probens/Bewertens und versteht die Mauerwerksdiagnostik als notwendige Vorarbeit für die Planung von Instandsetzungs- und Sanierungsarbeiten.

Mit diesem Merkblatt wird beabsichtigt ein einheitliches Vorgehen zur Beurteilung des Mauerwerks-/Bauteilzustandes zu schaffen. Die erforderlichen Mindestumfänge, Beprobungsmethoden bei Zustandsuntersuchungen am Mauerwerk, Laboruntersuchungen und die Bewertung der Untersuchungsergebnisse nach vergleichbaren Kriterien werden im Anhang des Merkblattes umfangreich gegeben. Das Merkblatt wurde redaktionell im Oktober 2015 überarbeitet.

2.7.2 WTA-Merkblatt 4-6 Nachträgliches Abdichten erdberührter Bauteile

Die Dichtigkeit ist der Erfolg einer nachträglichen Bauwerksabdichtung und ist Grundstein der weiterführenden Kellersanierung. Nach den ersten beiden Ausgaben (1998 und 2005) wurde das Merkblatt 4-6 der WTA zum dritten Mal überarbeitet und der Fachwelt im Januar 2014 vorgestellt.

Dieses Regelwerk gibt praxisbewährte Hinweise und Hilfestellungen für die Planung zur Erstellung des Abdichtungskonzeptes und der Ausführung von Bauwerksabdichtungen im Bestand. Anwendung- und Ausführungssicherheit besteht allerdings nur wenn bei der Planung in ausreichendem Umfang objektspezifische Daten- und Gegebenheiten berücksichtigt werden und unter Berücksichtigung der zeitlichen Abläufe die notwendigen Maßnahmen zur Qualitätssicherung vereinbart werden.

Flächige im Verbund mit dem Untergrund applizierte Bauwerksabdichtungen für die erdberührte Gebäudeaußenwand oder von der Raumseite ausgeführte mineralische Innenabdichtungen mit hydraulisch abbindenden Dichtschlämmen werden in diesem Regelwerk beschrieben.

Flüssig zu verarbeitende Abdichtungsstoffe und auf dem Untergrund erhärtende haben sich in der Gebäude- und Bauteilinstandsetzung für die Außen- und Innenabdichtung bewährt.

Hierzu zählen:

- polymermodifizierte Bitumendickbeschichtungen (PMBC),
- mineralische Dichtungsschlämmen (MDS)
  - nicht rissüberbrückend,
  - rissüberbrückend,
- wasserundurchlässige Werktrockenmörtel,
- Flüssigkunststoffe (FLK),
- WU Betone,
- bahnenförmige Abdichtungsstoffe.

Vorteile der flüssig aufzutragenden Abdichtungsstoffe sind, dass sie handwerklich einfach zu verarbeiten sind und auf dem Untergrund fest haften. Unter Berücksichtigung der produktspezifischen Eigenschaften und des Abdichtungsuntergrundes sind selbst geometrisch verwinkelte Bauteile und Übergänge zu anderen Abdichtungsstoffen dauerhaft dicht.

Ebenso werden im WTA-Merkblatt 4-6 partielle oder flächig auszuführende Injektionsabdichtungen im Querschnitt von Mauerwerken, die sogenannte Flächeninjektion für die nachträgliche Bauwerksabdichtung erdberührter Bauteile beschrieben. Gegen das, oder im Erdreich, von der Raumseite, durch die Außenwand, ausgeführt, werden sie als Schleierinjektion definiert, und in den grundlegenden Ausführungsvarianten beschrieben.

Beton mit hohem Wassereindringwiderstand stellt eine weitere Abdichtungsvariante dar.

Die Gebäudesanierung hat das Ziel der hochwertigen Nutzung von Kellerräumen mit erhöhten Anforderungen an die Trockenheit der Bauteiloberflächen und der Raumluft. Voraussetzungen hierfür sind nachträgliche Abdichtungen. Die in dieser Fachbuchreihe beschriebenen Abdichtungsvarianten werden in der Praxis je nach Schadensbild oder baulicher Gegebenheit einzeln, oftmals kombiniert, vom ausführenden Fachbetrieb angewandt.

In den Anlagen zur Dokumentation der Abdichtungsarbeiten werden die Notwendigkeit der Qualifikation des Ausführenden sowie Eigenkontrollen vor Ort zwecks Überwachung und Qualitätssicherung gefordert. Die Ausführungsprotokolle sind als Baustellenprotokolle, wie diese in anderen Bereichen seit Langem zum Tagesgeschäft gehören, dem Merkblatt 4-6 beigefügt.

Zurzeit wird dieses Merkblatt 4-6 durch den Arbeitskreis der WTA überarbeitet. Es wird die Terminologie der DIN 18533 übernommen. Mit einer Neuerscheinung ist im Frühjahr 2019 zu rechnen.

2.7.3 WTA-Merkblatt-Entwurf E-4-9 Instandsetzung von Gebäude- und Bauteilsockeln

Gebäude- und Bauteilsockel bilden den vertikalen Übergangsbereich zwischen der Fassade eines Gebäudes und seiner Bauwerksabdichtung. Diese Übergänge führen in der Praxis häufig zu feuchtigkeitsbedingten Problemen, wenn diese Übergänge nicht fachgerecht geplant und ausgeführt werden.

Im WTA-Merkblatt-Entwurf E-4-9 [7] werden in Text und Zeichnungen Hilfestellungen für Materialien sowie Ausführungsformen für die nachträgliche Abdichtung und Ausbildung von Fassadensockeln mit den notwendigen Anpassungsmöglichkeiten an die Bestandsfassade bzw. der erdberührten Bauwerksabdichtung und den Außenanlagen gegeben.

Das WTA-Merkblatt zur Instandsetzung von Gebäude- und Fassadensockel beschäftigt sich hauptsächlich mit der Sockelabdichtung. Dieses gilt aber nicht für hochwasserbelastete Sockel.

3 Grundlagen der erdberührenden Bauwerksabdichtung nach DIN 18533

Bauwerksabdichtungen sichern die beabsichtigte, zugewiesene Nutzung der Kellerräume. Mit besonderer Sorgfalt sind Planung und Ausführung vorzunehmen, da erdberührte Bauwerksabdichtungen für spätere Inspektionen/Wartungen oftmals nur sehr schwer zugänglich sind.

Die Bautenschutzmaßnahmen im erdberührten Bereich werden grob unterschieden in den Feuchteschutz gegen:

- aufsteigende Feuchte,
- Spritzwasser,
- Bodenfeuchte,
- drückendes Wasser von außen.

Bild 2 Wassereinwirkung durch Stauwasser zum Zeitpunkt der Ausführung (Quelle: MARKO-Bautenschutz GmbH, Gnarrenburg)

3.1 Wassereinwirkungsklassen

Für die Beurteilung der Wasserbeanspruchung und Einbausituation am Standort sind folgende Fragestellungen grundsätzlich zu beantworten:

- Art des vorhandenen Bodens und Wasserdurchlässigkeit,
- Einbautiefe des Gebäudes im Erdreich,
- Bemessungswasserstand,
- höchster Grundwasserstand (HGW),

- höchster Hochwasserstand (HHW),
- Geländeform und
- möglicher Einbau einer Bauwerksdränung.

DIN 18533 klassifiziert die Wassereinwirkungen (W) durch die Einwirkung in Art und Intensität auf das jeweilige Bauteil. Diese werden für den erdberührten Bereich (E) von W1-E bis W4-E klassifiziert (siehe Tabelle 1):

- W1-E Bodenfeuchte und nichtdrückendes Wasser,
- W2-E Drückendes Wasser,
- W3-E Nichtdrückendes Wasser auf erdüberschütteten Decken,
- W4-E Spritzwasser und Bodenfeuchte am Wandsockel und Kapillarwasser in und unter Wänden.

Nicht wasserdichte Bauwerke und Bauteile werden durch Bodenfeuchte und/oder flüssiges Wasser in tropfbarer Form beansprucht. Zur Klärung der Wassereinwirkung gibt DIN 18533 Hilfestellungen.

Der Wasserdurchlässigkeitsbeiwert (k) grenzt stark durchlässigen von wenig wasserdurchlässigem Baugrund ab und wird nach **DIN 18130-1:1998-05 Baugrund, Untersuchung von Bodenproben – Bestimmung des Wasserdurchlässigkeitsbeiwerts** bestimmt.

Planungen können nur dann vernachlässigt werden, wenn konsequent nach der höchsten Wasserbeanspruchung – drückendes Wasser – geplant und abgedichtet wird.

Der Bemessungswasserstand ist hierfür ein wichtiger Faktor. Er ist definiert als der höchste, nach Möglichkeit aus langjähriger Beobachtung ermittelte Grundwasser- bzw. Hochwasserstand. Baubehörden und Vermessungsämter geben dazu Auskunft.

Ergeben sich aus den Informationen oder den örtlichen Erfahrungswerten über die Art und Beschaffenheit des Baugrundes keine ausreichenden Erkenntnisse, so sind zusätzlich Bohrungen oder Schürfungen durchzuführen.

Des Weiteren ist die chemische Zusammensetzung des Wassers zu beachten. Liegt eine Wasseranalyse vor, nach der die Bauwerksabdichtung durch Inhaltsstoffe des Wassers beeinträchtigt werden kann, ist die Beständigkeit der Bauwerksabdichtung festzustellen. Weiterhin sollte geprüft werden, ob das anfallende Wasser den Werkstoff, aus dem das Bauwerk erstellt wurde, schädigen kann.

Tabelle 1 Wassereinwirkungsklassen nach DIN 18533 [2]

Wasserein-wirkungsklasse (Wx-E)	Art der Wassereinwirkung	Bemessungswasserstand (HGW bzw. HHW) / hydrostatischer Druck	Einbinde-tiefe ins Erdreich	Wasserdurch-lässigkeitsbeiwert des Baugrundes	Dränung nach DIN 4095
W1-E – Bodenfeuchte und nichtdrückendes Wasser					
W1.1-E – Bodenfeuchte bei Bodenplatten und erdberührten Wänden					
W1.1-E, Situation 1	Bodenfeuchte nur bei Bodenplatten	Unterkante Abdichtungsebene ≥50 cm oberhalb HGW/HHW	–	$k > 10^{-4}$ m/s	nein
W1.1-E, Situation 2	Bodenfeuchte bei Bodenplatten und erdberührten Wänden	Unterkante Abdichtungsebene ≥50 cm oberhalb HGW/HHW	beliebig	$k > 10^{-4}$ m/s	nein
W1.2-E – Nichtdrückendes Wasser bei Bodenplatten und erdberührten Wänden mit Dränung					
W1.2-E	nichtdrückendes Wasser	Unterkante Abdichtungsebene ≥50 cm oberhalb HGW/HHW	beliebig	$k \leq 10^{-4}$ m/s	ja
W2-E – Drückendes Wasser bei erdberührten Wänden und Bodenplatten					
W2.1- E – Mäßige Einwirkung von drückendem Wasser					
W2.1-E, Situation 1	Stauwasser	hydrostatischer Druck <3 m	<3 m	$k \leq 10^{-4}$ m/s	nein
W2.1-E, Situation 2	Grundwasser		beliebig	-	nein
W2.1-E, Situation 3	Hochwasser		<3 m	beliebig	nein
W2.2- E – Hohe Einwirkung von drückendem Wasser					
W2.2-E, Situation 1	Stauwasser	hydrostatischer Druck >3 m	beliebig	$k \leq 10^{-4}$ m/s	nein
W2.2-E, Situation 2	Grund- und Hochwasser		beliebig	beliebig	nein
W3-E – nichtdrückendes Wasser auf erdüberschütteten Decken					
W3-E	Niederschlags- und Stauwasser <10 cm Anstauhöhe	Abdichtungsebene ≥30 cm oberhalb HGW/HHW		–	objekt-bezogen
W4-E – Spritzwasser am Wandsockel sowie Kapillarwasser in und unter erdberührten Wänden					
W4-E	Spritz-, Oberflächen- und Sickerwasser, kapillar aufsteigendes Wasser	Wandsockel: bei ca. 0,2 m unter bis ca. 0,3 m über OK Gelände, wenn nicht Bedingungen nach W2-E vorliegen		$k > 10^{-4}$ m/s $k < 10^{-4}$ m/s	nein ja

3.1.1 Bodenfeuchte und nichtdrückendes Wasser (W1-E)

Die Klasse W1-E beschreibt die Wassereinwirkung von Bodenfeuchte und nichtdrückendem Wasser auf Bodenplatten und Wänden. Die Unterkante der Abdichtungsebene muss mindestens 50 cm über dem Bemessungswasserstand liegen. Niederschläge versickern im Baugrund natürlich oder werden mit einer Dränung zum Schutz der baulichen Anlage abgeführt.

Als Bodenfeuchtigkeit wird im Boden kapillar gebundenes Saug-, Haft,- oder Kapillarwasser bezeichnet. Diese Wassereinwirkung ist im erdberührten Bereich an Bodenplatten und Wänden immer vorhanden und muss als Mindestvoraussetzung grundsätzlich angenommen werden.

Mit natürlichem nichtdrückendem Wasser darf nur gerechnet werden, wenn das Baugelände bis zu einer ausreichenden Tiefe unter der Fundamentsohle und auch das Verfüllmaterial der Arbeitsräume aus stark durchlässigen Böden, wie Kies oder Sand, besteht oder wenn bei wenig durchlässigen Böden eine Dränung der baulichen Maßnahme nach DIN 4095 vorhanden ist. Die Funktionsfähigkeit muss auf Dauer gewährleistet werden.

Stark durchlässige Böden ermöglichen das ständige Versickern von Niederschlägen, bemessen oberhalb Terrain bis zum freien Grundwasserstand. Ein Aufstauen von Sickerwasser nach lang anhaltenden Niederschlägen ist, auch nicht vorübergehend, zu erwarten.

Wenig durchlässige Böden binden Wasser und lassen nach Niederschlägen Stauwasser im Arbeitsraum, der Baugrube vor den Wand- und Bodenbauteilen erwarten. Nur durch eine dauerhafte, funktionstüchtige Bauwerksdränung nach DIN 4095 ist die hydrostatische Belastung auf das Bauwerk zu unterbinden.

Zur Aufrechterhaltung dieser Wasserbeanspruchung »Nichtdrückendes Wasser« ist nach DIN 18533 die dauernde Funktionstüchtigkeit der Dränanlage zu gewährleisten, die eine Wassereinwirkung von Stauwasser verhindert. Durch den Einbau und die Sicherstellung der Funktion können die Außenwände auch in wenig durchlässigen Böden ($k \leq 10^{-4}$ m/s) gegen W1-E abgedichtet werden.

Die Dränung zum Schutz baulicher Anlagen wird in der DIN 4095 geregelt. Sie ist ein Schutz baulicher Maßnahmen, denn Dränungen sind Entwässerung vor, über oder unter erdberührten Gebäudeteilen mit dem Ziel, hydrostatischen Druck auf das Bauteil zu verhindern. Dränanlagen sind vor Wänden und unter Bodenplatten auszuführen.

Im Allgemeinen besteht die Dränanlage aus dem Drän und Kontrolleinrichtungen. Drän ist ein Sammelbegriff für die vor der Wand, unter der Bodenplatte oder auf der erdüberschütteten Decke verlegte flächige Dränschicht mit der zugehörigen Dränleitung, die das Wasser aus der Dränschicht aufnimmt und einer Vorflut zuführt.

Der Drän muss filterfest sein. Die anfallende Abflussspende muss in der Dränschicht drucklos abgeführt und vom Dränrohr bei einem Aufstau von höchsten 0,2 m bezogen auf die Dränsohle aufgenommen werden.

Die Dränanlage ist in den Entwässerungsplan aufzunehmen und in regelmäßigen Abständen auf Funktionsfähigkeit zu prüfen.

Folgende Örtlichkeiten und Voruntersuchungen sind zu berücksichtigen:

- Sofern die örtlichen Erfahrungen keinen ausreichenden Aufschluss über die Art, die Beschaffenheit und die Durchlässigkeit des Baugrundes geben, sind diese durch Bohrungen oder Schürfungen zu erkunden (DIN 4021 und DIN 4022).
- Die chemische Beschaffenheit des Wassers muss bekannt sein oder durch einer Wasseranalyse erkundet werden.
- Es ist zu prüfen, wohin das Wasser abgeleitet werden kann.
- Der Wasseranfall an den erdberührten baulichen Anlagen ist von der Größe des Einzugsgebietes, der Geländeneigung, Schichtung und Durchlässigkeit des Bodens und der Niederschlagshöhe abhängig.
- Die Entscheidung über Art und Ausführung von Dränung und Bauwerksabdichtung ist entsprechend den Ergebnissen der Untersuchungen festzustellen. Für die Entscheidung, ob eine Dränung an der Wand erforderlich ist, ist von den Standardfällen der DIN 4095 auszugehen.

Die DIN 4095 unterscheidet in eine Regel- und eine Sonderausführung. Normativ werden zahlreiche Parameter für die Ausführung von Dränmaßnahmen unter Bodenplatten, vor Wänden und auf Decken vorgegeben.

Der Regelfall im erdberührten Bereich liegt dann vor, wenn folgende Anforderungen erfüllt sind:

- Richtwerte unterhalb der Bodenplatte
  - schwache Durchlässigkeit des Bodens,
  - bebaute Fläche bis 200 m^2,
- Richtwerte von Wänden
  - eben, leicht geneigtes Gelände,
  - schwache Durchlässigkeit des Bodens,
  - Einbautiefe $<3{,}00$ m,
  - Gebäudehöhe bis 15,00 m,
  - Länge der Dränleitung zwischen Hochpunkt und Tiefpunkt bis 60,00 m.

Können die Anforderungen nicht erfüllt werden, sind die Schutzmaßnahmen oberhalb des Bemessungswasserstandes (höchster Grundwasserstand) als Sonderlösung zu bemessen.

Bei hochwertiger Nutzung der Räume, wie nicht unterkellerter Gebäude bzw. hochwertig genutzter Keller, die zum ständigen Aufenthalt von Personen geplant und ausgeführt werden, ist eine Abdichtung der Bodenplatte erforderlich. Diese waagerechte Abdichtung darf auf der Bodenplatte erfolgen.

Da die Beanspruchung durch Bodenfeuchtigkeit und nichtdrückendes Wasser vergleichbar ist, ist die Abdichtungsausführung identisch.

3.1.2 Drückendes Wasser (W2-E)

Die Wassereinwirkungsklasse W2-E wird nach dem auf Bodenplatten und Wänden einwirkenden Wasserdruck, der Eintauchtiefe des Gebäudes <3 m oder >3 m unterschieden oder ob sich die Abdichtungsebene <50 cm oberhalb des Bemessungswasserstandes befindet.

Mäßige Einwirkung von drückendem Wasser mit ≤3 m Eintauchtiefe (W2.1-E)

Die am häufigsten anzutreffende Einwirkklasse ist Stauwasser. In wenig wasserdurchlässigen Bodenarten ist mit einer Beanspruchung durch Stauwasser zu rechnen, da Niederschläge nicht versickern können und zwangsläufig vor den Bauteilen zeitweise hydrostatisch Druck ausüben. Für die Klassifizierung W2.1-E, Situation 1 »Stauwasser« gilt:

- Eine Dränung nach DIN 4095 kann/darf nicht eingebaut werden.
- Die Einbinde-/Gründungstiefe des Gebäudes beschränkt sich auf 3 m unter Geländeoberkante (GOK).

W2.1-E kann folgende Situationen beinhalten:

- Stauwasser <3 m: Hier liegt die untere Abdichtungsebene/Einbindetiefe <3 m unter der Geländeoberfläche in bindigem Boden ohne Dränung.
- Drückendes Wasser <3 m: Das Gebäude taucht 3 m in den Bemessungswasserstand (HGW/HHW).
- Hochwasser <3 m: Die untere Abdichtungsebene befindet sich im Einflussbereich von oberirdischem Hochwasser <3 m.

Hohe Einwirkung von drückendem Wasser mit >3 m Eintauchtiefe (W2.2-E)

W2.2-E kann folgende Situationen beinhalten:

- Stauwasser >3 m: Hier liegt die untere Abdichtungsebene/Einbindetiefe >3 m unter der Geländeoberkante in bindigem Boden ohne Dränung.
- Drückendes und Hochwasser >3 m: Unabhängig von der Bodenart, Einbinde- und Eintauchtiefe taucht das Gebäude >3 m in den Bemessungswasserstand (HGW/HHW) oder wird durch oberirdisches Hochwasser >3 m beansprucht.

3.1.3 Nichtdrückendes Wasser auf erdüberschütteten Decken (W3-E)

Diese Wassereinwirkungsklasse liegt auf einer erdüberschütteten Decke durch Sickerwasser vor, das ohne Stauwirkung aufgrund von Gefälle abgeleitet wird.

Voraussetzungen für diese Art der Wassereinwirkung sind:

- Dränung,
- Gefälle,
- versickerungsfähige Überschüttung.

Für die Wassereinwirkungsklasse W3-E gilt, dass die Deckenoberfläche >30 cm über den Bemessungswasserständen des HGW und HHW liegen muss und die eventuelle Anstauhöhe auf <10 cm zu begrenzen ist. Können diese Voraussetzungen nicht erfüllt werden, muss die Abdichtung nach W2-E (Drückendes Wasser) dimensioniert werden.

3.1.4 Spritzwasser und Bodenfeuchte am Wandsockel sowie Kapillarwasser in und unter Wänden (W4-E)

Am Wandsockel wirken Spritz-und Sickerwasser auf die Sockeloberflächen, Bodenplatten und Fundamente ein. Wasser kann über Bodenplatten kapillar aufsteigen und in Außen- sowie Innenwände gelangen. Beim Wandsockel mit zweischaligem Mauerwerk kann abrinnendes Niederschlagswasser in den Schalenzwischenraum sickern. Diese Einwirkungen machen eine Fußpunkt-, Sockel- und Querschnittsabdichtung erforderlich. Am Wandsockel ist im Bereich von ca. 20 cm unter Geländeoberkante (GOK) bis ca. 30 cm über GOK mit W4-E zu rechnen, wenn nicht durch den Bemessungswasserstand oder aufgrund des nicht gedränten, wenig wasserdurchlässigen anstehenden Bodens mit W2-E zu rechnen ist.

3.2 Mauerwerksbeanspruchungen

Die Klassifizierung der Feuchtebeanspruchungen von Mauerwerk wird unterschieden nach:

- Mauerwerk oberhalb des Geländes ohne Oberflächenbehandlungen oder entsprechende Bekleidungen,
- Mauerwerksgründungen in gut entwässernden Böden,
- Mauerwerk mit oder ohne Belastungen.

Folgende Tabelle des informativen Anhangs A aus dem Kommentar zur DIN EN 1996-2 **Bemessung und Konstruktion von Mauerwerksbauten** regelt die Expositionen der Feuchtebeanspruchungen/Mikrobedingungen von fertigem Mauerwerk:

Klasse	Mikrobedingungen des Mauerwerks	Beispiele
MX1	in trockener Umgebung	Innenmauerwerk für normale Wohnräume und Büros, einschließlich der Innenschale von zweischaligen Außenwänden, die im Normalfall nicht feucht werden; Verputztes Außenmauerwerk, das keinem mäßigen oder starken Schlagregen ausgesetzt ist und von Feuchte in benachbartem Mauerwerk oder Bauteilen getrennt ist
MX2	Feuchte oder Durchnässung ausgesetzt	
MX2.1	Feuchte, aber keinen Frost-Tau-Wechselbedingungen oder Sulfattreiben oder angreifenden Chemikalien in signifikanten Mengen ausgesetzt	Innenmauerwerk, das großen Mengen an Wasserdampf ausgesetzt ist, wie z. B. in einer Wäscherei; Außenwände, die von einem Dachüberstand oder einer Mauerabdeckung geschützt und keinem starken Schlagregen oder Frost ausgesetzt sind; Mauerwerk frostfrei gegründet und in gut entwässerten, nicht angreifenden Böden
MX2.2	Durchnässung, aber keinen Frost-Tau-Wechselbedingungen oder Sulfattreiben oder angreifenden Chemikalien in signifikanten Mengen ausgesetzt	Mauerwerk, das weder Frost noch angreifenden Chemikalien ausgesetzt ist, z. B. in Außenwänden mit Mauerkronen oder mit Dachüberstand, in Brüstungsmauern, freistehenden Mauern, im Boden, unter Wasser
MX3	Feuchte oder Durchnässung und Frost-Tau-Wechseln ausgesetzt	
MX3.1	Feuchte oder Durchnässung und Frost-Tau-Wechselbedingungen, aber keinem Sulfattreiben oder angreifenden Chemikalien in signifikanten Mengen ausgesetzt	Mauerwerk wie Klasse MX2.1, aber Frost-Tau-Wechseln ausgesetzt
MX3.2	Starker Durchnässung und Frost-Tau-Wechselbedingungen, aber keinem Sulfattreiben oder angreifenden Chemikalien in signifikanten Mengen ausgesetzt	Mauerwerk wie Klasse MX2.2, aber Frost-Tau-Wechseln ausgesetzt
MX4	Der Einwirkung von salzhaltiger Luft, Meerwasser oder Tausalzen ausgesetzt	Mauerwerk im Küstenbereich; Mauerwerk an Straßen, auf denen im Winter Tausalz gestreut wird
MX5	In einer Umgebung mit stark angreifenden Chemikalien	Mauerwerk in Berührung mit gewachsenen oder aufgefüllten Böden oder Grundwasser, wobei Feuchte und Sulfate in signifikanten Mengen vorhanden sind; Mauerwerk in Berührung mit stark sauren Böden, kontaminiertem Boden oder Grundwasser; Mauerwerk in der Nähe von Industriegebieten mit atmosphärisch angreifenden Chemikalien

Anmerkungen: Bei der Überlegung, welchen Umweltbedingungen das Mauerwerk ausgesetzt ist, sollten die aufgebrachten Oberflächenbehandlungen und Schutzbekleidungen berücksichtigt werden.

Tabelle 2 Expositionen der Feuchtebeanspruchungen von Mauerwerk [8]

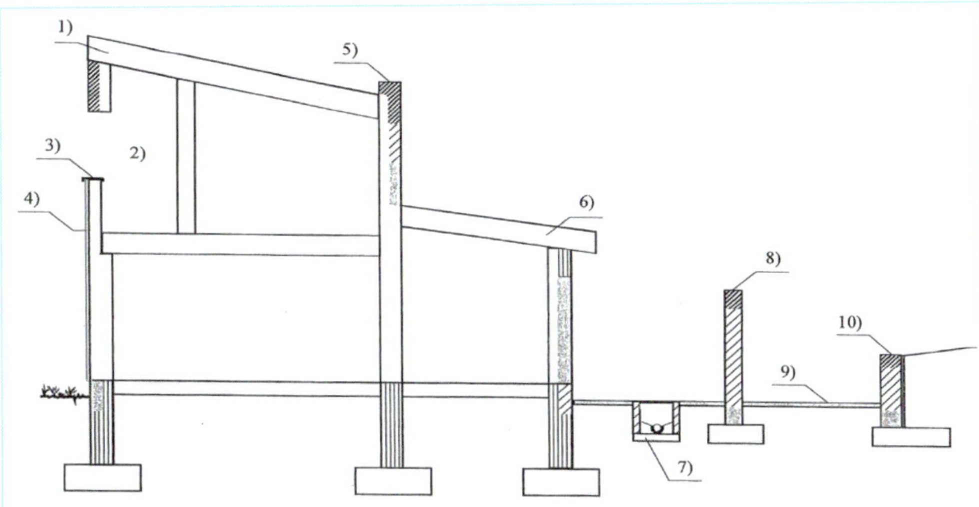

1) kein Dachüberstand
2) Loggia
3) Abdeckplatte
4) Außenputz
5) Brüstungsmauer
6) Dachüberstand
7) Revisionsschacht
8) Freistehende Mauer
9) Pflasterung
10) Stützmauer

Bild 3 Beispiele für die vergleichbaren Expositionen von Mauerwerk [8]

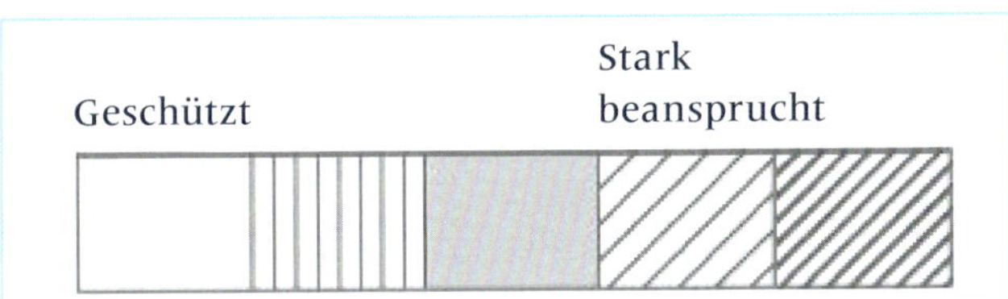

Bild 4 Art der Feuchtebeanspruchung [8]

3.3 Planungs- und Ausführungsleitsätze

Die Funktionstüchtigkeit und Dauerhaftigkeit einer Bauwerksabdichtung hängen von der fachgerechten Planung, Auswahl der Abdichtungsstoffe und Ausführung ab. Die Regeln der Abdichtungs- und Ausführungstechnik müssen eine hohe Zuverlässigkeit aufweisen und die Gebrauchstauglichkeit zugewiesene Nutzung langfristig sicherstellen.

Planungsleitsätze für erdberührte Bauwerksaußenabdichtungen sind:

- Erdberührte Bauwerksabdichtungen im Neubaubereich werden immer auf der dem Wasser zugewandten Seite aufgebracht. Bereits in der Planungsphase sollten Vor- und Rücksprünge der abzudichtenden Flächen auf die unbedingt notwendige Anzahl beschränkt werden.
- Die Grundsätze der Planung, Zweckmäßigkeit und Dimensionierung des Verfahrens gelten für alle Arten von Wandkonstruktionen, Untergründe und Abdichtungsstoffe.

- Die Wahl der Abdichtungsart ist abhängig von der Wassereinwirkung und der Nutzung des Bauwerks/Bauteils.
- Die Gebäude- und Fassadensockel aus nicht wasserdichten Bauteilen sind gegen Eindringen von Spritzwasser zu schützen.

Die Qualität der Abdichtungsausführung ist von folgenden Faktoren abhängig:

- Qualifikation des Ausführenden,
- Witterungsbedingungen zum Zeitpunkt der Ausführung,
- Vorbehandlungen und Qualität des Untergrundes,
- Auswahl der Abdichtungsstoffe,
- Lagenzahl und/oder Schichtdicken,
- Qualitätskontrollen während und nach der Ausführung,
- Schutzmaßnahmen zum Ausführungszeitraum,
- Schutz-/Nutzschichten nach Fertigstellung der Bauwerksabdichtung.

Dauerhafte Bauwerksabdichtungen sind abhängig vom Zusammenwirken aller Beteiligten. Planung, Ausführung, Kontrollen und ggf. notwendige Wartungen entscheiden über den Erfolg dieser Feuchte- bzw. Bautenschutzmaßnahme.

Neben der Bemessung der Wassereinwirkungsklasse (W1-E bis W4-E sind die Rissklassen (R1-E bis R4-E), die Raumnutzungsklasse (RN1-E bis RN-3) und die Zuverlässigkeitsanforderungen ausschlaggebend für die Wahl der Abdichtungsbauart.

3.3.1 Rissklassen (Rx-E)

Zur Auswahl der Abdichtungsbauart muss der Abdichtungsplaner die Rissaufweitung vorhandener Risse oder die zu erwartende Neurissbildung und Rissbreitenänderung kennen. Dazu wurden vier Rissklassen (R1-E bis R4-E) definiert, denen Rissüberbrückungsklassen (RÜ1-E bis RÜ4-E) der zu verwendenden normkonformen Abdichtungsstoffe zugeordnet sind. Für die Auswahl der Abdichtung sind Rissklassen (Rx-E) des Abdichtungsuntergrundes zu berücksichtigen:

- R1-E (gering)
  Rissbildung oder Rissbreitenänderung ≤0,2 mm; typischer Abdichtungsuntergrund wäre Stahlbeton, Mauerwerk im Sockelbereich oder Untergründe für die Querschnittsabdichtungen von Mauerwerken in und unter Wänden
- R2-E (mäßig)
  Rissbildung oder Rissbreitenänderung ≤0,5 mm in Beton oder im Mauerwerk unter Erddruck belastet
- R3-E (hoch)
  Rissbildung oder Rissbreitenänderung ≤1,0 mm und/oder Rissversatz ≤0,5 mm in Beton oder im Mauerwerk, z. B. bei Aufstandsfugen von erddruckbelasteten Wänden
- R4-E (sehr hoch)

Rissbildung oder Rissbreitenänderung ≤5,0 mm und/oder Rissversatz ≤2,0 mm, z. B. Erschütterungen oder Erdbeben

3.3.2 Rissüberbrückungsklassen (RÜx-E)

Rissüberbrückende Eigenschaften sind abhängig von den Abdichtungsbauarten, wie
- den Eigenschaften des Abdichtungsstoffs,
- eventueller vorhandener Verstärkungen,
- der Schichtdicke,
- der Lagenzahl und
- der Art des Haftverbundes zum Abdichtungsuntergrund.

Die in DIN 18533 geregelten Abdichtungsbauarten flüssiger zu verarbeitender Abdichtungsstoffe sind in Rissüberbrückungsklassen (RÜx-E) eingeteilt:
- RÜ1-E – geringe Rissüberbrückung, ≤0,2 mm,
- RÜ2-E – mäßige Rissüberbrückung, ≤0,5 mm,
- RÜ3-E – hohe Rissüberbrückung, ≤1,0 mm mit einem Rissversatz ≤0,5 mm,
- RÜ4-E – sehr hohe Rissüberbrückung, ≤5,0 mm mit einem Rissversatz ≤2,0 mm.

3.3.3 Raumnutzungsklassen

Die Raumnutzungsklassen (RNx-E) definieren die Trockenheit der Raumluft von erdseitig abgedichteten Räumen unterschiedlich mit geringen bis hohen Anforderungen. Für die Raumnutzung ist die Zuverlässigkeit der Abdichtungsbauart bedeutend.
- RN1-E – Raumnutzung mit geringer Anforderung an die Trockenheit der Raumluft wie z. B. Lagerhalle, Tiefgarage
- RN2-E – Raumnutzung mit üblicher Anforderung an die Trockenheit der Raumluft und Zuverlässigkeit der Abdichtungsbauart; entspricht der üblichen Anforderung von Aufenthaltsräumen, Keller- und Lagernutzungen in üblichen Wohn- und Bürogebäuden
- RN3-E – mit hoher Anforderung an die Trockenheit der Raumluft und hoher Anforderung an die Zuverlässigkeit der Abdichtungsbauart, wie z. B. Archive, Räume zur Lagerung unersetzlicher Kulturgüter, oder Kellerräume für den Zentralrechner.

Die Einwirkungs- und Raumnutzungsklassen dienen zur Festlegung der Abdichtungsbauart und bilden somit die wesentliche Planungsgrundlage für die Abdichtung von erdberührten Bauteilen.

Folgende Kriterien sind entscheidend für die Wahl der Abdichtungsbauart nach DIN 18533:
1. die Wassereinwirkungsklasse (W1-E bis W4-E)
2. die Rissklasse (R1-E bis R4-E) und Rissüberbrückungsklasse (RÜ1 bis RÜ4)
3. die Raumnutzungsklasse (RN1-E bis RN-3) und
4. die Zuverlässigkeitsanforderungen.

Für die Zuverlässigkeitsanforderungen hat der Abdichtungsstoff folgende Anforderungen zu erfüllen:

- Dichtheit,
- Beständigkeit,
- Dauerhaftigkeit,
- Zuverlässigkeit über die geplante Nutzungsdauer,
- Anordnung auf der Wasser zugewandten Seite,
- Verhalten bei Bewegungen der Bauteile,
- Rissüberbrückungsverhalten.

Die Wahl der Abdichtungsbauweise ist abhängig von der Art des Bauteils, der Wassereinwirkungsklasse (Wx-E) und aus Gründen der Zuverlässigkeit von der erforderlichen Rissüberbrückungsklasse (RÜ-E) abhängig.

Es gilt:

- W1-E mindestens RÜ1-E
- W2.1-E mindestens RÜ3-E
- W2.2-E mindestens RÜ4-E
- W3-E mindestens RÜ3-E
- W4-E mindestens RÜ1-E

3.4 Anforderungen an die Abdichtung und an den Untergrund

Bauwerksabdichtungen haben die Aufgabe nicht wasserdichte Bauwerke für die geplante Nutzungsdauer vor Feuchte und Wasser zu schützen. Sie müssen dicht und beständig gegenüber Wasser sein und zu erwartende Rissbildungen und Rissbreitenänderungen überbrücken.

Bauwerksabdichtungen sind nach DIN 18533 auf der wasserführenden Seite anzuordnen. Waagerechte Abdichtungen auf Bodenplatten aus Beton können in der Wassereinwirkungsklasse W1-E auch oberseitig aufgebracht werden. Bei Kombinationen von verschiedenen Abdichtungsstoffen muss die Verträglichkeit sichergestellt sein.

Der Untergrund, auf den Bauwerksabdichtungen aufgebracht werden, muss tragfähig sein und generell folgende Ansprüche erfüllen: »*frostfrei, fest und eben, frei von Nestern, klaffenden Rissen, Graten und schädlichen Verunreinigungen sein.*« [2]

Der Untergrund sollte oberflächentrocken sein. Hinterwanderungen durch Feuchtigkeit sind, wie auch vorzeitige Wasserbelastung, zum Zeitpunkt der Ausführung auszuschließen.

Bild 5 Haufwerksporiges Gefüge von Bimsmauerwerk

Oberflächen von haufwerksporigen Baustoffen, offene Stoßfugen, Versatz von Mauerschichten, Unebenheiten bis 5 mm sowie Oberflächenprofilierungen sind mit einem Dünn- oder Ausgleichsputz, mineralischen Dichtschlämmen oder kunststoffmodifizierten Bitumendickbeschichtungen zu egalisieren oder zu verschließen. Ausbrüche, Mörteltaschen, offene Stoß- und Lagerfugen >5 mm sind mit geeigneten Mörteln oder Verputz der Wandfläche zu schließen.

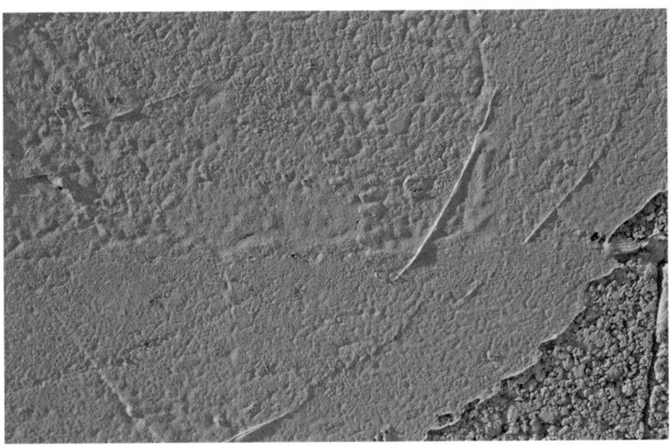
Bild 6 Untergrundvorbehandlung mit mineralischem Mörtel

Kanten müssen unter 45 Grad gefast werden, Kehlen sollten gerundet sein.

Innenecken und Wand-/Bodenanschlüsse bei Gründungen mit vorstehender Bodenplatte werden mit einem systemkompatiblen Dichtungsmörtel halbmondförmig ausgebildet. Diese Dichtungskehle sollte einen Radius von 40 bis 60 mm aufweisen. Bei Ausführung der Bauwerksabdichtung mit flüssig aufzutragenden Abdichtungsstoffen wird so eine Unter-/Überschreitung der vorgeschriebenen Frischschichtdicken in diesem handwerklich anspruchsvollen Detail vermieden.

Betonierte Kelleraußenwände sind auf haftungsmindernde Bestandteile zu untersuchen. Fehlstellen werden analog wie bei Mauerwerk beseitigt. Schalöle oder Nachbehandlungsmittel wirken als trennende Substanzen und sind zu entfernen.

Der Betonfundament- bzw. Sohlenüberstand muss besonders gründlich gereinigt werden. Sinterschichten oder festsitzende Verunreinigungen sind mechanisch zu entfernen.

Bild 7 Nicht vorbereiteter Fundamentvorsprung

Putzoberflächen sind auf haftungsmindernde Bestandteile zu untersuchen und zu reinigen. Nicht tragfähige Putzschichten sind zu ersetzen.

3.5 Anwendungen von Bitumenbahnen für erdberührte Bauwerksabdichtungen

Sind für die erdberührte Bauwerksabdichtung bahnenförmige Werkstoffe geplant, ist die Normenreihe DIN 18533, Teile 1 und 2 zu beachten. Die Norm regelt die Anwendungen von Abdichtungen mit Polymerbitumen- und Bitumenbahnen für alle Raumnutzungsklassen sowie für alle Rissklassen.

Die vorab genannten Untergrundvoraussetzungen müssen erfüllt sein. Fehlstellen und Unebenheiten der Bauwerksoberfläche sind durch Spachtelmörtel oder durch Verputzen mineralisch zu verschließen oder zu egalisieren. Für aufzuklebende bahnenförmige Abdichtungsstoffe muss der Untergrund oberflächentrocken sein.

Polymer- und Bitumenbahnen für Bauwerksabdichtungen werden je nach der erdberührten Wassereinwirkungsklasse einlagig oder mehrlagig verlegt. Ebenfalls sind sie für alle Raumnutzungsklassen und Rissklassen geeignet.

Die folgenden Ausführungsempfehlungen des Industrieverbandes Bitumen-Dach- und Dichtungsbahnen e.V. sind bauteilbezogen und berücksichtigen die Möglichkeiten und Verfahrenstechniken der einsetzbaren Polymerbitumen- und Bitumenbahnen. Es wurde eine Auswahl der üblichen bahnenförmigen Abdichtungsstoffe ohne weitere Nennung der erforderlichen Schutz- bzw. Nutzschichten in den folgenden Tabellen berücksichtigt.

Erdberührte Bauwerksabdichtung Auswahl der Abdichtungsbauart für das Bauteil Kellerbodenplatte			
Einwirkklasse	Untergrund	Abdichtung	Hinweise zur Verarbeitung
W1.1-E bis W1.2-E R1-E bis R4-E RN1-E bis RN3-E	Beton Voranstrich	Kaltselbstklebende Bitumendichtungsbahn KSK	vollflächig selbstklebend, thermisch aktivieren
		Kaltselbstklebende Polymerbitumenbahn mit Trägereinlage PYE KTG KSP 2,8 PYE KTP KSP 2,8	teil- oder vollflächig selbstklebend, thermisch aktivieren
		Elastomerbitumenschweißbahn PYE, PV 200 S5 oder PYE G 200 S4	teil- oder vollflächig schweißen
		Bitumendachdichtungsbahn PV 200 DD	teil- oder vollflächig in Heißbitumen kleben
W2.1-E R1-E bis R4-E RN1-E bis RN3-E		Elastomerbitumenschweißbahn PYE, PV 200 S5	vollflächig schweißen*
		Elastomerbitumenschweißbahn PYE PV 200 S5 oder PYE G 200 S4 Elastomerbitumenschweißbahn PYE PV 200 S5	

* Hinweis:
Die Abdichtung der Sohle ist an die Wandabdichtung anzuschließen, sodass die Abdichtung das Gebäude wannenförmig umschließt (Prinzip Schwarze Wanne).

Tabelle 3 Bahnenförmige Abdichtungen von Kellerbodenplatten und Außenwänden nach DIN 18533-2

3.5.1 Bitumen-Voranstrichmittel

Die Bauteiloberflächen- und Umgebungstemperaturen müssen >5 °C betragen. Bitumenhaltige Voranstrichmittel sind durch Streichen, Rollen oder objektbezogen durch Spritzen zu verarbeiten. Der Auftrag erfolgt gleichmäßig, Pfützenbildungen sind zu vermeiden. Der Mindestverbrauch ist mit 200 g/m² bis 300 g/m² zu veranschlagen. Bitumen-Voranstrichmittel müssen vor dem Auftrag der Folgeschicht durchgetrocknet bzw. abgelüftet sein.

In Verbindung mit kaltselbstklebenden Dichtungsbahnen sind systemverträgliche Bitumen-Voranstrichmittel zu verwenden.

3.5.2 Schweißverfahren

Schweißbahnen werden im Schmelzverfahren appliziert. Zur vollflächigen Verklebung werden die zu verklebenden Bitumendeckschichten aufgeschmolzen und die Bahn unter leichtem Druck so eingerollt, dass sich die angestrebte vollflächige Untergrundhaftung einstellt.

Auf der senkrechten Kelleraußenwand, wie auch bei stark geneigten Flächen, sollten nur Schweißbahnen mit einer Breite <0,75 m verwendet werden.

3.5.3 Gießverfahren

Für die vollflächige Verklebung wird die Heißbitumen-Klebemasse vor die Bahn aufgegossen, sodass beim Einrollen der Bahn vor der Rolle in ganzer Bahnenbreite ein Klebemassenwulst entsteht. An den Bahnenrändern wird bei Unter- und Zwischenlagen das austretende Klebebitumen glattgestrichen.

Für die Verklebung im Gießverfahren werden ungefüllte Klebemassen verwendet.

3.5.4 Kaltselbstklebeverfahren (KSP-Bahnen)

Für die Verlegung der KSP-Bahn muss das rückseitige Trennpapier bzw. die Trennfolie abgezogen und die Bahn (mit Trägereinlage-PYE) flächig unter Anpressdruck kalt verklebt werden.

An allen An-, Abschlüssen und Überlappungen wird die KSP-Bahn fest angedrückt, um Kapillare zu vermeiden. Bei senkrechten oder stark geneigten Flächen wie auch Überlappungen wird die Zuhilfenahme thermischer Aktivierung beim Aufbringen der KSP-Bahn empfohlen.

Im Wandbereich wird die Verlegung von oben nach unten empfohlen. Die Breite der kaltselbstklebenden Polymerbitumen-Bahnen werden auf der Kelleraußenwand <1,10 m verklebt. Am oberen Wandabschluss ist die Abdichtungsbahn durch eine mechanische Fixierung zu sichern.

3.5.5 Kaltselbstklebeverfahren (KSK-Bahnen)

Für die Verlegung der KSK-Bahnen wird das rückseitige Trennpapier/die Trennfolie abgezogen und die Bahn flächig unter Anpressdruck kalt verklebt. Überlappungen werden mit festem Andruck durch einen Hartgummiroller sichergestellt.

Auf senkrechten oder stark geneigten Flächen sollte die Breite der Bahnen <1,10 m nicht überschreiten. Die Herstellervorschriften sind zu beachten.

3.6 Flüssig aufzutragende Abdichtungsstoffe für erdberührte Bauwerksflächenabdichtungen

Nach DIN 18533 **Abdichtung erdberührter Bauteile** fallen unter die Rubrik der flüssig zu verarbeitenden, erst an der Baustelle auf dem Untergrund erhärtender Abdichtungsstoffe:

- polymermodifizierte Bitumendickbeschichtungen (PMBC),
- mineralische, rissüberbrückende Dichtungsschlämmen (MDS),
- Flüssigkunststoffe (FLK).

Gänzlich neu aufgenommen in DIN 18533 wurden die Abdichtungsbauarten im erdberührten Bereich mit rissüberbrückenden mineralischen Dichtungsschlämmen (MDS) und Flüssigkunststoffen (FLK) unter Berücksichtigung der jeweils geltenden allgemein bauaufsichtlichen Prüfzeugnisse (AbP). Sockelabdichtungen mit MDS haben sich seit Jahrzehnten bewährt, und so wurden diese folgerichtig in der neuen Abdichtungsnorm verankert. Die für die Abdichtungsbauarten erforderlichen Hilfsstoffe und Ausführungshinweise sind ebenfalls in dem betreffenden Normenteil DIN 18533-3 geregelt. Den Angaben zur Untergrundvorbereitung und zur Verarbeitung der gewählten Abdichtungsbauweisen ist den allgemein bauaufsichtlichen Prüfzeugnissen (abP) vorrangig, sowie den technischen Datenblättern der Hersteller Folge zu leisten.

Wassereinwirkungsklasse (Wx-E)	Raumnutzungsklasse (RN-E)	Rissklasse (Rx-E)	Abdichtungsbauart
Erdberührte Bodenplatten			
W1-E	RN1-E bis RN2-E	R1-E	rissüberbrückende MDS
W1-E, W2.1E	RN1-E bis RN3-E	R1-E bis R3-E	PMBC
Querschnittsabdichtungen in/unter Mauerwerk			
W4-E	RN1-E bis RN2-E	R1-E	rissüberbrückende MDS
	RN1-E bis RN3-E	R1-E bis R3-E	FLK
Erdberührte Wände und Wandsockel			
W4-E	RN1-E bis RN3-E	R1-E bis R3-E	FLK
W1-E*, W4-E	RN1-E bis RN2-E	R1-E	rissüberbrückende MDS
W1-E, W2.1-E, W4-E	RN1-E bis RN3-E	R1-E bis R3-E	PMBC
Erdüberschüttete Deckenplatten			
W3-E	RN1-E bis RN3-E	R1-E bis R3-E	PMBC
	RN1-E bis RN3-E	R1-E bis R3-E	FLK

* nur auf Betonuntergründen

Tabelle 4 Anwendungsbereiche flüssig zu verarbeitender Abdichtungsstoffe nach DIN 18533

3.6.1 Kunststoffmodifizierte Bitumendickbeschichtung (PMBC)

Polymermodifizierte Bitumendickbeschichtungen werden zur Abdichtung erdberührter Bauteile verwendet. Bislang wurden sie mit KMB abgekürzt. Seit Einführung der europäischen Stoffnorm DIN EN 15814:2014-08 **Kunststoffmodifizierte Bitumendickbeschichtungen zur Bauwerksabdichtung – Polymer modified bituminous thick coatings for waterproofing** [14] erhielt der Abdichtungsstoff das Kürzel **PMBC.** PMBC ist eine vorgefertigte, kunststoffmodifizierte Bitumendickbeschichtung auf Emulsionsbasis mit/ohne Beimengungen (Zusatz-/Füll-/Mineralstoffe), die aus einer oder zwei Komponente(n) bestehen. Die europäische Norm DIN EN 15814 legt neben den Begriffen die Anforderungen für die vorgefertigte Stoffgruppe fest.

Die Koexistenzphase für die Einführung der europäisch harmonisierten Produktnorm DIN EN 15814 für Bitumendickbeschichtungen endete am 1. August 2014. Ab diesem Zeitpunkt mussten alle PMBC mit CE kennzeichnet werden. Neben dem CE-Kennzeichen muss vom Hersteller die Etikettierung/Verpackung der Gebinde folgende Mindestinformationen aufweisen:

- Hersteller,
- Produktname,
- Produktionsdatum,
- Mindestlagerdauer,
- Produktklasse,
- Voranstriche,
- Verstärkungen/Einlagen,
- Mindestwerte für Nassschichtdicke,
- Verbrauch in Abhängigkeit von den jeweiligen Produktklassen,
- Angaben zu den für die Beschichtung geltenden Umweltbedingungen.

Einkomponentige (1K) polymermodifizierte Bitumendickbeschichtungen sind pastös, tixotrop und direkt aus dem Liefergebinde verarbeitbar. Die Durchtrocknung der Bitumenemulsion erfolgt durch Emulsionswasserabgabe physikalisch.

Zweikomponentige (2K) PMBC besitzen eine auf die Bitumenemulsion abgestimmte Härterkomponente. Vor der Applikation werden beide Komponenten miteinander homogen gemischt.

Alle PMBC müssen die allgemeinen Anforderungen der DIN EN 15814 erfüllen.

3.6.2 Anwendungsbereiche für kunststoffmodifizierte Bitumendickbeschichtungen (PMBC)

DIN 18533 legt in Teil 1 die Anwendungsbereiche an Abdichtungen mit flüssig zu verarbeitenden Abdichtungsstoffen für die erdberührte Bauwerksabdichtung fest. Kunststoffmodifizierte Bitumendickbeschichtungen (PMBC) waren nach DIN 18195 bedingt geregelt. Nach DIN 18533 können sie gegen Bodenfeuchtigkeit und nichtdrückendes Wasser nach W1-E angewendet werden. Neu in der Norm ist die Regelung für die Abdichtungsbauart W2.1-E **Drückendes Wasser mäßiger Einwirkung ≤3 m Eintauchtiefe** und die Abdichtung nach W3-E auf erdüberschütteten Decken.

Für den Anwendungsbereich »Drückendes Wasser« nach W2.1-E der DIN 18533 muss im Übergang auf Betonbauteile mit erhöhtem Wassereindringwiderstand zusätzlich zum CE-Zeichen gemäß DIN EN 15814-1 ein allgemein bauaufsichtliches Prüfzeugnis (abP) vorliegen. Dieses wird auf Basis der Prüfgrundsätze für Abdichtungen im Übergang auf Bauteile aus Beton mit hohem Wassereindringwiderstand (PG-ÜBB) erteilt.

Die nach DIN 18533-3 geforderten Mindesttrockenschichtdicken erdberührter PMBC-Abdichtungen sind in Tabelle 5 dargestellt.

Abdichtungsbauart	Polymermodifizierte Bitumendickbeschichtung (PMBC)				
Wassereinwirkungsklasse (Wx-E)	W1-E	W2.1-E	W2.2-E	W3-E	W4-E*
Rissüberbrückungsklasse (RÜx-E)	RÜ3-E	–	RÜ3-E		
Mindesttrockenschichtdicke**	3 mm	4 mm	–	4 mm	3 mm
Nassschichtdicke/Auftragsmenge***	×	×	–	×	×
Verstärkungseinlage	–	×	–	×	–

* nicht als Querschnittsabdichtung in/unter Mauerwerk
** ist im AbP des Produktes ein höherer Wert angegeben, muss dieser ausgeführt werden
*** muss vom Produkthersteller angegeben werden

Tabelle 5 Abdichtungsbauweise PMBC für erdberührte Bauwerksabdichtungen nach DIN 18533-1

Die Bauwerksabdichtung wird auf der wasserzugewandten Seite in mindestens zwei Abdichtungslagen mit der vom Hersteller vorgeschriebenen oder der vom Untergrund abhängigen Nassschichtdicke aufgebracht.

Vor dem Auftrag der Abdichtung wird herstellerbedingt eine Grundierung aufgetragen. Rückseitig einwirkendes Wasser auf die Haftseite des Abdichtungsstoffs ist zu unterbinden. Als Vordichtung kann mineralische nicht rissüberbrückende (starre) Dichtungsschlämme verwendet werden.

Die Verarbeitung erfolgt je nach Abdichtungsstoff und Konsistenz im Spachtel- oder Spritzverfahren in mindestens zwei Aufträgen und je nach Anwendung unter Verwendung einer Verstärkungseinlage. Muss entsprechend der Wassereinwirkungsklasse eine Verstärkungseinlage eingearbeitet werden, muss in diesem Falle bei PMBC der erste Auftrag soweit getrocknet sein, dass der folgende den vorangegangenen nicht mehr beschädigen kann. Die Abdichtungsverstärkung muss hohlraumfrei eingebettet werden und darf an keiner Stelle der Abdichtungsschicht herausstehen. Jeder Auftrag muss vollflächig und gleichmäßig erfolgen.

4 Anwendung und Grenzen normengerechter PMBC-Bauwerksabdichtungen

Der Abdichtungsstoff der kunststoffmodifizierten Bitumendickbeschichtung (PMBC), oftmals von den am Bau Beteiligten nur als **Dickbeschichtung oder Bitumendickbeschichtung** bezeichnet, ist für alle Arten von Wasserbeanspruchungen im erdberührten Bereich geeignet und haftet auf allen mineralischen Untergründen. Im Detail wird in diesem Kapitel die Verarbeitung der PMBC geschildert. Zur erweiterten Anfügung der Anwendungsgrenzen muss aus anwendungstechnischer Sicht bemerkt werden, dass oftmals nicht nur eine Fehlleistung zu möglichen Schadensursachen/Undichtigkeit führt.

4.1 Untergrund

Zur Aufnahme einer PMBC-Beschichtung sind folgende Untergründe geeignet:

- Mauerwerke aus
  - Ziegel,
  - Kalksandstein,
  - Porenbeton,
  - Hohlblöcken,
  - Vollstein aus Leichtbeton und Beton,
  - Schalungsstein aus Beton,
  - Hüttenstein,
  - Mischmauerwerk,
- Beton/Stahlbeton,
- Putze der Mörtelgruppe P III, CS III, CS IV,
- mineralische Dichtungsschlämmen (MDS) auf mineralischen Untergründen.

Weitere, nicht aufgeführte Untergründe sind für den jeweiligen Anwendungsfall auf ihre Eignung zu prüfen oder für Ihre Eignung vom Hersteller bestätigen zu lassen.

Bauwerksoberflächen, auf die die Bauwerksabdichtung aufgebracht werden soll, müssen geprüft werden. Empfehlenswert ist es, die Art und die durchgeführten Vorbehandlungen des Untergrunds zu dokumentieren. Zunächst beginnt die Beurteilung als Dichtungsträger mit der Prüfung auf Saugfähigkeit. Saugfähige Untergründe sollten trocken und benetzungsfähig sein.

Bild 8 Hochdämmendes Ziegelmauerwerk

Die Benetzungsprobe mit Wasser dient als Hinweis, denn aufgetragenes Wasser muss innerhalb kurzer Zeit von der Oberfläche aufgesogen werden und darf nicht vom Untergrund abperlen. Wischprüfung mit der Handinnenfläche oder dem Baumwolllappen dient dazu, Vorhandensein und Haftung mindernder fester Bestandteile festzustellen. Kratzprüfungen mit einem Nagel dienen zur Beurteilung der Tragfähigkeit.

Da der Auftrag der PMBC fehlstellenfrei, gleichmäßig und der Wasserbeanspruchung entsprechend in gleichmäßiger Schichtdicke zu erfolgen hat, müssen die Untergründe vorbehandelt werden.

4.1.1 Mauerwerk

Mauerwerke, erstellt aus großformatigen Steinen in Stumpfstoßtechnik, offene Stoßfugen ≤5 mm, Oberflächenprofilierungen Putzrillen von Ziegeln, haufwerksporige/lunkerreiche Baustoffoberflächen von Bims- oder Betonsteinen sind mit einem Dünn- oder Ausgleichsputz, Dichtschlämme oder durch eine Kratzspachtelung mit PMBC zu verschließen. Bei Unebenheiten wird kratzend ebenfalls über die Spitzen der Mauerwerkslagen egalisiert.

Ausbruchstellen, Mörtel- oder Grifftaschen bei großformatigem Mauerwerk, offene Stoß- und Lagerfugen sowie Kiesnester und Vertiefungen ≥5 mm sind mit geeigneten, kunststoffmodifizierten Mörteln zu verschließen. Der Verschluss derartiger Fehlstellen, breiter/tiefer 5 mm, mit polymermodifizierter Bitumendickbeschichtung führt zu unregelmäßiger Durchtrocknung und kann bedingt durch Materialschwund während der Trocknungsphase zu unterschiedlichen Trocknungszeiten oder Rissbildungen führen. Untergrundvorbehandlungen mit kunststoffmodifizierten Mörteln, mineralischen Dichtschlämmen und Bitumendickbeschichtungen müssen vor den Abdichtungsarbeiten mit PMBC durchtrocknet und tragfähig sein.

Vorstehende bahnenförmige Abdichtungsstoffe der Horizontalabdichtung sind außenseitig zu entfernen. Einbindungen derartiger Horizontalsperren mit PMBC sind kraftschlüssig nicht möglich.

Bild 9 Mineralische Haftbrücke auf nicht geregeltem Untergrund (Polystyrolschalungsstein)

4.1.2 Verputzte Wandflächen

Putz für Kelleraußenwände muss abgedichtet werden und aus Mörteln mit hydraulischen Bindemitteln der Einstufung CS IV nach der europäischen Putzmörtelnorm DIN EN 998-1 als Zementmörtel mit oder ohne Zusatz von Kalkhydrat hergestellt sein. Als Dichtungsträger von Beschichtungssystemen ist generell zu empfehlen, dass der Putzmörtel seine endgültigen Eigenschaften nach Durchtrocknung erreicht haben muss. Sinter- und Feinmörtelschichten aufgespachtelter Putzmörtel sind durch geeignete Maßnahmen, wie z. B. Ausreiben des mineralischen Putzes zu unterbinden. Minderfeste Oberflächen sind nicht tragfähig, da die Haftung der Abdichtung beeinträchtigt wird. Zur Feststellung kann die Kratzprüfung mit einem Nagel dienen. Hierbei wird z. B. die Oberfläche mit einem Nagel aufgekratzt. Platzen Teile der Oberfläche ab oder dringt womöglich der Nagel in den Untergrund ein, ist die Sinterschicht zu beseitigen.

Vom Untergrund abgespannter, hohlliegender Putz muss im Bereich der Hohlstellen entfernt und flächenbündig ergänzt werden. Sandende Putzoberflächen müssen durch geeignete Grundierung zu verfestigen sein, ansonsten ist der Putz zu entfernen und muss erneuert werden.

4.1.3 Betonoberflächen

Rückstände von Schalöl oder Nachbehandlungsmittel auf Bauwerksflächen aus Ortbeton beeinträchtigt die Haftung ebenso wie feinmehlige Staubanteile auf Betonfertigteilelementen. Sie sind wie Sinterschichten (Zementleimschichten) oder festsitzende Verunreinigungen mechanisch zu entfernen. Bei Betonierarbeiten entstandene Fehlstellen, Kiesnester und durch Schalarbeiten entstandene Ausbruchstellen >5 mm sind mit systemgeeignetem Mörtel analog den Vorarbeiten von Mauerwerk zu verschließen.

Bild 10 Betonoberfläche einer Elementwand

Grate müssen entfernt werden. Vorstehende Kanten des Fundamentvorsprungs sind zu fasen, d. h. unter 45 Grad mit einem Betonschleifer zu brechen, um ein rückseitiges Einschneiden der Abdichtungsmembran unter Belastung durch Erdreich zu vermeiden und um einen gleichmäßigen Schichtdickenauftrag sicherzustellen. An Betonbodenplattenvorsprüngen erfolgt die Entfernung der kapillaraktiven, Zementleimschicht mit rotierenden Fräsen oder Schleifgeräten, um die Haftung zu verbessern und maßgeblich die Trocknung der Membran zu beschleunigen. Alle Betonoberflächen müssen nach den geschilderten Vorbehandlungen durch rotierende Scheiben oder Fräsen gründlich gereinigt werden, um frei von Verunreinigungen und losen Bestandteilen zu sein.

Bild 11 Mechanische Untergrundvorbehandlung am Wand-Sohlenanschluss

Feinporige Oberflächen können zur Blasenbildung an der Oberfläche frisch aufgetragener kunststoffmodifizierter Beschichtungsstoffe führen. Durch den geschlossenen Film der PMBC wird Luft auf der Betonoberfläche in den Poren eingeschlossen. Durch die Hautbildung des äußeren widerstandsfähigen Bitumenfilms kann diese eingeschossene, ausdehnende Luft nicht entweichen. Bedingt durch die zunehmende Trocknung an der oberflächlichen PMBC-Haut nimmt die Diffusionsdichtigkeit zu und hebt das thermoplastische Bitumen am weichsten Querschnittspunkt zwischen der Betonoberfläche und der äußeren Kunststoffhaut sichtbar als Blase ab. Direkte Sonneneinstrahlung begünstigt die Bildung von Blasen. Bedingt durch Abkühlung und wiederholt auftretende Aufheizung der Oberfläche kann es zu halbmondförmigen oder krähenfußartigen Rissbildungen der Membran kommen.

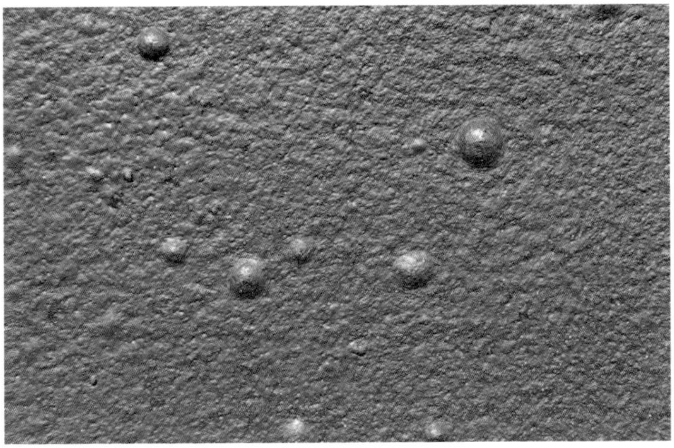

Bild 12 Blasenbildung auf porigem Untergrund

Derartiges Risiko der Blasenbildung auf feinporigen Bauteiloberflächen kann mit einer Kratzspachtelung aus geeignetem Feinmörteln oder PMBC deutlich reduziert werden. Die Kratzspachtelung muss vor dem folgenden Arbeitsgang vollständig abgebunden sein, damit keine weitere Dampfdruckbildung stattfindet.

4.2 Vorbereitungen

Das Abkehren des Untergrundes ist Voraussetzung für alle Folgearbeiten. Erfolgt die Ausführung der Abdichtung nicht unmittelbar nach den Vorbehandlungen des Untergrundes, so ist vor der Ausführung der weiteren Arbeiten der Untergrund erneut auf Verunreinigungen zu überprüfen, ggf. sind diese erneut zu entfernen.

Bild 13 Nicht entfernte Staubschicht im Fußpunktbereich

4.3 Innenecken

Kehlen werden ausgerundet, um den gleichmäßigen Schichtdickenauftrag flüssig zu verarbeitender Bauwerksabdichtungen in den Innenecken zu gewährleisten.

Die Ausrundung erfolgt am Wand-Sohlenanschluss mit vom Hersteller empfohlenem Dichtungsmörtel in systemzugehörige Haftbrücke **frisch in frisch**. Der Radius der Dichtungskehle beträgt 40–60 mm.

Bild 14 Dichtungskehlenausrundung (Quelle: Remmers GmbH, Löningen)

Schäden am Wand-Sohlenanschluss führen oftmals zu Undichtigkeiten. Bei Nichtverwendung haftstarker Dichtungsmörtel, z. B. mit handelsüblichen Mauermörteln kommt es oftmals zum Abspannen. Die Kehlenausrundung klingt bzw. liegt hohl. Diese kann ebenfalls durch schlechten Spannungsabtrag des Mörtels zum Untergrund hervorgerufen werden. Ungenügende Untergrundvorbereitung, Mörtelreste oder Zementleim des Bodenplattenvorsprungs können neben dem Auftrag des systemgerechten Dichtungsmörtels ohne klebeaktive Haftbrücke am Wand-Sohlenanschluss verantwortlich für dieses Schadensbild sein.

Bild 15 Rissbildung im Wand-Sohlenanschluss

Der Übergangsbereich kann ebenfalls aus zweikomponentiger PMBC ausgeführt werden, um die vertikale Abdichtung der Wandfläche mit dem horizontalen Vorsprung des Fundaments nahtlos zu verbinden. Voraussetzung ist, dass der Hersteller des zu verwendenden Materials dieses empfiehlt. Der Materialschwund und Spannungsabbau muss durch die Kunststoffvergütung und Füllstoffe der Bitumendickbeschichtung kompensiert werden. Rückseitig auf die Haftfläche der Abdichtungsausrundung ist einwirkende Feuchtigkeit auszuschließen. Der Inneneckenbereich muss saugfähig sein. Der Radius der PMBC-Kehle ist $\leq$20 mm Frischschichtdicke mit geeignetem Werkzeug auszuführen. PMBC-Kehlenausführungen >20 mm im Übergangsbereich führen zu ungleichmäßigen, verzögerten Durchtrocknung mit häufigem Rissbild im oberen/unteren Drittel und können durch Folgearbeiten beschädigt werden.

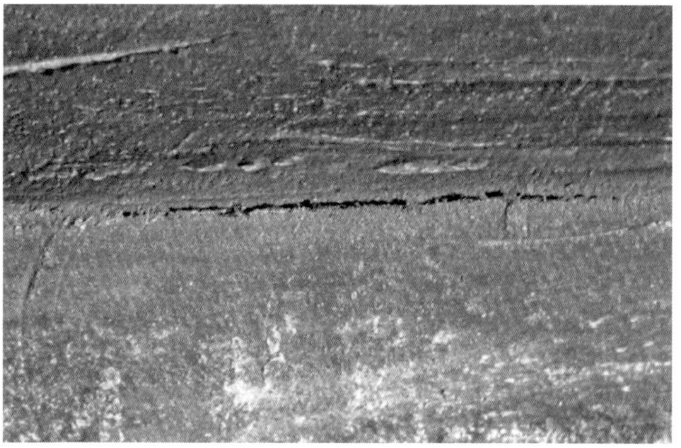

Bild 16 Rissbild im Wand-Sohlenanschluss einer 2K-PMBC

Eignet sich die kunststoffmodifizierte Bitumendickbeschichtung aufgrund zu hohen Materialschwunds während der Trocknung nicht für die Ausführung als Innenecke, kann dieser Abdichtungsvorsprung nur mit geeigneter Fugenbandkonstruktion dauerhaft dicht ausgeführt werden.

Beschädigungen der Abdichtung und im Kehlenbereich können durch zu frühes Verkleben der Schutzplatten hervorgerufen werden. Am Fundamentvorsprung können ebenfalls durch ungeeignete Schutzschichten Punkt- und Linienlasten die Membran perforieren und Ein-/Durchstanzungen hervorrufen. Aufgrund nicht fachgerechter Baugrubenverfüllung kommt es durch Gleiten des Mauerwerks zu Schubkräften quer zur Schichtdicke der Abdichtungsmembran. Dieses führt zu Rissbildung im Kehlbereich.

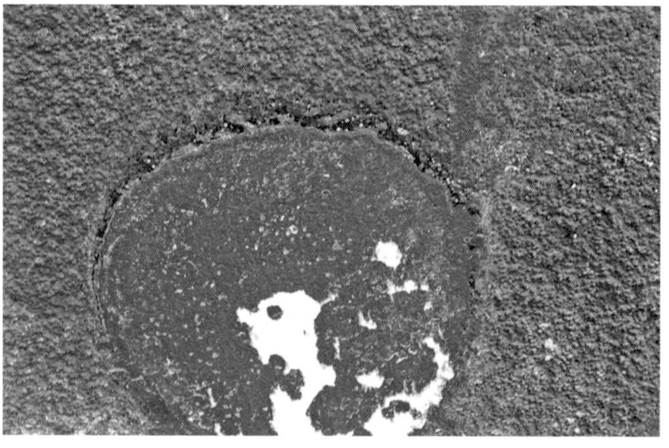

Bild 17 Rissbildung durch Klebepunkt auf nicht vollständig durchtrockneter PMBC-Abdichtung

4.4 Hinterfeuchtungsschutz

Polymermodifizierte Bitumendickbeschichtungen können während der Bauphase durch rückseitig einwirkendes Wasser mit mangelnder Trocknung und folgender Haftungsbeeinträchtigung geschädigt werden.

Rückseitig, auf die Haftfläche einwirkendes Wasser kann bei allen Arten von Wasserbeanspruchungen auftreten. Oftmals tritt dies während der Bauzeit aufgrund von Niederschlägen auf, die im Bauwerk in Form gesammelten Wassers vorhandene Untergründe tränken und auf die erdberührte Abdichtung rückseitig einwirkt. Wasser ist generell durch geeignete bauliche Maßnahmen von der Haftseite der Abdichtung oder durch einen Hinterfeuchtungsschutz fernzuhalten. Diese Zwischenabdichtung muss auf dem Untergrund fest haften und darf nicht unterwandert oder vom Untergrund abgelöst werden können. Hierfür haben sich mineralische Dichtschlämmen bewährt.

Bild 18 Durchfeuchtung des Wandbildners durch raumseitig vorhandenes Wasser

Zementgebundene Dichtungsschlämme finden in Kombination mit kunststoffmodifizierten Bitumendickbeschichtungen seit Jahrzehnten Anwendung als:

- Zwischenabdichtung/Hinterfeuchtungsschutz,
- Horizontalabdichtung in und unter Mauerwerk,
- Sockelabdichtung.

Nicht rissüberbrückende mineralische und rissüberbrückende mineralische Dichtschlämme (MDS) werden im Schlämmverfahren mit Maurerquast aufgetragen. Um eine porenfreie Abdichtungsschicht zu erhalten, sind mindestens 2 Schlämmanstriche aufzubringen. Nach Durchtrocknung ist diese mineralische Abdichtung wasserundurchlässig.

Bild 19 Hinterfeuchtungsschutz (Quelle: Remmers GmbH, Löningen)

Auf durchfeuchteten, nassen Untergründen ist die nicht rissüberbrückende, d. h. die starre Version zu empfehlen. Durch den hohen Bindemittelgehalt erfolgt die Trocknung und die Zementvernadelung im Untergrund. Die Haftung im Fußpunktbereich wird so gewährleistet. Diese vorbereitende Maßnahme sichert den Haftverbund zum Untergrund und schafft oberflächentrockene Bauteilflächen. Die PMBC kann in gleichbleibender Schichtdicke ausgeführt werden; ohne rückseitig einwirkende Feuchtigkeit sind Durchtrocknungsprobleme nicht zu erwarten. Selbstverständlich müssen alle in Kombination eingesetzten Abdichtungsmaterialien miteinander verträglich sein. Haftung untereinander muss gewährleistet sein.

4.5 Grundierungen

Systembedingt ist vor der Untergrundvorbereitung der standardmäßigen Kratz- und Kontaktspachtelung mit PMBC eine Grundierung aufzutragen. Der Voranstrich wird lasierend z. B. mit einem Dachdeckerbesen gestrichen, aufgerollt oder gespritzt.

Grundierungen haben das Ziel, einen gleichmäßig saugenden Untergrund zu schaffen. Hauptaufgabe der Grundierung ist, Staub zu binden. Der Voranstrich kann nach Art und Untergrund dessen Oberfläche verfestigend wirken. Für alle mineralischen Bauteilflächen können Grundierungen aus Bitumenemulsion auf silikatischer Basis oder aus Kunststoffdispersion zum System gehörig verwendet werden. Der Einsatz von lösemittelhaltigen Bitumengrundierungen wird nur für Sonderlösungen empfohlen.

Bild 20 Voranstrich mit Bitumenemulsion (Quelle: Braun Bauwerksabdichtung, Weingarten)

Alkalienbeständige Bitumenemulsionen werden in der Regel mit einem Mischungsverhältnis (MV) von 1:10 Raumteilen mit Wasser gemischt und unmittelbar verarbeitet. Mit diesem MV lassen sich gleichmäßig saugende Untergründe erreichen. Die nach Austrocknung des Voranstrichs aufgetragene PMBC kann nun gleichmäßig die Haftung zum Untergrund im Trocknungsprozess aufbauen. Eine zu gering verdünnte Bitumenemulsion wirkt zu fett. Der aufgetragene Voranstrich verhält sich wie eine sperrende Bauteiloberfläche und unterbindet die Haftung. Die Abdichtung schwimmt förmlich bei Sonneneinstrahlung auf dem Untergrund und schert bei Baugrubenverfüllung von diesem ab.

4.6 Detaileinbindungen

Vor der Ausführung des Flächenauftrages werden die Eindichtungen von Durchdringungen, Bauteilfugen ggf. Übergängen ausgeführt.

4.6.1 Durchdringungen

Durchdringungen jeglicher Art sind zu planen. Sie müssen der Einbausituation gerecht werden und dürfen keinen Schwachpunkt der erdberührenden Bauwerksabdichtung darstellen. Falsch gewählte oder unterdimensionierte Durchdringungssysteme sind neben nachlässig ausgeführten Übergängen der PMBC-Flächenabdichtung zur Durchdringung oder zum Medienrohr oftmals Ursache für Schäden.

Bei Ver- und Entsorgungsleitungen und Durchdringungen erfolgt der Übergang kehlenartig als **Spachtelkragen** in die Flächenabdichtung bei der Wassereinwirkungsklasse W1-E Bodenfeuchte/nichtdrückendes Wasser.

Folgende Arbeitsschritte gilt es bei der Ausführung zu beachten:

- Rohr auf festen Sitz prüfen,
- ggf. Vermörtelung von Ausbruchstellen,

- Rauigkeit mittels Schleifpapier herstellen,
- Entfernen haftungsmindernder Bestandteile,
- systemzugehörige Grundierung auftragen,
- Kratzspachtelung des angrenzenden Bereiches mit geeigneter, vom Hersteller empfohlener 2K-PMBC, auf getrocknetem Voranstrich,
- Flächenabdichtung mit der 2K-PMBC in vorgegebener Frischschichtdicke,
- Ausrundung der Kehle mit geeignetem Werkzeug, Radius <10 mm,
- Eindichtung >50 mm Breite auf der Durchdringung,
- geeignete doppellagige Schutzschicht nach vollständiger Durchtrocknung anbringen.

Bild 21 Vorbereitung an Rohrdurchführung

Die Unverhältnismäßigkeit der Materialdicke >10 mm kann in Verbindung mit zwangsläufig stattfindendem Trocknungsschwund der Frischschichtdicke zur Rissbildung im Anschlussbereich führen.

Ebenfalls können zur Abdichtung von Durchdringungen Klebeflansche verwendet werden. Die Außenkanten von Klebe-/Anschweißflanschen und Manschetten müssen mindestens 15 cm zu Bauwerkskanten und Dichtungskehlen und 30 cm zu Bewegungsfugen entfernt sein. Bei Los-und Festflanschkonstruktionen muss der Mindestabstand 30 cm zu Kanten und Kehlen sowie 50 cm zu Fugen betragen. Bei Nichteinhaltung dieser erforderlichen Mindestmaße sind Sonderkonstruktionen erforderlich.

Zum sicheren Abdichten von Ver- und Entsorgungsleitungen im erdberührten Bereich haben sich in der Praxis Rohrflansche, bestehend aus Halbschalen aus Polypropylen (PP), bewährt. Diese Fertigteile werden auf dem vorbereiteten und gereinigten Untergrund und der Rohrleitung mit Spezialklebern fixiert. Selbstredend ist, dass die abzudichtende Durchdringung hierfür fest mit dem Bauteil verbunden sein muss. Nach Montage des Rohrflanschsystems ist dieser auf den Flanschbereich mit der kunststoffmodifizierten Bitumendickbeschichtung in entsprechender Frischschichtdicke abzudichten. Die Anwendungen dieser Rohrdurchführungssysteme sind herstellerabhängig auch für den Anwendungsbereich drückendes Wasser zugelassen.

Für Kellerabdichtungen bei der Wassereinwirkungsklasse W2.1-E sind Rohrdurchführungssysteme als Los-/Festflansch zu verwenden. Der Festflansch kann im Anschlussbereich eine vorgefertigte vlies- oder gewebeverstärkte Einlage besitzen, die in der ersten Abdichtungslage vollflächig deckend mit PMBC eingebettet wird. Im Klemmbereich des Einbauteils können diese herstellerabhängig unkaschiert sein. Zwecks Haftungsverbesserung kann der Kragen des Festflansches mit einer Reaktionsharzbeschichtung mit Quarzsandabstreung behaftet sein.

Der Abdichtungsuntergrund muss im Bereich des Dichtflansches von Hauseinführungssystemen ausreichend eben sein, systemabhängig kann auch ein Futterrohr erforderlich sein.

Bild 22 Eindichtung des Los-/Festflanschsystems (Quelle: Remmers GmbH, Löningen)

4.6.2 Fugen

An Bewegungsfugen dürfen sich nach DIN 18533 Bewegungen aus Gebäudeteilen nicht so auswirken, dass die Funktionsfähigkeit der Abdichtung beeinträchtigt wird. Dazu muss die Ausführung der Bewegungsfugen auf die jeweilige Art der Abdichtung sowie auf die Art, Richtung, Größe und Häufigkeit der zu erwartenden Bewegungen abgestimmt sein. Es wird unterschieden in Fugen des Typs I und II.

Fugen des Typs I sind Fugen für langsam ablaufende und einmalige oder selten wiederholte Bewegungen, z. B. Setzungsbewegungen, Schwindverkürzungen oder Längenänderungen in erdberührten Bauteilen. Dabei dürfen die Bewegungen der Fugenflanken sowohl für Einzelbewegungen als auch für kombinierte Bewegungen 5 mm nicht überschreiten.

Bei Überschreitung dieser Maße ist die Abdichtung über der Fuge nach Fugentyp II auszuführen. Fugen zwischen zwei Haustrennwänden auf durchgehender Bodenplatte sind dem Fugentyp I zuzuordnen.

Gebäudetrennfugen werden mit Fugenbändern aus Kunststoffdichtungsbändern mit Randvlies bzw. Gewebeverstärkung hergestellt. Die derartig verstärkten Ränder des Fugenbandes sichern den kraftschlüssigen Verbund in der ersten Abdichtungslage. Kunststoffdichtungsbänder müssen bitumenverträglich sein. An- und Abschlüsse, Formteile sowie Stoßverbindungen werden mit geeigneter Technik zusammengefügt. PVC-Bänder werden mit Heißluftschweißgeräten in Fügetechnik miteinander verbunden. An- und Abschlüsse sind durch geeignete Formstücke einzubetten. Die Verlegung der Fugenbänder erfolgt entsprechend Herstellerangaben schlaufenartig.

Zur Verklebung auf dem Untergrund werden folgende Stoffe verwendet:

- kunststoffmodifizierte Bitumendickbeschichtung (PMBC),
- rissüberbrückende mineralische Dichtschlämme (MDS),
- zweikomponentiger Reaktionsharzklebstoff.

Nur die lückenlose Einarbeitung beugt Unterwanderungen der Abdichtungsmembran vor und überbrückt die Bauteilfuge. Abriss der Nahtstellen oder durch ungeeignete Fügetechnik, nicht hohlraumfreie Verklebung zum Untergrund oder zu geringe Fugenüberbrückung können zu Ab-/Rissbildungen und Undichtigkeit in diesem kritischen Detailpunkt führen.

Werden bei Betonkonstruktionen mit hohem Wassereindringwiderstand nur die Fugen mit PMBC streifenförmig abgedichtet, ist ein bauaufsichtlicher Verwendbarkeitsnachweis gemäß PG FBB Teil 1 erforderlich (Prüfgrundsätze zur Erteilung von allgemeinen bauaufsichtlichen Prüfzeugnissen für Fugenabdichtungen in Bauteilen aus Beton). Diese nicht durch DIN 18533 geregelte Abdichtungsbauweise ist detailliert zu planen und ebenso auszuführen. Dabei darf eine maximale Öffnungsbreite der Fuge bis 1,0 mm bei allen Wassereinwirkungsklassen bis maximal 3 m Eintauchtiefe nicht überschritten werden. Es gelten die Angaben des jeweiligen abPs der PMBC. Die streifenförmige Abdichtung ist auch geeignet für Wasserwechselzonen. Die Abdichtung genügt ebenso den Anforderungen der Nutzungsklasse A für die Beanspruchungsklassen 1 und 2 entsprechend der DAfStb-WU-Richtlinie.

Nach Durchtrocknung der streifenförmigen Abdichtung benötigt diese geeignete Schutzschichten.

4.7 Witterungsbedingungen

Bauwerksabdichtungen mit flüssig aufzutragenden Abdichtungsstoffen dürfen nur bei Witterungsverhältnissen ausgeführt werden, die sich nicht nachteilig auf die Haftung und Trocknung auswirken und nicht die zugesicherten Eigenschaften einschränken.

Ungeeignete Witterungsverhältnisse sind:

- Luft- und Bauteiltemperaturen <5 °C und >30 °C,
- Niederschläge wie Regen und Schnee,
- Frost,
- intensive Sonneneinstrahlung, da die Aufheizung der Bauteiloberfläche zu schneller Hautbildung und Blasenbildung in der Membran führen kann.

Zum Zeitpunkt der Verarbeitung muss die Oberflächentemperatur des Untergrundes >3 K über der Taupunkttemperatur der umgebenden Luft liegen, da Tauwasser auf dem Untergrund die Haftung der PMBC empfindlich stört.

Nach dem Auftrag der PMBC beginnt die Verfilmung an der Oberfläche. Mit dem oberflächlichen Zusammenfluss der Kunststoffe der frisch aufgetragenen PMBC beginnt der Trocknungsprozess. Im Regelfall ist hiermit im Außenbereich in <4 Stunden zu rechnen. Bis zum Erreichen der Regenfestigkeit muss die Fläche vor Regeneinwirkung geschützt werden. Zu frühe Regenbelastung wäscht die Beschichtung ab. Wasserbelastung und Frosteinwirkung sind bis zur Durchtrocknung der Beschichtung möglichst auszuschließen. Frost behindert nicht nur die Durchtrocknung, sondern lässt nach dem Auftrag der Beschichtung die Emulsion gefrieren. Die Kristallbildung innerhalb der Schicht führt zu Rissbildungen der Membran. Ungeschützt dürfen Bauwerksabdichtungen aus PMBC nicht überwintern.

Mit der Verarbeitung findet bereits der erste Feuchtigkeitsentzug mit Entnahme aus dem Liefergebinde statt. Der physikalische Aushärteprozess wird eingeleitet. Neben dem Verdunstungsprozess und dem Wasserentzug durch trockene, saugfähige Untergründe wird bei zweikomponentigen Produkten die Trocknung durch die Härterkomponente begleitet. Diese bewirkt die hydraulische Bindung des Emulsionswassers und beschleunigt den Abbindeprozess. Dieser Austrocknungsprozess beginnt <4 Stunden nach Auftrag, zunächst mit Hautbildung an der luftseitigen Oberfläche des Beschichtungssystems. Mit zunehmendem Wasserentzug verliert die Emulsion ihre Stabilisierungsmechanismen mit fortschreitendem Zusammenfließen der Bitumenpartikel.

Bild 23 PMBC-Abdichtung ohne Witterungsschutz

In Übergangszeiten wie Frühjahr oder Herbst kann sich bei niedrigen Temperaturen und hohen Luftfeuchtigkeiten auf frisch erstellten PMBC-Oberflächen eine Weißfärbung zeigen. Diese Weißfärbung kann in Form von Punkten, großflächigen Ausblühungen bzw. weißen Belägen oder Flecken auftreten. Die Ursache der Weißfärbung tritt normalerweise immer im unmittelbaren Zusammenhang mit einer frühen Feuchtebelastung der

PMBC-Abdichtung auf. Diese kann sowohl direkt durch Niederschläge, wie Nebel, Sprüh-, Niesel- oder Regen, als auch aus einer indirekten Belastung durch hohe Luftfeuchtigkeit oder Tauwasserausfall auf der Oberfläche herrühren. Die augenscheinlichen Weißfärbungen auf der Bitumenabdichtung bestehen aus Kalk, der beim Abbinden des im Produkt enthaltenen Zementes als Calciumhydroxid anfällt. Die beschriebene Feuchtebelastung führt zu einem verlangsamten Trocknen der PMBC.

Bild 24 Weißverfärbung auf der oberen PMBC-Abdichtungslage

Der Transport des Emulsionswassers aus der Bitumendickbeschichtung an die Oberfläche kann Calciumhydroxid mit an die Oberfläche transportieren. Nach Verdunstung des Wassers reagiert das Calciumhydroxid durch Reaktion mit dem Kohlendioxid der Luft zu Calciumcarbonat und fällt auf der frischen PMBC-Oberfläche mit Weißfärbung aus. Ein vergleichbares Phänomen ist aus dem mineralischen Bereich bekannt, in dem bei den beschriebenen Witterungsbedingungen Ausblühungen auftreten können. Entsprechend dieser Ausführungen sind die Weißverfärbungen eine natürliche Erscheinung und bei bestimmten Witterungseinflüssen nicht vermeidbar. Die Funktion der Bauwerksabdichtung wird durch die Verfärbung nicht eingeschränkt.

Die Weißfärbung der Oberfläche ist bauseits zu bewerten, das Ausmaß der Weißfärbung entscheidet über den Umgang:

1. Tritt die Weißfärbung auf der ersten Abdichtungslage nur partiell und/oder kleinflächig auf, so ist kein Einfluss auf die Haftung der zweiten Lage zu erwarten.
2. Ist die Weißfärbung allerdings groß- bzw. vollflächig, ist es empfehlenswert die zweite Abdichtungslage mit vorgeschalteter Kratzspachtelung aufzubringen. Je nach Ausmaß kann es spätestens zum Zeitpunkt der zweiten aufzutragenden PMBC-Frischschicht notwendig sein, die Verfärbung zuvor zu entfernen. Geeignet ist das Dampfstrahlverfahren oder die mechanische Reinigung mit einem groben Schwamm.

Für Schutzschichten, wie das Fixieren einer Drän-/Schutzmatte oder Perimeterdämmung, ist kein Einfluss der Weißverfärbung auf die Haftung zu erwarten.

4.8 Schutzmaßnahmen

Durch bauseitige Schutzmaßnahmen kann Vorsorge vor ungeeigneten Witterungsbedingungen oder zu frühzeitiger Beanspruchung getroffen werden.

Geeignete Schutzmaßnahmen sind:
- Baugrubensicherung durch Abhängen mit Folie,
- Abschatten der Baugrube zwecks Verminderung intensiver Sonneneinstrahlung und zur Minimierung von Blasenbildungen,
- Folienabhängung vor der frisch aufgebrachten PMBC als Schutz vor Niederschlägen,
- Einhausen der Baugrube kann gleiche Ziele verfolgen und mit Warmluftheizung Abdichtungsarbeiten auch bei Frost ermöglichen,
- offene Wasserhaltung und Dränmaßnahmen vor vorzeitiger Wasserbelastung,
- Auftrag mineralischer Dichtschlämme gegen rückseitige Durchfeuchtung.

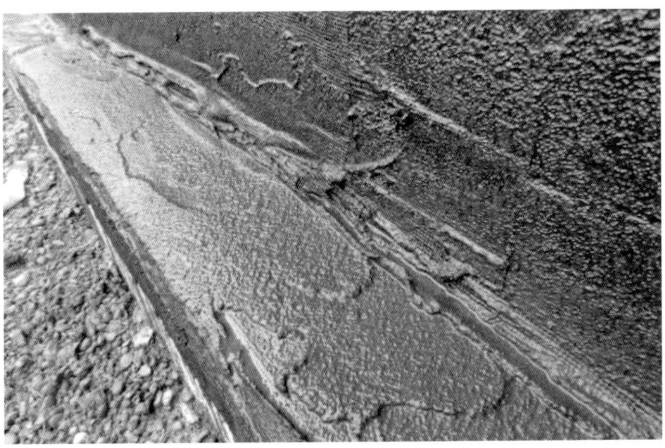

Bild 25 PMBC-Abdichtung ohne Regenschutz

4.9 Verarbeitungen der PMBC-Abdichtung

Kunststoffmodifizierte Bitumendickbeschichtungen (PMBC) werden seit Jahrzehnten nicht nur für Keller und Bauteile im Wohnungsbau eingesetzt. Bei sorgfältiger Anwendung dieses Abdichtungsbaustoffes ist es die bewährte Art der erdberührten Abdichtung, da mit diesem Stoff selbst schwierige geometrisch anspruchsvolle Details sicher einzudichten sind. Basis der PMBC-Abdichtung sind Bitumenemulsionen, feinste in Wasser verteilte Bitumentröpfchen. Die Lagerstabilität wird durch Zugabe von Emulgatoren erreicht.

Nach Durchtrocknung des flüssig aufgetragenen Abdichtungsstoffes auf den Untergrund muss die Kellerabdichtung aus kunststoffmodifizierter Bitumendickbeschichtung folgende Parameter erfüllen:
- dauerhaft dicht,
- besitzt rissüberbrückende Eigenschaften,
- haftet fest auf dem Untergrund,

- mit gleichmäßiger Schichtdicke,
- ist frei von Poren und Fehlstellen,
- je nach Anwendung mit/ohne Verstärkungseinlage,
- bildet eine kraftschlüssige Anbindung an Übergängen, An- und Abschlüssen und
- gewährleistet die wasserdichte Einbindung aller Regeldetails, wie Fugen und Durchdringungen.

4.9.1 Mischen

PMBC sind als einkomponentige kunststoffmodifizierte Bitumendickbeschichtungen direkt aus dem Liefergebinde als pastöse, thixotrope Masse im Spachtelverfahren verarbeitbar. Ein maschinelles Aufmischen ist nicht zu empfehlen, da ansonsten die standfeste Emulsion gebrochen und das Material weichplastisch wird. Die weichplastische Konsistenz würde beim Spachtelkellenauftrag vom Werkzeug fließen. Bei zweikomponentigen kunststoffmodifizierten Bitumendickbeschichtungen müssen die aufeinander abgestimmten Komponenten, Bitumengrundmasse und Härterkomponente, homogen miteinander gemischt werden. Zum Mischen eignen sich auf das System abgestimmte stufenlos einstellbare elektrische Rührwerke >1 000 U/Min. mit geeigneten Mischwerkzeugen. Zur knotenfreien Aufmischung haben sich in der Fachwelt Ankerrührer durchgesetzt, da diese die Scherkräfte unmittelbar in das Material einleiten. Ankerrührer mischen zweikomponentige PMBC homogen auf und sind gegenüber Korb- oder Wendelrührwerkzeugen leichter zu reinigen.

Folgender Mischvorgang mit dem Ankerrührer ist empfehlenswert:

- elektronisches Rührwerk mit Ankerrührer in das Gebinde stellen und die Bitumengrundmasse mit einer Drehzahl 700–900 U/Min. ca. 30 Sekunden mischen,
- Spezialpulver-/Härterkomponente vollständig auf die Bitumenemulsion schütten,
- beide Komponenten mit einer Drehzahl von >800 U/Min. zusammenmischen; ggf. Pulverreste mit einer Kelle zur Gebindemitte hin abstreifen. Am Boden und an Wandungen des Liefergebindes anhaftende Härterkomponente mit untermischen.

Empfehlenswert ist es, den Mischvorgang umlaufend am oberen Gebinderand mit schräg gestelltem Rührwerk zu beginnen und das Material mindestens 2 Minuten bis zu einer pulverknotenfreien, homogenen Spachtelkonsistenz aufzubereiten. Eingeschlossene Luft kann durch Unterbrechung des Mischvorgangs und Anheben des Rührwerkzeuges aus dem Bitumendickbeschichtung entweichen.

Herstellerangaben zum Mischungsverhältnis, Maschinentechnik, Rührwerkzeug, Handhabung und Dauer der Mischzeit sind einzuhalten.

Bild 26 Ankerrührer

Bild 27 Zugabe der Pulverkomponente

Bild 28 Mischen einer zweikomponentigen PMBC

4.9.2 Materialaufträge

Für die Verarbeitung der PMBC sind die produktspezifischen Verarbeitungsrichtlinien und Herstellerangaben zu beachten. Die Verarbeitung erfolgt je nach Konsistenz im Spachtel- oder Spritzverfahren. Generell gilt, dass beim Auftrag der Bitumendickbeschichtung auf Trockenheit des Untergrundes zu achten ist, da zusätzliches Wasser in jeder Form die Haftfähigkeit und Durchtrocknung beeinträchtigt und auf dem Untergrund eine ungewollte Trennschicht bildet.

Bild 29 Spachtelauftrag mit Glättkelle

Spachtelauftrag

PMBC werden im Spachtelauftrag mit Glätter/Glättkelle, oder regional auch als Traufel bezeichnet, aufgetragen. Vorab ausgeführte egalisierende Untergrundvorbehandlungen, wie Kratz- und Füllspachtelungen, werden nicht berücksichtigt. Um eine poren- und fehlstellenfreie Abdichtungsmembran in Spachteltechnik herzustellen, sind mindestens zwei Arbeitsgänge notwendig. Mit Kammzugzahnung aufgebrachtes Material widerspricht diesem Anspruch, wenn es nicht unmittelbar nach dem Auftrag zugezogen wird.

Vorgefertigte Auftragskellen mit 2 mm und 3 mm runden Distanzhaltern ermöglichen den Materialauftrag bei jedem Anlegewinkel der Kelle ohne Schwankungen der Frischschichtdicke. Der Spachtelauftrag erfolgt mit der Materialbegrenzungsseite von unten nach oben, mit leichtem Druck auf den Untergrund. Die sich zwangsläufig ergebenden Kammzuglinien werden mit der Glättkellenrückseite unmittelbar im frischen Zustand rechtwinklig verschlichtet, um Fehlstellen zu vermeiden. Vorteile dieser Auftragstechnik sind, dass unabhängig vom Anlegewinkel der Auftrag gleichmäßig erfolgt sowie handwerkliche Schwankungen und Kellenschläge in der Abdichtungsmembran minimiert werden. Der Materialeinsatz wird optimiert.

Abgerundete Außenecken von Auftragskellen ermöglichen den beschädigungsfreien Einbau von Verstärkungseinlagen. Glasgittergewebe, Vliese werden nicht durch scharfkantige Ecken beschädigt.

Bild 30 Schichtdickenkelle

Spritzaufträge

Geeignete PMBC lassen sich neben dem Spachtelauftrag mit Glätter/Glättkelle maschinell applizieren, wenn der Hersteller dieses empfiehlt. Für die Förderung der Abdichtmasse eignen sich vor allem Peristaltik-, Schnecken- oder auch spezielle Kolbenpumpen. Das Paket aus Produkt sowie Maschinen- und Verfahrenstechnik muss mit dem Lieferanten abgesprochen, die Anwendung baustellengerecht sein. Der wirtschaftliche Einsatz der Spritzabdichtung variiert nach Meinung der Anwender von >35 m^2 bis >100 m^2.

Vorteile sind neben der Gleichmäßigkeit und der Mehrlagigkeit der Aufträge die vergleichsweise schnellere Trocknung der Beschichtungsaufträge gegenüber dem händischen Spachtelauftrag. Dieses ist ursächlich auf die Förderung und Applikation mit zerstäubender Applikation zurückzuführen. Das mindestens doppelt so hohe Leistungsvermögen der Maschinenspritztechnik bei gleichzeitig physiologischer Entlastung des Bauwerksabdichters zeichnet für zunehmendes Interesse an dieser Art der Bauwerksabdichtung.

Schneckenpumpen

Bei einer Schneckenpumpe dreht eine Stahlschnecke in einem Gummimantel und quetscht das Material in die Förderrichtung. Es handelt sich bei dieser Art der Förderung um eine Exzenterschneckenpumpe. Der Rotor aus Stahl rotiert in einem feststehenden Stator aus Gummi. Dieser Rotor ist vergleichbar wie eine Art Schraube, die sich in dem elastischen Stator dreht und zusätzlich radial bewegt. Weil der Stator einen Gewindegang mehr und die doppelte Steigungslänge des Rotors hat, bilden sich Förderräume, die sich von der Einlass- zur Auslassseite bewegen und so das Material fördern.

Peristaltikpumpen

Diese Peristaltikförderpumpen arbeiten nach dem Prinzip der Schlauchpumpe, bei dem der Schlauch gequetscht wird und dadurch das Material im Schlauch weiter befördert wird. Bei einer Peristaltikpumpe ersetzt die Membrane den Schlauch der menschlichen Speiseröhre vergleichbar. Peristaltikpumpen sind Verdrängerpumpen, bei denen das zu fördernde Material durch die äußere mechanische Verformung der innenliegenden Membrane gefördert wird. Kreisförmig angeordnete Segmente (Stößel) verdrängen in einer Wellenbewegung die kunststoffmodifizierte Bitumendickbeschichtung mit geringerem Druck in den Schlauch. Das Material wird durch diese sanft rotierenden Bewegungen auf die Membrane, zwischen der Membrane und der Förderscheibe von Materialeingang (Vorratsbehälter), zum Materialausgang (Spritzlanze) gefördert.

Bild 31 Bitumenspritzabdichtung (Quelle: Braun Bauwerksabdichtung, Weingarten)

Bitumenspritzen mit Luftzerstäubung

Für Schneckenpumpen wie auch für Peristaltikpumpen gilt, dass die Betriebsspannung in den überwiegenden Fällen der überprüften Maschinen 230 V/16 A/50 Hz ist. Der Vorteil der Schneckenpumpe liegt im höheren Druckbereich gegenüber der Peristaltikpumpe und je nach Maschinentyp im erweiterten Anwendungsradius der Mörtelförderung. Generell sollte beachtet werden, dass für andere Förderstoffe, wie z.B. mineralische Dichtschlämmen, separate Schläuche vorgehalten werden. Sicherheit beim Trockenlauf während des Betriebs bietet die Peristaltikpumpe. Weiterhin sind die ca. 30 kg schweren Maschinentypen in kleinere Maschinenteileinheiten demontierbar. Transportprobleme sind nicht zu erwarten. Peristaltikpumpen lassen sich in geringer Zeit reinigen. Die Instandsetzungsintervalle und die Reinigung der innenliegenden Membrane und Förderscheiben sind geringer als die der Schneckenpumpen.

Vor der Inbetriebnahme von Fördertechniken wird mit klarem Leitungswasser gespült. Herstellerabhängig können Spülhilfen verwendet werden. Beide mit Luftzerstäubung arbeitenden Maschinentypen besitzen aufschraub-/steckbare Materialbehälter mit einem

Fassungsvermögen von ca. 30 ℓ. Hier zeichnen die Einschütthöhe wie auch der Materialfluss der bituminösen Spritzmasse aus dem Hobbock (Liefergebinde) verantwortlich für einfaches Handling. Den Herstellerangaben dieser Maschinentechniken zufolge sind mit beiden Spritzmaschinen Förderweiten bis zu 30 m für Flüssigprodukte, für pastöse Materialien bis zu 20 m Reichweite angegeben. Bauseits sollten erfahrungsgemäß nur Förderschläuche <20 m zum Einsatz kommen. Oftmals ist aufgrund des Schlauchdurchmessers die Handhabung zu umständlich. Ein häufigeres Umsetzten der Spritzmaschine ist allerdings zu berücksichtigen. Bei beiden Systemen wird die Fördermenge über die Drehzahl geregelt. Für die Zerstäubung des Abdichtungsmaterials werden Spritzlanzen/Spritzrohre verwendet. An der Düse wird die PMBC über spezielle Luftöffnungen mit Druckluft zerstäubt und an die zu beschichtende Oberfläche appliziert.

Bild 32 Spritzauftrag mit Luftunterstützung (Quelle: Christian Ventker Ing. Büro, Münster)

Der Auftrag erfolgt mit ca. 30 cm Abstand zum Untergrund mit kreisenden Bewegungen der Spritzlanze. Die Luftleistungen des zugeschalteten Kompressors sollten >400 ℓ betragen. Baustellenkompressoren mit Luftleistungen >1 000 ℓ führen zu ebeneren Spritzbildern. Die Spritzaufträge erfolgen nach Fertigstellung der Untergrundvorbehandlungen und Anlegen der persönlichen Schutzausrüstung. Zum System der Bitumenbeschichtung kann ein Voranstrich oder Grundierung erforderlich sein. Der maschinelle Auftrag ist zu prüfen. Das zu verwendende Bitumenspritzmaterial darf bauseits nicht mit Wasser verlängert oder verdünnt werden. Die vom Produzenten der PMBC zugesicherten Eigenschaften des Materials können nicht garantiert werden. Ebenso ist es ratsam, das Leistungsvermögen der Pumpen nicht vollumfänglich auszuschöpfen, da dieses ebenfalls zu Beeinträchtigungen des Spritzbildes führt. Je mehr Materialauftrag in einem Spritzauftrag erfolgt, umso gröber wird die Oberfläche, vergleichbar der eines Streuselkuchens. Empfehlenswert ist der dünnschichtige, mehrlagige Auftrag mit einem Materialfluss <3 kg/m². Kunststoffmodifizierte Bitumendickbeschichtungen bilden bei erhöhten Temperaturen und starken Zwängungen des Materials, wie dies im Schneckenmantel auftreten kann, oftmals fadenförmige Verklebungen. Leichtfüllstoffe hingegen können zerquetscht werden. Die materialschonende Förderung in der Peristaltiktechnik vermeidet dieses Verkleben und Klumpen während des Spritzvorgangs.

Alle Maschinentypen werden grundsätzlich zunächst mit Wasser gesäubert. Vergleichbar der Reinigung von Mörtelpumpen stellt dies in der Regel mit Schwammkugeln kein Problem dar. Das Schmutzwasseraufkommen ist gering und muss nicht als Sondermüll entsorgt werden. Stark anhaftende Verschmutzungen lassen sich nur mit Lösemittel entfernen.

Airless-Spritzen

Beim Airless-Verfahren werden niedrig viskose Bitumendickbeschichtungen elektrisch oder mit Benzin angetriebenen Hochdruckspritzgeräten zur Spritzpistole gefördert. In der Materialförderpumpe bewegt der Kolben einen Schöpfkolben. Durch die Aufwärtsbewegung des Kolbens öffnet das Einlassventil selbstständig. Bei der Abwärtsbewegung des Kolbens öffnet das Auslassventil und das Material strömt unter hohem Druck durch den Hochdruckschlauch zur Spritzpistole. Bei Austritt aus der Düse zerstäubt die Bitumenspritzabdichtung. Mit dem Druckregelventil sind die Fördermenge und der Betriebsdruck steuerbar. Durch die speziell geformte Spritzdüse wird auf diese Technik abgestimmte Spritzabdichtung luftlos (airless) fein zerstäubt. Spritzabdichtung, Fördermenge und Betriebsdruck haben neben dem Düsendurchmesser, Abstand und Spritzwinkel Einfluss auf das Spritzbild.

Zur Düsenauswahl gilt im Allgemeinen:
- Große Düse = niedriger Druck,
- Kleine Düse = hoher Druck,
- Abstand = ca. 30 cm.

Vorteile des Airless-Verfahrens sind hohe Flächenleistungen und eine gute Oberflächenqualität, die eine direkte Materialentnahme aus den Liefergebinden ermöglichen. Förderleistungen von 5,5–7 kg/m^2 und apfelsinenhautähnliche Oberflächen sind selbst beim Auftrag von Schichtdicken von 2–3 mm je Arbeitsgang möglich. Neben dem Leistungsvermögen zeichnet sich diese Airless-Spritztechnik durch geringen Spritznebel und Aerosolbildung während der Verarbeitung aus. Hochdruckkolbenpumpen werden mit Spülhilfen oder Lösemittel zunächst im Umlauf, und anschließend das komplette Betriebssystem gereinigt. Bauseits üblich erfolgt die Konservierung der innenliegenden Maschinenteile nach der Reinigung durch Umlauf der Hochdruckpumpe mit Diesel.

Bild 33 Airless-Spritzauftrag (Quelle: Braun Bauwerksabdichtung, Weingarten)

Bild 34 Airless-Spritzbild (Quelle: Braun Bauwerksabdichtung, Weingarten)

4.10 Frischschichtdicke

Handwerkliche Schwankungen beim Auftragen der Bitumendickbeschichtung sind nur durch den Einsatz geeigneter Werkzeuge zu minimieren. Schichtdickenkellen ermöglichen das millimetergenaue Auftragen durch runde Abstandshalter bei gleichbleibender Nassschichtdicke.

Die Mindesttrockenschichtdicke (d_{min}) wird erreicht, wenn die vom Hersteller der PMBC angegebene Nassschichtdicke und die damit verbundene Verbrauchsmenge pro m^2 aufgebracht wird. In der angegebenen Nasssichtdicke ist der Materialschwund der PMBC berücksichtigt.

»Zur Sicherstellung der Mindesttrockenschichtdicke (d_{min}) ist ein Schichtdickenzuschlag (d_z) zu berücksichtigen. Der Dickenzuschlag (d_z) berücksichtigt verarbeitungsbedingte Schwankungen (d_v) und den Mehrverbrauch für die Egalisierung des Untergrundes (d_u). Ist der Untergrund bereits ebenflächig hergestellt, entfällt d_u. Der Schichtdickenzuschlag wird vom Produkthersteller angegeben. Wenn hierzu keine Informationen vorliegen, sollte

ein Schichtdickenzuschlag von mindestens 25 % der Mindesttrockenschichtdicke gewählt werden.« ([29], Teil C, 1.2.2)

Der erforderliche Materialauftrag ist vom Abdichter durch die Kontrolle der Verbrauchsmenge je m² und der Einhaltung der Nassschichtdicke sicherzustellen.

Schichtdickenkontrollen werden während der Verarbeitung im frischen Zustand durch Messen der Nassschichtdicke durchgeführt. Je Ausführungsobjekt sind mindestens 20 Messungen bzw. mindestens 20 Messungen je 100 m² mit geeignetem Messkamm durchzuführen. Die einzelnen Messpunkte sollten diagonal über die Fläche verteilt sein. In Bereichen schwieriger Details, im Nachhinein unzugänglichen Bereichen, Durchdringungen, Übergängen oder Anschlüssen sollte die Messpunktdichte erhöht werden. Wird ein Armierungsgewebe oder eine Verstärkungseinlage in die erste Lage der Abdichtung eingebaut, sind die Schichtdicken der zwei Aufträge gesondert zu prüfen. Für die Wassereinwirkungsklasse W2.1-E Drückendes Wasser, mäßige Beanspruchung ≤3 m Eintauchtiefe und W3-E Nichtdrückendes Wasser auf erdüberschütteten Decken sind die Prüfungen der Nassschichtdicken zu dokumentieren.

Es gilt die Faustregel: **Gewebe = Dokumentation!**

Bild 35 Messung der Nassschichtdicke (Quelle: Remmers GmbH, Löningen)

4.11 Verstärkungseinlagen

Lastfallbedingt wird in den Wassereinwirkungsklassen W2.1-E und W3-E die systemzugehörige Verstärkungseinlage zur Sicherstellung der Mindestschichtdicke und zur Schichtdickenkontrolle eingebaut. In der Regel erfolgt dieses mit dem ersten Auftrag in die frische Abdichtungsschicht. Mit der Armierung ist nach Überarbeitung durch die Folgeschicht auch die zweilagige Ausführung der Abdichtung nachweisbar.

Verstärkungseinlagen erhöhen zusätzlich die Widerstandsfähigkeit und Druckbelastung der PMBC. Verstärkungslagen können systemabhängig aus einem Gewebe, Vlies oder Gelege bestehen. Der Einbau erfolgt sorgfältig, mit Überlappung, hohlraum- und faltenfrei. Enden dürfen aus der PMBC-Abdichtung nicht herausstehen.

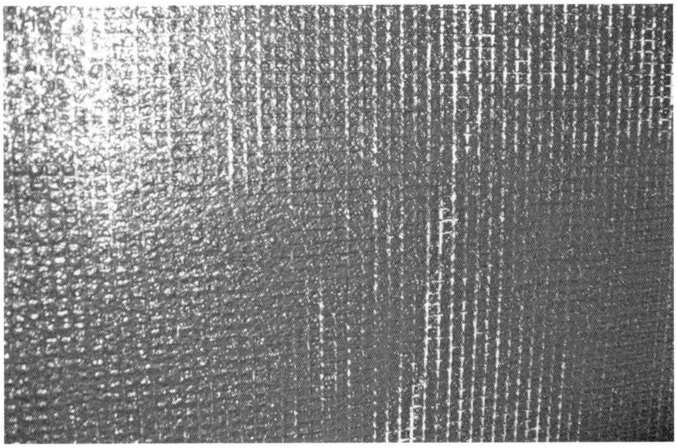

Bild 36 Einbettung der Verstärkungseinlage in die 1. PMBC-Lage

4.12 An- und Abschlüsse

Anschlussbereiche, wie z. B. die Abdichtung der Spritzwasserzone mit mineralischer Dichtungsschlämme, werden mit Überlappungsbreite von >10 cm mit PMBC ausgeführt. Ebenso wird die Abdichtungsmembrane mindestens 10 cm auf die Stirnfläche der Stahlbetonsohle herabgeführt.

Bei Arbeitsunterbrechungen wird die PMBC-Abdichtungslage auf null ausgestrichen und bei Wiederaufnahme der Abdichtungsarbeiten >10 cm überlappend gespachtelt. Im Wand-Sohlenanschlussbereich, in Außenecken oder an Eindichtungen von Durchdringungen und Fugenbändern sollten keine Arbeitsunterbrechungen stattfinden.

Übergänge der PMBC-Abdichtung auf eine Stahlbetonbodenplatte aus Beton mit hohem Wassereindringwiderstand sind mindestens 15 cm auf die Stirnfläche herabzuführen.

Zur Prüfung der Haftung und Durchtrocknung der aufgetragenen PMBC-Abdichtung ist in diesen Teilbereichen eine Referenzfläche, getrennt durch einen Kellenschnitt von der Abdichtung, über den 15 cm-Anschlussbereich hinaus weiterzuführen. Das Ergebnis muss dokumentiert werden.

4.13 Trockenschichtdicken

Die Durchtrocknung/Verfilmung der PMBC-Beschichtungen wird beeinflusst von:

- dem Untergrund,
- der Untergrundrestfeuchte,
- der Art/dem System der kunststoffmodifizierten Bitumendickbeschichtung,
- der Art des Auftrags,
- der Frisch-/Nassschichtdicke,
- und den Trocknungsbedingungen.

Abhängig von den zuvor genannten Faktoren kann sich auch allein durch jahreszeitliche Witterungsbedingungen, wie Temperatur, Luftfeuchtigkeit, Sonneneinstrahlung und Wind, die Trocknungszeit verkürzen oder verlängern.

Regelwerke, Verarbeitungsrichtlinien und technische Datenblätter der Hersteller fordern, dass die Mindesttrockenschichtdicke an keiner Stelle unterschritten werden darf.

Bei der Wassereinwirkungsklasse W1-E (Bodenfeuchte/nichtdrückendes Wasser bei Bodenplatten und Wänden) erfolgen die Abdichtungsarbeiten in zwei Arbeitsgängen. Die Aufträge können frisch in frisch erfolgen. Die Trockenschichtdicke >3 mm ist einzuhalten. Eine Gewebe- oder Verstärkungseinlage ist nicht erforderlich. Nassschichtdicke und Durchtrocknung sind zu überprüfen und können vom Ausführenden dokumentiert werden.

Bauwerksaußenabdichtungen gegen W2.1 (Drückendes Wasser) und W3-E erfolgen mit Einarbeitung einer vollflächigen Verstärkungseinlage im ersten Arbeitsgang. Vor der zweiten Schicht muss die vorangegangene soweit getrocknet sein, dass sie durch den Folgeauftrag nicht beschädigt wird. Die Mindesttrockenschichtdicke beträgt >4 mm. Die Art der Untergrundvorbereitung im Anschlussbereich zur WU-Betonsohle, die Nassschichtdickenkontrollen und die Durchtrocknungsprüfung sind vom Ausführenden zu dokumentieren. Die erforderliche Mindesttrockenschichtdicke ist vor dem Anfüllen des Erdreichs sicherzustellen. Die Dokumentation der Vorbehandlungen und Abdichtungsarbeiten obliegt dem Ausführenden. Spätere zerstörende Messungen der Trockenschichtdicke sind nur in begründeten Einzelfällen zulässig. Unter ständiger Lasteinwirkung nach dem Verfüllen der Baugrube kann es durch das angrenzende Erdreich zu einer materialtypischen Stauchung/ Reduzierung der Trockenschichtdicke gegenüber der zum Zeitpunkt der Abnahme des Gewerkes kommen. Diese Reduzierung der Trockenschichtdicke führt nicht automatisch im Umkehrschluss zur Funktionsuntüchtigkeit der Abdichtungsmembrane und kann bis zu 25 % der ursprünglichen Mindesttrockenschichtdicke betragen.

4.14 Schutzmaßnahmen

Schutzmaßnahmen dienen dem vorübergehenden Schutz bei den Abdichtungsarbeiten während der Ausführung. Hierunter fällt der Schutz vor mechanischer Beanspruchung, wie z. B. die partielle Abdeckung des Wand-Sohlenanschlusses mit Baufolie als Schutz vor herabfallendem Mörtel oder vertikale oder horizontale flächige Abdeckarbeiten mit Baufolie oder Bautenschutzmatten.

Schutzmaßnahmen vor Klimaeinflüssen wie intensiver Sonneneinstrahlung, vorzeitiger Wasserbeanspruchung wie Niederschlägen oder Frost kann ebenfalls mit handelsüblicher Baufolie erreicht werden. Bei Arbeiten in winterlichen Temperaturbereichen ist gegebenenfalls eine Fremdwärmequelle vorzuhalten. Es sollte berücksichtigt werden, dass die Trocknung unter einer Folienschutzschicht nur verzögert stattfindet, da nur ein geringer Luftaustausch stattfindet. Unter Einhausungen hat sich der Einsatz von Bauventilatoren zur Trocknungsunterstützung frisch aufgetragener PMBC als zweckmäßig erwiesen.

4.15 Schutzschichten

Schutzschichten haben die Aufgabe erdberührte Abdichtungen dauerhaft vor thermischer und mechanischer Belastung zu schützen. Grundsätzlich gilt, dass die kunststoffmodifizierte Bitumenabdichtung vor allen Folgearbeiten vollständig durchtrocknet sein muss. Es ist dafür Sorge zu tragen, dass nicht mineralische Dränschichten unter der Last des seitlichen Erddrucks, auch unter üblicher Verkehrslast, wie Dränplatten nicht zu Lasten der Funktionsfähigkeit deformiert werden.

Allgemeine Anforderungen sind, dass Schutzschichten keine punkt- oder linienförmigen Belastungen hervorrufen dürfen, die bei Verfüllung der Baugrube an der Abdichtung zerren oder diese einstanzen. Vor den Wänden ist durch konstruktive Maßnahmen sicherzustellen, dass keine vertikalen Scherkräfte auf die Abdichtung übertragen werden, um vor Rissbildungen zu schützen. Schutzplatten müssen formstabil sein und fest auf dem vorab geschützten Fußpunktbereich aufstehen. Zugelassene Perimeterdämmplatten vor Wänden werden hohlraumfrei und vollständig nach vollständiger Durchtrocknung der Abdichtung mit dem Abdichtungsmaterial oder Kleber fixiert. Nur die vollflächige Verklebung schließt Hinterläufigkeit, Unterwanderung oder Umspülungen durch Wasser aus.

Bild 37 Perimeterdämmung ohne Schutz des Fußpunktbereichs

Schutzschichten können Nutzschichten, wie die Kombination einer Schutz- und Dränschicht oder Wärmedämmung, sein. Als zusätzliche Dränschicht müssen sie in der Lage sein, das anfallende Sickerwasser aufzunehmen und dürfen durch Bodenfeinteile und Ausschwemmungen nicht in ihrem Abfluss beeinträchtigt werden.

Folgende Schutz-/Nutzschichten haben sich bewährt:

- mehrlagige Noppenbahnen aus Polyolefinen mit Gleit-, Schutz- und Lastverteilungsschicht, Mindestschichtdicke >0,8 mm,
- Bautenschutzmatten und -platten aus bitumenverträglichem Gummi- oder Polyethylengranulat, mindestens 6 mm dick,

- Dränmatten/-platten, Mindestschichtdicke >25 mm,
- Perimeterdämmplatten aus Hartschaum oder Schaumglas entsprechend der gültigen Energieeinsparverordnung (EnEV),
- Dränmatten und Platten aus Hartschaum mit einer Mindestschichtdicke >25 mm.

Für Verklebungen von Schutzschichten auf der PMBC-Abdichtung muss ein Kleber gewählt werden, der auf die PMBC abgestimmt ist. Bei W1-E können die Schutzschichten punktuell verklebt werden. Im Bereich W2.1-E ist eine vollflächige Verklebung erforderlich.

> *»Werden Perimeterdämmplatten verklebt, sind die Vorgaben des bauaufsichtlichen Verwendbarkeitsnachweises zu beachten. Insbesondere bei der Wassereinwirkungsklasse W2.1-E sind Perimeterdämmplatten eng gestoßen und vollflächig so zu verkleben, dass eine Umspülung durch Wasser ausgeschlossen ist. Die Plattenstöße sind gemäß des bauaufsichtlichen Verwendbarkeitsnachweises auszuführen.«* ([3], Teil B, 9.2)

Bild 38 Beanspruchung der PMBC-Abdichtung durch Klebepunkt

Schadensbilder zeigen oftmals, dass Schutzplatten zu früh, vor der vollständigen Durchtrocknung der Abdichtungsschicht aufgebracht wurden oder diese mit Einbau beschädigten. Zu frühe Schutzplattenverklebung führt zur Nichtverfilmung der PMBC. Einstanzungen, Einschnitte durch scharfkantige Platten, Beschädigungen durch ungeeignete Schutzschichten oder mineralische Klebemörtel sind auszuschließen. Die Abdichtungsmembrane kann in den Anschlussbereichen des Sohlen-Wand- und Wand-Wandanschlusses, vertikal und horizontal, die zugesicherte Funktion nicht vollumfänglich leisten.

Halbmondförmige Rissbildungen um Klebepunkte weisen oftmals darauf hin, dass Scherkräfte durch Einbringen des Erdreiches und/oder Verdichtung nicht vor der Schutzschicht, sondern unmittelbar vor der Abdichtung abgeleitet wurden.

4.16 Baugrubenverfüllung

Baugrubenverfüllungen müssen nach den einschlägigen Regelwerken durchgeführt werden. Durch geeignete Maßnahmen ist sicherzustellen, dass keine Bewegungsübertragungen auf die Schutzschichten wirken und dadurch Scherkräfte auf die Abdichtung übertragen werden.

Erfolgte der Nachweis der Kellerwand nach DIN EN 1996-3, so ist sicherzustellen, dass bei der Verfüllung und Verdichtung des Arbeitsraums nur nichtbindiger Boden nach DIN 1054 lagenweise eingebaut und nur Rüttelplatten oder Stampfer mit folgenden Eigenschaften zum Einsatz kommen:

- Breite des Verdichtungsgerätes ≤50 cm,
- Wirktiefe ≤35 cm,
- Gewicht bis etwa 100 kg bzw. Zentrifugalkräfte bis maximal 15 kN.

Die Verfüllung des Arbeitsraums darf erst erfolgen, wenn sichergestellt ist, dass die in den rechnerischen Nachweisen angesetzten Auflasten vorhanden sind.

4.17 Qualitätssicherung vor Ort

Schichtdickenkontrollen sind im frischen Zustand durch Messung der Nassschichtdicke mit mindestens 20 Messungen je Ausführungsobjekt bzw. 20 Messungen je 100 m² auszuführen.

Mit Fertigstellung der Abdichtungsarbeiten ist diese zeitverzögert auf Haftung und Durchtrocknung in Teilabschnitten zu prüfen. Durchtrocknungsmuster sind über den 150 mm breiten Anschlussbereich der Bodenplatte anzulegen und der Verlauf zu prüfen und zu beurteilen. Die Prüfungen sind einmal je 10 m Übergangs-/Bauteillänge, mindestens jedoch einmal je Bauwerksseite vorzunehmen.

Bild 39 Fertiggestellte Bauwerksabdichtung mit PMBC (Quelle: MARKO-Bautenschutz GmbH, Gnarrenburg)

Die Ergebnisse der Haftung zum Untergrund und die Durchtrocknung der PMBC sind wie die Art der durchgeführten Vorbereitungen am Untergrund, die Frischschichtdicke in einem Baustellen-/Ausführungsprotokoll zu dokumentieren. Es empfiehlt sich, die Art der durchgeführten Vorbehandlungen und die Ausführung der Abdichtung immer zu dokumentieren.

Funktion und Dauerhaftigkeit einer erdberührten Bauwerksabdichtung aus PMBC ist abhängig von dem Ineinandergreifen der Leistungen der am Bau Beteiligten. Hier sind die fachspezifischen Planer und qualifizierten Bautenschützer neben der Auswahl des geeigneten PMBC-Systems gefragt.

Für erdberührte Bauwerksabdichtungen mit kunststoffmodifizierten Bitumendickbeschichtungen sind umfangreiche Kenntnisse und Fertigkeiten erforderlich über:

- die Art der Wasserbeanspruchung,
- Abdichtungsbauweisen und Materialien,
- die Anordnung und Ausführung der Abdichtung,
- Dränungen zum Schutz baulicher Anlagen,
- Schutzmaßnahmen und Schutzschichten,
- die Kontrolle der Abdichtungsausführung/Eigenüberwachung.

Um diese Fachkenntnisse zu vermitteln und um einheitliche Standards festzuschreiben, wurde von den Verbänden der Bauwirtschaft der Ausbildungsbeirat **Herstellen von Abdichtungen aus kunststoffmodifizierten Bitumendickbeschichtungen (PMBC) auf Basis von DIN 18533 Erdberührte Bauwerksabdichtungen** beim Zentralverband des Deutschen Baugewerbes e. V. gegründet. Die Qualifikationsmaßnahme »Abdichtungsschein PMBC« wird bundesweit von akkreditierten Bildungszentren des Bauhandwerks durchgeführt (weitere Informationen unter: www.pmbc-ausbildung.de).

4.18 Nachbesserung an PMBC-Abdichtungen

Beschädigungen der Bitumendickbeschichtung zur Bauwerksabdichtung können durch unterlassene Schutzmaßnahmen zum Zeitpunkt der Ausführung auftreten.

Fehlstellen der PMBC-Abdichtung sind bis auf tragfähigen Untergrund durch Ausschneiden freizulegen und mechanisch zu reinigen. Am Rand der vorhandenen PMBC-Abdichtung der nachzubessernden Fehlstelle ist diese mit einem scharfen Messer unter 45 Grad abzuschrägen. Systembedingte Grundierung/Haftbrücke ist vorzulegen und die Nachbesserung vorzugsweise mit der für die Fläche verwendeten PMBC-Abdichtung auszubessern. Die Nachbesserung erfolgt zweilagig. Zunächst füllt der erste Auftrag die Schichtdicke aus, folgend wird der zweite Auftrag über die nachzubessernde Fläche in einer Breite >10 cm überlappend ausgeführt. Angrenzende Bereiche werden auf null auslaufend überarbeitet.

Wurde die PMBC-Abdichtung mit einer Verstärkungseinlage ausgeführt, ist diese in die zweite Lage überlappend einzubauen. Die geforderten Mindesttrockenschichtdicken der PMBC-Abdichtung sind einzuhalten. Herstellerempfehlungen ist Folge zu leisten.

Wird für die Instandsetzung der geschädigten erdberührten PMBC-Abdichtung anderes Abdichtungsmaterial als das für die Flächenabdichtung vom Hersteller empfohlene verwendet, ist dieses bauseits auf Verträglichkeit zu prüfen oder vom Hersteller zu bestätigen.

4.19 Anwendungsgrenzen

Trotz der handwerklich einfach zu verarbeitenden PMBC sollte der Bauwerksabdichter über eine geeignete Qualifikation verfügen. Selbstredend ist den anwendungstechnischen Hinweisen der Planungs- und Ausführungsrichtlinie für PMBC der Deutschen Bauchemie und den Empfehlungen der Hersteller zur Verarbeitung des Abdichtungssystems Folge zu leisten.

4.19.1 Dränmaßnahmen

Die Dränung des Baugrundes zum Schutz baulicher Maßnahmen wird generell durch eine Dränanlage nach DIN 4095 gewährleistet. Diese setzt voraus, dass die Dränmaßnahmen mit hoher Zuverlässigkeit arbeiten und in allen Teilen die Anforderungen der Norm erfüllt werden.

Vertikale Dränmaßnahmen bestehen grundsätzlich aus:

- Flächendränmaßnahmen vor den zu schützenden Wand- und Gründungsbauteilen,
- Dränleitungen, die das in die Flächendränschichten sickernde Wasser sammeln, Kontrollvorrichtungen und eine Vorflut, die das anfallende Wasser ableitet.

Ungeeignete oder nicht gewartete Dränbestandteile führen oftmals zu einer Verschiebung der geplanten Wasserbeanspruchung von nicht stauendem Sickerwasser zu aufstauendem, zeitweise drückendem Wasser. Ebenso ursächlich für das Versagen von Dränmaßnahmen können oftmals nicht normengerechte Rohrleitungen sein, die mit zu geringem Gefälle oder geringer Höhenlage falsch eingebaut wurden.

Vorsorglich sei darauf hingewiesen, dass es in den meisten Gemeinden unzulässig ist, anfallendes Oberflächenwasser und Dränwasser in das öffentliche Abwassersystem einzuleiten. Daher sind Dränmaßnahmen nach DIN 4095 in vielen Bausituationen nur zum Zeitpunkt der Erstellung des Gebäudes oder der Sanierungsmaßnahme möglich.

Bild 40 Ungeeignete Witterungsbedingungen und Dränungsverlegung

4.19.2 Schadensbilder an PMBC-Abdichtungen

Die erdberührte Bauwerksabdichtung mit PMBC stellt für die Gebrauchstauglichkeit von Gebäuden hinsichtlich der Planung wie für die Ausführung durch den Abdichter ein anspruchsvolles Gewerk dar. Nach Fertigstellung des Bauwerks sind Abdichtungen im Gründungsbereich nur mit erheblichem technischem und wirtschaftlichem Aufwand im Schadensfall zu sanieren. Aus diesem Grunde sind alle am Bau Beteiligten aufgefordert, besondere Sorgfalt walten zu lassen.

Abdichtungsschäden im erdberührten Bereich können durch
- die Einwirkung veränderter oder erhöhter Beanspruchungen,
- Verstöße gegen technische Regeln,
- konstruktive Schäden,
- fehlerhafte Planung,
- Ausführungsfehler,
- Materialüberforderungen,
- ungeeignete Ausführungszeiträume,
- Unterlassung von bauseitigen Schutzmaßnahmen während der Maßnahme und
- Einbau ungeeigneter Schutzschichten

hervorgerufen werden.

Ein häufig festzustellendes Schadensbild kann die mangelnde Haftung des Abdichtungsstoffes PMBC auf dem Untergrund sein.

Bild 41 Haftungsmindernde Bestandteile auf dem Abdichtungsuntergrund haften auf der Rückseite der PMBC-Abdichtung.

Ursächlich können

- zu feuchte, nasse oder gefrorene Untergründe,
- kein geeigneter Hinterfeuchtungsschutz,
- unzureichende Untergrundvorbehandlung,
- Nicht-Entfernen von haftungsmindernden Bestandteilen,
- Sinterschicht/Betonleim am Wand-Sohlenanschluss,
- Schalmittelrückstände an Betonoberflächen von Ortbetonbauteilen,
- Staub auf der Bauteiloberfläche,
- sperrende Untergründe,
- ungeeignete Grundierung oder
- Überschussauftrag der systembedingten Grundierung

sein.

Bild 42 Unverdünnt aufgetragene Bitumenemulsion wirkt haftungsbeeinträchtigend.

Fehlstellen können verursacht werden durch:
- nicht homogenes Aufmischen von 2K-Materialien,
- Lufteinschlüsse während des Mischens,
- falsche Auftragsart,
- ungeeignetes Handwerkszeug,
- Unterlassen der zweilagigen Ausführung,
- nicht hohlraumfreie Einbettung der Verstärkungslage.

Blasenbildungen werden durch
- porige, lunkerreiche oder haufwerksporige Untergründe/Bauteiloberflächen,
- fehlende Kratzspachtelungen,
- nicht verfilmte Kratzspachtelungen,
- intensive Sonneneinstrahlung

hervorgerufen.

Rissbildungen der PMBC-Membran können hervorgerufen werden durch:
- mangelnde/keine Untergrundvorbehandlung,
- nicht ausreichende Trocknung der ersten Abdichtungslage,
- Überschreitungen >100 % der Frischschichtdicke,
- extreme Schwankungen der Schichtdicke,
- keine Durchtrocknung vor den Folgearbeiten,
- Scherkraftübertragung des Baugrundes auf die Abdichtung bei Verdichtungsarbeiten,
- Setzung des Baugrundes.

Bild 43 Blasenbildung auf porenreichem Untergrund

Im Inneneckenbereich des Wand-Sohlenübergangs kann es ebenfalls zu Rissbildungen kommen. Ursächlich zeichnen hierfür verantwortlich:
- hervorstehende, nicht zurückgeschnittene Mauersperrbahn unter dem Wandbildner,
- ungeeignete/unzureichende Mauersperrbahnen,

- abgespannte, vom Untergrund gelöste Mörtelkehlen,
- bereits erhärtete Haftbrücke des Dichtkehlensystems,
- überdimensionierter Radius der Ausrundung,
- Kehlenausrundung mit ungeeigneter PMBC,
- äußere Krafteinwirkung durch Verfüllung der Baugrube,
- ungeeignete Verdichtung mit Verschiebung der unteren Mauerschichten des Wandbildners.

Bild 44 Rissbildung durch Frosteinwirkung

Schäden an PMBC-Abdichtungen können ebenfalls durch die Art und Weise der Schutzschicht und deren Verlegung entstehen. Diese können durch

- Verwendung ungeeigneter bahnenförmiger oder gewellter Matten,
- verformbare Schutzplatten,
- ungeeignete Kleber

hervorgerufen werden.

Bild 45 Ungeeignete Verlegung der Perimeterdämmung

PMBC haben sich zur Abdichtung von erdberührenden Bauwerken und Bauteilen seit fast fünf Jahrzehnten bewährt. Dieser Abdichtungsbaustoff ist handwerklich einfach zu verarbeiten und ermöglicht, selbst geometrisch ungünstige Abdichtungsdetails in der Flächenabdichtung mit einzubinden.

Bild 46 PMBC-Anwendungsbereiche (Quelle: Remmers GmbH, Löningen)

Die Anwendungsvielfalt und nicht zuletzt die Verarbeitungsfreundlichkeit führte in den vergangenen Jahrzehnten zur Akzeptanz der Planenden und Ausführenden.

5 Untersuchungen zur Schadensfindung

Für die Planung von nachträglichen Abdichtungsmaßnahmen, Verfahren und der Auswahl einzusetzender Stoffe empfiehlt das WTA-Merkblatt 4-6 einen Abdichtungs-/Fachplaner zu beauftragen.

5.1 Feststellung des Ist-Zustandes

Voraussetzung zur Instandsetzung einer erdberührten Bauwerksabdichtung ist immer eine detaillierte Bauzustandsanalyse mit:

- vorhandenen Schadensbildern, deren Art, Ausmaß (lokale/flächige Durchfeuchtung) und Besonderheiten,
- Konstruktion des Kellermauerwerks,
- der Durchführung einer Untersuchung der vorhandenen Altabdichtung am Objekt und im Labor durch den Sachkundigen, ggf. unter Hinzuziehung eines geeigneten Baustoffprüflabors.

Nicht immer ist das sichtbare Schadensbild die Ursache der Durchfeuchtung. Neben dieser Ursachenermittlung sollte das Festlegen des Soll-Zustandes, die Beurteilung der Dauerhaftigkeit und der Tragfähigkeit/Standsicherheit nachgewiesen werden. Ebenso gilt es zu berücksichtigen, dass gegen die Beanspruchung aufstauendes Sickerwasser/ Druckwasser die nachträgliche Bauwerksabdichtung nur in Kombination aus vertikaler Flächenabdichtung und dem Anschluss an eine Betonbodenplatte mit hohem Wassereindringwiderstand möglich ist.

Die Bestandsaufnahme und erste Schadensanalyse beginnen mit der orientierenden Bauwerksbesichtigung. Das weitere Vorgehen sowie der notwendige Untersuchungsaufwand sind festzulegen.

Ziele der Untersuchungen sind:

- die Ursachen der Schäden,
- detaillierte Informationen über die Konstruktion,
- Kenntnisse über die vorhandene Abdichtung, den Untergrund und über die Art der Nutzung (bisherige und künftige) zu erhalten, da diese über den Aufwand der zu treffenden Maßnahmen entscheiden.

Pos.	Vorgehensweise	Ziel/Umfang
01	orientierende Bauwerks-besichtigung	visuelle Beobachtungen; Festlegung des Untersuchungsaufwands
02	Bestands-/Schadensaufnahme	Bauwerksbegehung; Bauunterlagen; Baupläne
03	Untersuchungsplan	fotografische, textliche und zeichnerische Dokumentationen; Festlegung des Untersuchungsumfangs, der Vorgehensweise, des Verfahrens und der Untersuchungskosten; Festlegung des Ortes und Umfangs der Probennahmen
04	Untersuchungen vor Ort	Beobachtungen der Konstruktion nach Art und Abmessungen; Klärung der Beanspruchungen aus Nutzung, Konstruktion, Baugrund, Klimadaten und Umwelteinflüssen
05	Untersuchungen im Labor	Feuchte- und Salzanalytik; Baustoffkenndaten; statische und konstruktive Untersuchungen
06	Bewertung der Untersuchungs-ergebnisse	Beurteilung der Untersuchungsergebnisse
07	Instandsetzungsplanung	Art und Umfang der zu treffenden Maßnahmen mit Verfahrenstechnik und Werkstoffauswahl; Grundlage der Vorgaben zur Funktion und Nutzung

Tabelle 6 Ablaufschema Bauwerksdiagnostik

5.2 Allgemeine Checkliste zur Beantwortung offener Fragestellungen

Hilfestellungen können folgende Checklisten geben:

- Vorstudien vorhandener Unterlagen, z. B.:
  - Zeichnungen
  - Baubeschreibungen
  - statische Berechnungen
  - Fotodokumentationen etc.
- Raumseitige Schadensfeststellung:
  - Art
  - Umfang
  - Verteilung

- Feststellungen an der Außenwand in der Schürfgrube:
  - Schadensbilder nach Art und Umfang
  - Art der vorhanden Bauwerksabdichtung
  - Hohllagen
  - Fehlstellen
- Tragfähigkeit:
  - des Untergrundes
  - der vorhandenen Bauwerksabdichtung
- Detailuntersuchungen:
  - An-/Abschlüsse
  - Übergänge
  - Durchdringungen
  - Fugen
- Untersuchung äußerer Einflüsse:
  - Wasserbeanspruchung
  - Witterung
  - Umwelt
  - mechanische Belastungen
  - chemische Angriffe
- Ermittlung evtl. Nutzungs- oder Konstruktionsänderungen:
  - Planer
  - Statiker
  - Sonderfachmann
- Anfertigen von:
  - Bestandszeichnungen
  - Detailzeichnungen
  - Protokollen
  - Fotodokumentationen
  - Sonstiges
- Untersuchungsplanung:
  - am Objekt
  - im Labor
- Ermittlung der Maße:
  - Länge
  - Breite
  - Tiefe
  - Höhe.

5.3 Checkliste zur Ermittlung von Kenndaten für die Ortsbegehung

- Lage und Beschreibung des Bauwerks:
  - Wohnhaus
  - gewerblich genutztes Objekt
  - öffentliches Gebäude
  - Kirche
  - Schloss
  - Hanglage
  - Gefälle
  - Sonstiges
- Abmessungen:
  - Höhe
  - Breite
  - Länge
  - Sonstiges
- Witterungsbedingungen zum Zeitpunkt:
  - relative Luftfeuchtigkeit in %
  - Temperatur außen in °C
  - Temperatur innen in °C
- Außenflächen:
  - Putz
  - Naturstein
  - Beton
  - Ziegel
  - Kalksandstein
  - Sonstige
- Anstrich:
  - Dispersion
  - Silikat-gebundenes System
  - Kalkanstrich
  - Imprägnierung
  - sonstiges Oberflächenschutzsystem
- Mauerwerksaufbau:
  - einschalig
  - zweischalig
  - Mischmauerwerk
  - zerklüftet
  - Sonstiges

- Verwendete Baustoffe:
  - Beton
  - Ziegel
  - Naturstein
  - Kalksandstein
  - Bimsstein
  - Sonstige
- Beschreibung der vorhandenen Abdichtung:
  - vertikal:
    - □ bahnenförmiger Abdichtungsstoff
    - □ teerhaltiges Anstrichsystem
    - □ bituminöses Anstrichsystem
    - □ polymermodifizierte Bitumendickbeschichtung (PMBC)
    - □ mineralisches Putzsystem
    - □ mineralische Dichtschlämme (MDS)
    - □ ....
  - horizontal:
    - □ ....
- Dränung und Filterschichten baulicher Anlagen:
  - vorhanden
  - nicht vorhanden
  - geplant
- Beschreibung des Umfeldes:
  - Grundwasseranfall
  - durch Gewässer
  - Fluss
  - Sonstiges
- Bodenverhältnisse, z. B.:
  - Fels
  - Lehm
  - Sand
  - Kies
  - Sonstige.

5.4 Schäden im Gründungsbereich

- Schäden am Objekt:
    - Sockel
    - Kelleraußenwand
    - Übergangsbereich Fundament/Wand
    - Fugen
    - Durchdringungen
- Schadenslage, Umfang und Häufigkeit:
    - vereinzelt
    - gleichmäßig
    - verteilt
    - ganzflächig
- Anstrichschäden:
    - Abplatzungen
    - Risse
    - Unterwanderungen
    - Feuchtigkeit
    - bauschädigende Salze
- Oberflächenschäden:
    - Mauerwerk
    - Putz
    - Beton
        - Absandungen
        - Abplatzungen
        - Salzausblühungen
        - Krustenbildungen
        - Auswitterungen
        - Verschmutzungen
- Feuchtigkeitsschäden:
    - Druckwasser
    - Bodenfeuchtigkeit
    - Funktionstüchtigkeit der Bauwerksdränung
    - Höhe der Durchfeuchtungszone
    - Salzschäden
    - Putzabplatzungen
    - Anstrichschäden
    - Bewuchs mit Algen
- Risikofaktoren vorhanden?
    - Zugänglichkeit des Schadensbereiches
    - Versorgungsanlagen

  - Verteilerkästen
  - elektrische Einrichtungen
  - sonstige Risikofaktoren
- Besondere Schadensbilder erkennbar?
  - Bodenvertiefungen an Kanälen oder Regenrohren
  - korrodierende Metallteile
  - Sonstiges
- Bauteilöffnungen
- Weitere Maßnahmen zur nachträglichen Außenabdichtung:
  - mineralische Innenabdichtung
  - abdichtende Injektionsarbeiten
- Flankierende Maßnahmen:
  - nachträgliche Horizontalabdichtung des Mauerwerks
  - Perimeterdämmung
  - Sockelinstandsetzung
  - Sanierputzsystem-WTA
  - technische Lüftungsmaßnahmen

5.5 Probennahme und Dokumentation

Die Probennahmen müssen repräsentativ erfolgen und sind nach Objekt zu erfassen. Es empfiehlt sich, die Beprobung in einer vertikalen Linie auf einer Achse in unterschiedlichen Höhen durchzuführen, wie z. B.:

- im Sockelbereich unmittelbar oberhalb der Geländeoberfläche und eine weitere in ca. 30 cm Höhe,
- im Bereich hygroskopischer Feuchteflecken,
- Achsbeprobung der Kelleraußen- und Innenwand unter und oberhalb vorhandener Querschnittsabdichtungen des Außen- und Innenmauerwerks,
- im Bereich von Salzausblühungen,
- 80 cm oberhalb sichtbarer Schadsalzzonen,
- Referenzprobe mittig in einer nicht geschädigten Innenwand.

Die Probennahme sollte dokumentiert werden nach:

- Art der Probenahme,
- Datum der Entnahme,
- Lage, Höhe und Tiefe.

Neben den klimatischen Verhältnissen ist Folgendes zu protokollieren:

- der Baustoff,
- das Probenentnahmewerkzeug
  (z. B. Handstemmwerkzeug, Bohrgerät mit Bohrdurchmesser),
- die Probenverpackung.

Bild 47 Kernbohrung

Empfehlung: Handskizzen und Grundriss sind mit Kennzeichnung der Probenbereiche anzufertigen.

5.5.1 Probennahmen für die Feuchte- und Festigkeitsanalytik

Für Beprobungen zur Analyse des Mauerwerkaufbaus oder für Festigkeitsuntersuchungen empfiehlt es sich, den Bohrdurchmesser >10 cm zu wählen. Für die Feuchteanalyse haben sich Trockenbohrkerngeräte mit arretierten Bohrvorsätzen mit einem Durchmesser von 50 mm in der Praxis bewährt. Die Achsbeprobung wird ca. 8 bis 10 cm tief vorgenommen.

Bild 48 Bohrkernentnahme und Beschriftung

Unmittelbar nach der Probenentnahme wird diese luftdicht, z. B. mit Aluminiumfolie, verpackt, beschriftet und zeitnah dem Analyselabor zugestellt. Probenentnahmen, z. B. für den Nachweis der Funktionstüchtigkeit einer vorhandenen Querschnittsabdichtung eines Mauerwerks, werden unmittelbar unter- und oberhalb der innenliegenden Horizontalsperre ausgeführt.

5.5.2 Probennahmen für die Analytik bauschädlicher Salze

Probenentnahmen für die Salzanalytik werden aus >3 cm Mauerwerkstiefe entnommen. Die Proben sollten ein Gemisch des Mauerwerks und des Fugenmörtels sein, aus der sichtbaren Schadzone und versetzt darüber entnommen werden, um den Instandsetzungsaufwand zu minimieren.

Probennahmen können mittels Bohrkern >3 cm Durchmesser, alternativ als Bohrmehlprobe mit einem Spiralbohrer und Bohrmehlauffangung erfolgen. Die Probenmenge ist für jede Untersuchung im Labor mit ca. 50 bis 100 g/Probe zu berücksichtigen.

5.6 Fachplaner für Bauwerksinstandsetzung nach WTA

Der **Fachplaner für Bauwerksinstandsetzungen nach WTA,** der von der Wissenschaftlich-Technischen Arbeitsgemeinschaft für Bauwerkserhaltung und Denkmalpflege e. V. (WTA) und dem Europäischen Institut für postgraduale Bildung GmbH (EIPOS) angeboten wird, ist ganzheitlich auf die Anforderungen des Bautenschutzes, der Bauwerkserhaltung und der Denkmalpflege abgestimmt.

Für die Anwendung und Umsetzung der WTA-Merkblätter bei der Planung und Sanierungsausführung werden Hintergrundwissen und entsprechende fachliche Erfahrungen in diesem Bereich benötigt. In den Themenblöcken der Fachfortbildung werden die Möglichkeiten ganzheitlicher Bauwerkserhaltung, Bausanierung und Denkmalpflege als überregionale, internationale Problemlösung vertieft. An typischen Praxisbeispielen und Aufgabenstellungen werden die Herausforderungen von integrativen Herangehensweisen, Instandsetzungs-/Sanierungsgrenzen sowie zukünftigen Möglichkeiten der Sanierung verdeutlicht.

Die Zielgruppen dieser fachlichen Weiterbildung sind Architekten, Bauingenieure, Techniker, Restauratoren und Sanierungsfachleute ausführender Betriebe, die in der Bauwerkserhaltung, Sanierung und Denkmalpflege tätig sind.

Inhalte
1. Einführung in die Thematik
   - Bestandsschutz/rechtliche Aspekte
   - Länderregelungen
   - Fallstudien und Praxisbeispiele
2. Bauphysikalische Anforderungen bei der Instandsetzung nach WTA
   - hygrothermische Bauteilsimulation
   - Innendämmung im Bestand
3. Nachträgliche horizontale und vertikale Abdichtung nach WTA
   - Feuchtigkeitsbelastungen
   - Wassereinwirkungsklassen nach DIN 18533
   - Bauwerksdränung nach DIN 4095
   - Fallbeispiele

4. Fachwerkinstandsetzung nach WTA
   - Bauphysik
   - Sichtfachwerk
   - verkleidetes Fachwerk
5. Instandsetzung von Putzen und Beschichtungen
   - typische Schadensbilder und deren Bewertung
   - Risse, Abplatzungen, Hohlstellen, Ausblühungen
   - Bewertung und Klassifizierung von Rissen
   - Auswahl von Beschichtungen
6. Schutz und Instandsetzung von Stahlbetonbauteilen
   - Schadensmechanismen bei Bauteilen aus Stahlbeton
   - Beton-/Stahlkorrosion
   - Untersuchungsmethoden und Beurteilungskriterien
   - Instandsetzungsmethoden
   - Wartungsmaßnahmen
7. Natursteininstandsetzung nach WTA
   - Schädigungsmechanismen
   - Natursteinreinigung
   - Natursteinkonservierung
   - Natursteininstandsetzung
8. Holzschutz
   - holzzerstörende Pilze und Insekten
   - holzzerstörende Insekten
   - Auswahl und Einsatz von Holzschutzmitteln
   - Praxisbeispiele
9. Tragwerksplanung bei der Bauwerksinstandsetzung
   9.1 Historische Holzkonstruktionen
   - Bestandsaufnahme und Bauzustandsbeurteilung
   - Kraftverläufe in historischen Holztragwerken
   - Simulation der Tragkonstruktion bei der rechnerischen Tragwerksanalyse
   - Grundsätze für die Instandsetzung historischer Holzkonstruktionen

   9.2 Historische Stahl- und Gusskonstruktionen
   - Verstärkungsmaßnahmen
   - Schweißen von Altstahl nach WTA
   - Brandschutz von Altstahl nach WTA
   - Berechnungsgrundsätze und -ansätze
10. Leistungsbeschreibung und Dokumentation

Abschluss: **Fachplaner für Bauwerksinstandsetzung nach WTA.**
Weitere Informationen über: http://wta-international.org/verein/zentren/wta-akademie/fachplaner-nach-wta/ (Aufruf 01/2019)

5.7 Planung der Ausführung

Nach Bewertung der Ergebnisse vorangegangener Voruntersuchungen und der Abwägung der objektspezifischen Alternativen wird das Konzept nachträglicher Bauwerksabdichtung erstellt. Oftmals werden, bedingt durch die Umnutzung von Kellerräumen zu hochwertigem Wohnraum, erhöhte Anforderungen an die Trockenheit der Bauteiloberflächen und der Raumluft vom Nutzer verlangt. Somit muss die Gebrauchstauglichkeit des instand zu setzenden Kellers langfristig gewährleistet sein.

5.8 Planungsgrundsätze für Bauwerksabdichtungen im Bestand

Nachträgliche Bauwerksabdichtungen sind für Bauwerke im erdberührten Bereich notwendig, wenn

- nur durch funktionstüchtige Abdichtungen die beabsichtigte Nutzung der Räume im Gebäudeinneren ermöglicht wird, und
- die Bausubstanz nur durch nachträgliche Abdichtungen der Bauteile und die notwendigen flankierenden Maßnahmen vor weiteren Schäden geschützt wird.

Die Planungen müssen berücksichtigen, dass erdberührte Bauwerksabdichtungen im Bestand diesen Ansprüchen nur gerecht werden, wenn die zu treffenden Maßnahmen zu zusammenhängenden/wannenartigen Abdichtungsebenen führen. Die notwendigen Überlappungsbreiten unterschiedlicher Abdichtungsstoffe sind >20 cm zu bemessen. *»Die Beachtung der Wirtschaftlichkeit, des Umweltschutzes und des Denkmalschutzes erfordern u. U. technische Zugeständnisse. Die kostengünstigste Lösung ist daher erfahrungsgemäß nicht immer die wirtschaftlichste Lösung (Berücksichtigung von Nutzbarkeit, Dauerhaftigkeit, Wirksamkeit, Vollständigkeit der Maßnahme u. a.)«* [5].

Die Planung nachträglicher Bauwerksabdichtungen umfasst Folgendes:

- Ursachenanalyse,
- Voruntersuchungen,
- Festlegung des Instandsetzungsziels,
- Erstellung des Abdichtungskonzepts,
- Darstellung der Abdichtungsmaßnahme mit Detailplanung,
- Ausweisung des Restrisikos,
- Massenermittlung,
- Leistungsverzeichnis,
- Kostenermittlung,
- Festlegung des Zeitraums bis zum Erreichen des Abdichtungserfolges.

Die Planungen sind zu dokumentieren!

5.9 Außenabdichtungsvarianten

Folgende Maßnahmen regelt das WTA-Merkblatt 4-6 für nachträgliche Bauwerksabdichtungen mit folgender Rangfolge:

- nachträgliche Außenabdichtung nach dem Aufgraben der Schadensstelle,
- nachträgliche Innenabdichtung, sofern Aufgraben aus technischen oder wirtschaftlichen Gründen nicht möglich ist,
- nachträgliche Außenabdichtung von innen durch partielle oder flächige Injektionen in den Baugrund (Schleier- oder Gelinjektionen).

Wasserbeanspruchung	Außen-abdichtung	Innen-abdichtung	Injektionen
Bodenfeuchte (nach DIN 18533, W1-E)	×	×[6]	×
Nichtdrückendes Wasser (nach DIN 18533, W1-E)	×[1]		
Nichtdrückendes Wasser auf erdüberschütteten Deckenflächen (nach DIN 18533, W3-E)	×		
Drückendes Wasser (nach DIN 18533, W2.1-E)	×[2 + 3]	×[2, 3 + 6]	×[2 + 3]
Feuchtigkeit infolge der Hygroskopizität von Salzen	×[4]	×[4]	×
Tauwasser	×[5]	×[5]	×[5]

Anmerkungen
1 Besteht der Baugrund aus schwach durchlässigen Böden ($k \leq 10^{-4}$ m/s), ist eine Dränung der baulichen Anlage nach DIN 4095 zu erstellen, ansonsten muss die Bauwerksabdichtung gegen die Beanspruchung drückendes Wasser ausgeführt werden.
2 Die Abdichtung ist nur bei einem wasserdichten Anschluss an angrenzende Betonbauteile mit hohem Wassereindringwiderstand, wie z. B. Bodenplattengründung, möglich.
3 Die Standsicherheit des Bauwerks und des Abdichtungsuntergrundes ist nachzuweisen bzw. zu überprüfen.
4 Liegt ausschließlich eine hygroskopische Feuchtigkeitsaufnahme vor, ist es Stand der Technik, ein Sanierputzsystem-WTA aufzutragen.
5 Eine Wärmedämmung kann je nach Nutzung erforderlich werden.
6 Mineralische Innenabdichtungen sind nur mit dafür nachgewiesenen und von der WTA zertifizierten Systemen möglich.

Tabelle 7 Abdichtungsmaßnahmen im Bestand in Abhängigkeit der Wassereinwirkung [5]

Anwendungs- und Ausführungssicherheit besteht nur, wenn bei der Planung in ausreichendem Umfang die objektspezifischen Daten- und Objektgegebenheiten berücksichtigt werden. Unter Berücksichtigung der zeitlichen Abläufe und notwendigen flankierenden Maßnahmen müssen ebenfalls die Maßnahmen der Qualitätssicherung vereinbart werden.

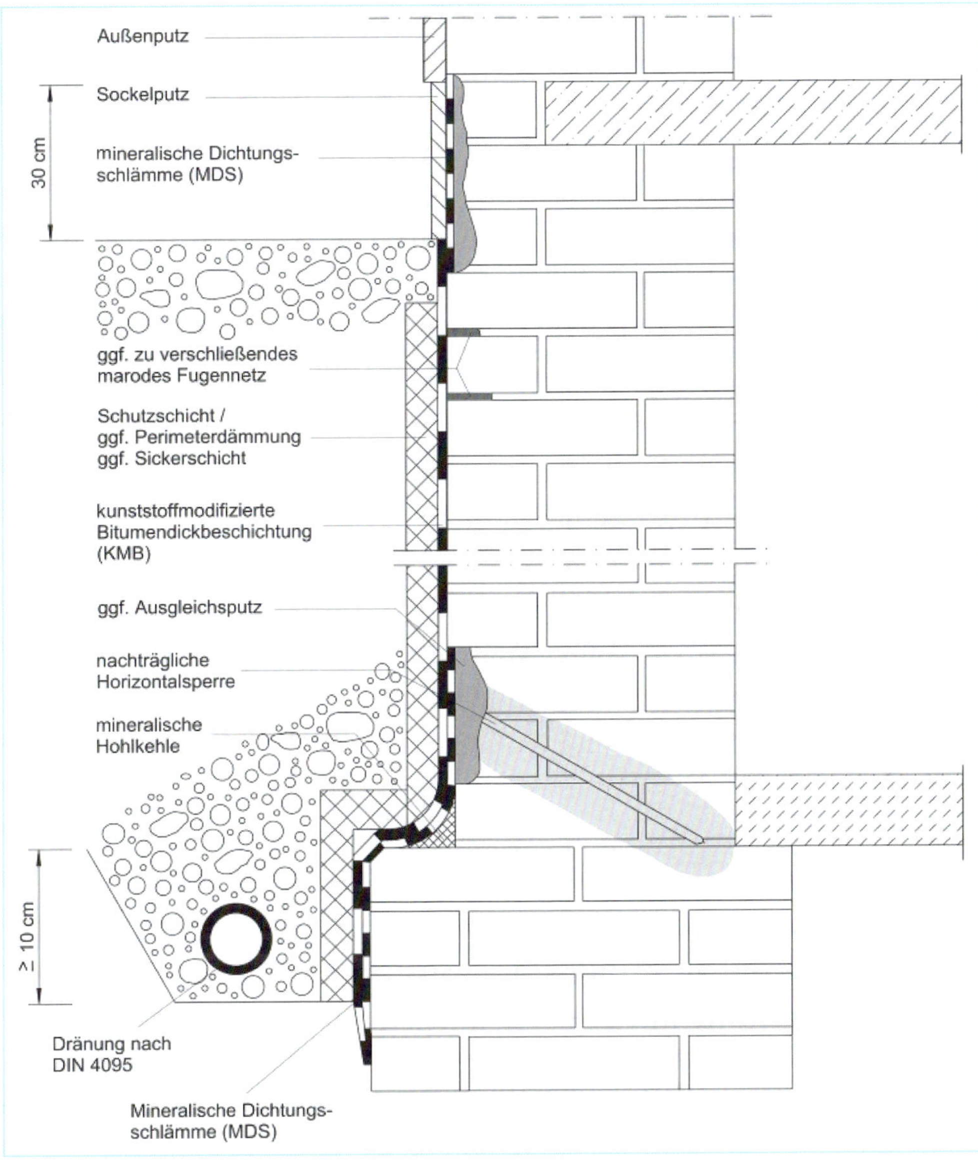

Bild 49 Nachträgliche Außenabdichtung für die Wassereinwirkung **nichtdrückendes Wasser an Bodenplatten und Wänden mit Dränung** [5]

6 Bauwerksaußenabdichtung erdberührter Bauteile im Bestand

Kellerabdichtungen im Bestand umfassen die erdberührte Abdichtung von

- Mauerwerks- und Betonkellern im Wohnungsbau <3 m Einbindetiefe,
- Kombinationsbauweisen, Konstruktion aus Mauerwerk mit Gründungssohlen aus Beton mit hohem Eindringwiderstand.

Die nachträgliche Bauwerksabdichtung ist von außen anzustreben und muss zur durchgängigen, wannenartigen Ausbildung der Abdichtungsebenen führen. Werden unterschiedliche Abdichtungsstoffe eingesetzt, müssen diese materialverträglich, hinterlaufsicher sein und überlappend ausgebildet werden. Der Überlappungsbereich ist >15 cm zu wählen.

Folgende Maßnahmen gilt es zu beachten:

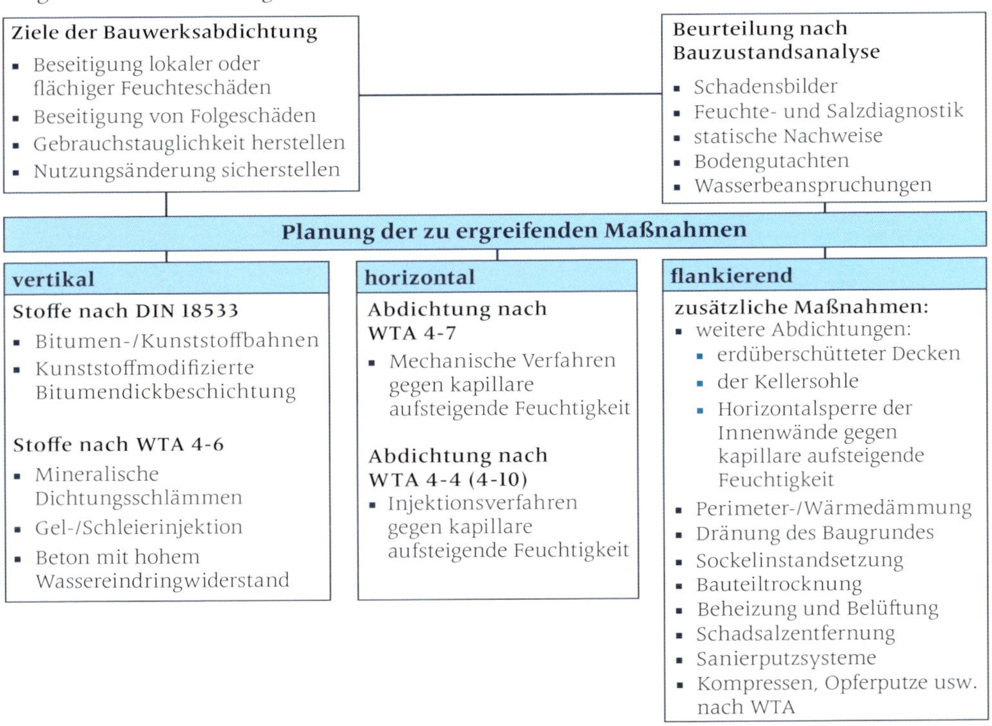

Bild 50 Maßnahmenkatalog nachträglicher Bauwerksaußenabdichtungen

Die erdberührte Kellerwand ist nicht nur zum Zeitpunkt der Instandsetzung, sondern auch für spätere Wartungen oftmals durch Überbauung nur sehr schwer zugänglich. Die Regeln der Ausführung zielen von daher auf Zuverlässigkeit und dauerhafte Gebrauchstauglichkeit ab. Die waagerechte Abdichtung der Kellersohle wird raumseitig auf der Bodenplatte ausgeführt und ist an die Horizontalabdichtung der Umfassungswände überlappend heranzuführen. Feuchtigkeitsbrücken bei späterem Verputz des Wandbildners sind auszuschließen. Die nachfolgend beschriebenen Verfahrenstechniken und Ausführungshinweise sind in der nachträglichen Bauwerksabdichtung allgemein gebräuchlich und haben sich in der Praxis langjährig bewährt.

6.1 Bauliche Erfordernisse

Zugängliche, nicht funktionstüchtige Außenabdichtungen sind auf ihre Art, ihren Zustand, ihr Schadensbild sowie auf ihre Verträglichkeit mit der geplanten Abdichtung zu untersuchen. Zu prüfen ist neben der Art der Wasserbeanspruchung die Konstruktion des Grundmauerwerks / des Abdichtungsuntergrunds. Detailausführungen wie Versorgungs- und Entsorgungsleitungen, Bauteilfugen, Anschluss- und Abschlussbereiche sind ebenfalls zu prüfen und zu beurteilen.

Bild 51 Freigelegte Baugrube (Quelle: Michael Theimer, Ilvesheim)

6.1.1 Wassereinwirkungsklassen nach DIN 18533

Zur Beurteilung der Wasserbeanspruchung und Einbausituation kann Tabelle 8 in Anlehnung an DIN 18533-1 zurate gezogen werden:

Wasserein-wirkungsklasse (Wx-E)	Art der Wassereinwirkung	Bemessungs-wasserstand (HGW bzw. HHW) / hydrostatischer Druck	Ein-binde-tiefe ins Erdreich	Wasserdurch-lässigkeits-beiwert des Baugrunds
W1.1-E, Situation 1	Bodenfeuchte bei Bodenplatten	Unterkante Abdichtungsebene ≥50 cm oberhalb HGW/HHW	–	$k > 10^{-4}$ m/s
W1.1-E, Situation 2	Bodenfeuchte und nichtdrückendes Wasser an Bodenplatten und Wänden	Unterkante Abdichtungsebene ≥50 cm oberhalb HGW/HHW	beliebig	$k > 10^{-4}$ m/s
W1.2-E	nichtdrückendes Wasser an erdberührten Bodenplatten und Wänden mit Dränung nach DIN 4095	Unterkante Abdichtungsebene ≥50 cm oberhalb HGW/HHW	beliebig	$k \leq 10^{-4}$ m/s
W2.1-E,Situation 1	Stauwasser	hydrostatischer Druck <3 m	<3 m	$k \leq 10^{-4}$ m/s
W2.1-E,Situation 2	Grundwasser		beliebig	–
W2.1-E,Situation 3	Hochwasser		<3 m	beliebig
W2.2-E,Situation 1	Stauwasser	hydrostatischer Druck >3 m	beliebig	$k \leq 10^{-4}$ m/s
W2.2-E,Situation 2	Grund- und Hochwasser		beliebig	beliebig
W3-E	nichtdrückendes Wasser auf erdüberschütteten Decken aus Niederschlags- und Stauwasser <10 cm Anstauhöhe	Abdichtungsebene ≥30 cm oberhalb HGW/HHW		–
W4-E	Spritzwasser Oberflächen- und Sickerwasser am Wand sockel sowie kapillar aufsteigendes Wasser in und unter erdberührten Wänden	Wandsockel: bei ca. 0,2 m unter bis ca. 0,3 m über OK Gelände, wenn nicht Bedingungen nach W2-E vorliegen		$k > 10^{-4}$ m/s $k < 10^{-4}$ m/s

Tabelle 8 Die Wassereinwirkungsklassen (Wx-E) klassifiziert nach DIN 18533

Bauseits sollte in der Instandsetzung die Wassereinwirkung von Wasser auf Feuchte reduziert werden, da oftmals Konstruktion und Gründung nicht auf eine Bodenplatte mit hohem Wasserwiderstand (WU) hinweisen. Bauwerksabdichtung im Bestand ist von daher oftmals nur durch den Einbau einer funktionstüchtigen Dränanlage nach DIN 4095 möglich. Vor Planung einer Dränung des Baugrundes sollte zunächst immer geklärt werden, ob der Einbau zulässig ist und eine Vorflut zur Verfügung steht.

Bild 52 Wasserbeanspruchung im Bestand

Ist der Einbau einer Dränung nicht möglich, können Außenabdichtungen im Bestand in bindigen Bodenverhältnissen gegen aufstauendes Sickerwasser nur bei einem wasserdichten Anschluss an Betonbodenplatten mit erhöhtem Wassereindringwiderstand ausgeführt werden. Die WU-Bodenplatte übernimmt die Abdichtung der Horizontalabdichtung. Ist eine derartige Konstruktion nicht vorhanden, muss diese als Sondermaßnahme geplant werden. Empfehlenswert ist generell die Standsicherheit des Gebäudes und des Abdichtungsuntergrundes durch einen Fachplanungsingenieur prüfen zu lassen.

6.1.2 Baugrubenaushub

Die Instandsetzungsarbeiten beginnen mit dem Baugrubenaushub. Der Aushub des Arbeitsraumes geschieht von Hand oder maschinell, immer unter Beachtung, dass die Standsicherheit des Gebäudes nicht gefährdet wird. Die erdberührten Gebäudeaußenwandflächen werden gemäß den einschlägigen Vorschriften freigelegt. Einwandfreie Zugänglichkeit der Kelleraußenwand wird sichergestellt, wenn die Aushubarbeiten entsprechend der DIN 4123 **Ausschachtungen, Gründungen und Unterfangungen im Bereich bestehender Gebäude,** der DIN 4124 und den Unfallverhütungsvorschriften (UVV) der Berufsgenossenschaft der Bauwirtschaft (BG Bau) **Bauarbeiten,** BGV C22 erfolgen.

Beim Baugrubenaushub ist der Böschungswinkel zu berücksichtigen. Der Arbeitsraum muss begehbar und mindestens 50 cm breit sein, die Baugrube Schutz vor Witterungseinflüssen aufweisen. Aufweichen von feinsandigen oder bindigen Böden im Bereich der Ausschachtung ist durch Abdeckung mit Planen oder Dränungen zu verhindern. Der Grundwasserspiegel muss während der gesamten Bauleistung >0,50 m unter der Gründungsebene liegen oder auf diese Tiefe abgesenkt werden. Baugrubeneinstürze gefährden die Gesundheit des Bautenschützers. Unterlassungen der Baugrubensicherheit führen zur Beeinträchtigung der Arbeits- und Ausführungssicherheit. Vor Beginn der Aushubarbeiten muss geprüft werden, ob erdverlegte Leitungen vorhanden sind.

Bei Teilausschachtungen der Gebäudeaußenwand, für Gräben oder Schürfgruben, ist zu berücksichtigen, dass diese unverbaut nicht tiefer als 1,25 m sind. Mit den notwendigen Verbauarbeiten ist spätestens ab 1,25 m Tiefe zu beginnen.

Die Art des Verbaus ist auszuwählen nach:
- anstehendem Boden,
- Höhe des Grundwasserspiegels,
- Vorhandensein von Schichtenwasser,
- Verlauf der Geländefläche,
- Lage von Ver- und Entsorgungsleitungen.

Die lichten Mindestbreiten sind abhängig von Art und Tiefe des Grabens. Vor dem Fundament gemessen beträgt die Breite >0,60 m, am oberen Rand ist ein mindestens 0,60 m breiter Schutzstreifen freizuhalten.

6.2 Abdichtungsstoffe

Generell sind die baurechtlichen Regelungen zur Verwendbarkeit einzusetzender Abdichtungsstoffe zu beachten und die genormten oder die von der WTA teilweise zertifizierten Abdichtungsstoffe oder Verfahrenstechniken anzuwenden.

6.2.1 Referenzfläche

Empfehlenswert ist das Anlegen von Referenzflächen zwecks Abdichtungsverfahren und Produktauswahl. Hierbei werden häufig Erkenntnisse gewonnen, die in die Planung einfließen bzw. die Umsetzungsmöglichkeit der planerischen Leistung gewährleisten. Die Referenzflächen können ebenfalls als Gewährleistungsflächen dienen.

Folgende Faktoren sollten ermittelt werden:
- Art der Reinigungsverfahren und Entsorgung des Strahlgutes,
- Verträglichkeit mit dem Baustoff und dem Untergrund,
- Funktionsfähigkeit der Systeme,
- Materialverbrauch, Eindringtiefe usw.,
- Arbeitsweise, Arbeitsabläufe, Zeitermittlung usw.,

- Oberflächengestaltung, Farbgestaltung,
- Ergebniskontrollen,
- Geräteeinsatz etc.,
- sonstige Problemstellungen.

Bild 53 Restanhaftungen auf der Außenwand

6.2.2 Produkt-/Systemauswahl

Für die nachträgliche Außenabdichtung eignen sich generell alle in der DIN 18533 für den Neubau geregelten Abdichtungsstoffe:

- Bitumen- und Polymerbitumenbahnen,
- Kunststoff- und Elastomerbahnen,
- kunststoffmodifizierte Bitumendickbeschichtungen (PMBC),
- Flüssigkunststoffe (FLK),
- nicht rissüberbrückende mineralische Dichtschlämmen (starre MDS),
- rissüberbrückende mineralische Dichtschlämmen (flexible MDS).

<table>
<tr><th>Art der Wasser-einwirkungsklasse</th><th>Flüssig aufzutragender Abdichtungsstoff</th><th>Trocken-schichtdicke</th><th>Anzahl der Arbeits-gänge</th><th>Teerhaltig Untergründe</th></tr>
<tr><td>W1-E Bodenfeuchtigkeit/ nichtdrückendes Wasser</td><td rowspan="2">kunststoffmodifizierte Bitumendickbeschich-tung (PMBC)</td><td>3 mm</td><td>2</td><td rowspan="4">Nach restloser Entfernung ist die Bauwerks-abdichtung wie auf mineralischen Untergründen durchzu-führen.</td></tr>
<tr><td>W2.1-E Drückendes Wasser</td><td>4 mm</td><td>2 vollflächige Verstärkungs-einlage</td></tr>
<tr><td>W1-E Bodenfeuchtigkeit/ nichtdrückendes Wasser</td><td rowspan="2">rissüberbrückende/nicht rissüberbrückende mine-ralische Dichtschlämme (MDS)</td><td>2 mm</td><td>2</td></tr>
<tr><td>W2.1-E Drückendes Wasser</td><td>3 mm</td><td>2</td></tr>
<tr><td>W1-E Bodenfeuchtigkeit/ nichtdrückendes Wasser</td><td rowspan="2">flexible polymermodi-fizierte Dickbeschichtung (FPD)</td><td colspan="3" rowspan="2">Abdichtung gemäß Herstellervorgaben</td></tr>
<tr><td>W2.1-E Drückendes Wasser</td></tr>
</table>

Tabelle 9 Überblick der erdberührten Bauwerksabdichtungen im Bestand mit flüssig aufzutragenden Abdichtungsstoffen

Die flächige Anwendung mineralischer Dichtschlämmen als erdberührte Bauwerksabdichtung wird bereits seit dem Erscheinen des ersten WTA-Merkblatts 4-6 **Nachträgliche Bauwerksabdichtung erdberührter Bauteile** neben den Empfehlungen der Verarbeitungsrichtlinien der Deutschen Bauchemie geregelt.

Anhand der Sanierungsplanung und ggf. nach Beurteilung der Musterflächen werden die Materialbasis bestimmt und die Produktauswahl getroffen.

Hierbei sollten die Produkte dem Anforderungsprofil der Sanierungsplanung entsprechen und u. a. folgende Parameter beinhalten:

- geprüfte Systeme, mit vorhandener Eigen- oder Fremdüberwachung,
- Produkte mit Langzeiterfahrung,
- Verträglichkeit mit dem Baustoff, der Umwelt und den Witterungsbelastungen,
- Anforderungen, wie z. B. mechanische und chemische Beanspruchungen,
- einfache Verarbeitung und Entsorgungsmöglichkeit,
- toxikologisch unbedenklich,
- entsprechen den einschlägigen Richtlinien, Normen und Regelwerken.

6.2.3 Allgemeine Randbedingungen

Allgemein gilt es zu beachten, dass vor dem Auftrag der Abdichtungsstoffe der Untergrund vorbehandelt werden muss. Vorbehandlung und Aufbau des darauf aufzubringenden Abdichtungssystems sind nach Herstellerangaben auszuführen.

Die Untergrundfeuchte muss nach Herstellerangabe eingehalten werden. Im Wand-Sohlenanschluss bzw. Fundamentbereich muss immer mit erhöhter rückseitiger Feuchtigkeitsbelastung aus dem Abdichtungsuntergrund auf die nachträgliche Abdichtung gerechnet werden. Deshalb ist auf der Stirnseite der Bodenplatte bzw. des Streifenfundamentes und dem darüber gelegenen Wandbereich eine Zwischenabdichtung als Hinterfeuchtungsschutz aufzubringen.

Nassglänzende, nichtsaugende Untergründe sind als Dichtungsträger ungeeignet und daher durch geeignete Maßnahmen vorzutrocknen oder entsprechend vorzudichten. Auch durch Tauwasserbildung kann sich auf dem Untergrund ein trennend wirkender Feuchtigkeitsfilm bilden. Deshalb muss zum Zeitpunkt der Verarbeitung der Abdichtungsstoffe die Oberflächentemperatur des Untergrundes mindestens 3 Kelvin über der Taupunkttemperatur der umgebenden Luft liegen. Beim Auftrag von Abdichtungsstoffen sind Schutzmaßnahmen vor Witterungseinflüssen vorzuhalten.

Sollten auf der abzudichtenden Fläche Altabdichtungen vorhanden sein, so ist vor Beginn der Abdichtungsarbeiten die Art und Beschaffenheit der vorhandenen Abdichtung festzustellen. Restanhaftungen der Altabdichtung können dann auf dem Untergrund verbleiben, wenn sie fest haften und mit dem neuen Abdichtungssystem verträglich sind. Teeranstriche als Altabdichtung sind als Untergrund für PMBC nicht geeignet.

Erfahrungsgemäß werden für die vertikale Bauwerksabdichtung im Bestand bei Wohnbauten vorrangig PMBC, MDS oder flexible polymermodifizierte Dickbeschichtungen (FPD) verwendet. Im Verlauf wird der Fokus der weiteren Ausführungshinweise vornehmlich auf flüssig aufzutragende Abdichtungsstoffe gelegt.

6.3 Untergründe

Kellerwände im Bestand erfüllen in der Regel nicht die normativen Anforderungen an den Untergrund, wie diese in der DIN 18533, Teile 1 und 3 oder den Verarbeitungsrichtlinien beschrieben sind. Vor Herstellung der nachträglichen Bauwerksabdichtung mit flüssig aufzutragenden Abdichtungsstoffen sind zusätzliche Maßnahmen erforderlich.

Ziel der Untergrundvorbehandlungen ist es, Voraussetzungen zu schaffen, dass die Bauwerksabdichtungen aus flüssig aufzutragenden Abdichtungsstoffen geschlossen, porenfrei mit gleichmäßiger Schichtdicke zu einer zusammenhängenden Abdichtungsschicht führt, die fest auf dem Untergrund haftet.

Bild 54 Fugenverschluss an Grundmauerwerk aus Naturstein

Gründungen aus Natursteinmauerwerk oder ähnlichen Bauarten ist eine lot- und fluchtrechte Ebenheit oftmals nicht gegeben. Zur Herstellung eines ebenen Untergrundes ist ein Flächenausgleich in Form von Grund- oder Ausgleichsputzen erforderlich. Scharfkantige Ecken sind grundsätzlich zu brechen. Innenecken müssen mit geeigneten oder systemkompatiblen Mörteln ausgebildet werden.

6.3.1 Untergründe von Bestandsabdichtungen

Vorhandene Abdichtungen eignen sich für Übergänge und als Untergrund für kunststoffmodifizierte Bitumendickbeschichtungen nur, wenn sie

- fest am Untergrund haften,
- tragfähig und
- bitumenverträglich sind.

Empfehlenswert ist die Materialverträglichkeit und Haftung von vorhandenem zu neu aufzubringendem Abdichtungsstoff mit einer Referenzfläche nachzuweisen oder ggf. vom Hersteller bestätigen zu lassen.

6.3.2 Teerhaltige Untergründe

Teer gilt als Sammelbegriff für ein undefiniertes Gemisch von Kohlenwasserstoffverbindungen, die aus der Pyrolyse von Steinkohle (dann Steinkohlenteer) oder Braunkohle (dann Braunkohlenteer) hergestellt wurden. Welche Kohlenwasserstoffverbindungen vorliegen, kann nur durch eine Laboranalyse zweifelsfrei geklärt werden. Im Teer sind Polyzyklische Aromatische Kohlenwasserstoffe (PAK) und Phenole enthalten. Diese Verbindungen sind stark gesundheitsgefährdend. Bereits aus diesem Grund sollten alte Teerabdichtungen nur von speziell ausgerüsteten Fachfirmen entfernt und entsorgt werden.

Bild 55 Haftungsbeeinträchtigung auf teerhaltigem Untergrund

PMBC bestehen aus Kunststoffen/Elastomeren und Bitumen. Bitumen selbst besteht aus hochmolekularen Kohlenwasserstoffen.

Werden PMBC auf alte Teerabdichtungen aufgetragen, sind die unterschiedlichen Kohlenwasserstoffverbindungen mit Kunststoffen unverträglich. Es können sogar lösungsmittelähnliche Tropfen aus der Verbindung abgeschieden werden, die PMBC-Abdichtung wird angelöst. Ein dauerhafter Verbund zwischen der PMBC und dem teerhaltigen Untergrund kann nicht gewährleistet werden. Bei Verbleib eines teerhaltigen Anstrichsystems kommt es in der Kontaktzone von der Altabdichtung und kunststoffmodifizierter Bitumendickbeschichtung zu Weichmacherwanderung. Die Folge wäre, dass die PMBC-Abdichtung nicht ihre zugesicherten Eigenschaften erreicht und die erforderliche Haftung zum Untergrund beeinträchtigt wird. Nach dem fachgerechten Rückbau des teerhaltigen Untergrundes durch eine Fachfirma wird der mineralische Untergrund auf die Haftung beeinträchtigende Staubschichten beurteilt.

Hinweis: Vor dem Auftrag von ein- und/oder zweikomponentigen PMBC-Abdichtungen sind teerhaltige Anstrich-/Beschichtungssysteme vollständig zu entfernen und fachgerecht zu entsorgen.

6.3.3 Mineralische Untergründe

Hohlliegende Putze sind zu entfernen. Die Untergrundvorbehandlungen beginnen mit dem Entfernen von Staub und allen haftungsmindernden Bestandteilen. Der Untergrund muss tragfähig sein. Außenecken sind zu brechen, Innenecken mit geeigneten Mörteln auszurunden. Der Radius beträgt 40 bis 60 mm. Hierdurch wird sichergestellt, dass in diesen Detailbereichen, Übergängen und Vorsprüngen die Mindestschichtdicken von flüssig aufzutragenden Abdichtungsstoffen gewährleistet werden können.

Ein Flächenausgleich bei Unebenheiten, Ausbruchstellen, Fehlstellen oder offenen Fugen >5 mm wird nach dem Auftrag von systemgerechter Grundierung mit kompatiblen Dichtungsmörteln verschlossen. Fehlstellen <5 mm können mit MDS verschlossen werden.

Bild 56 Untergrundvorbehandlung mittels Verputz mit wasserundurchlässigem Mörtel auf alter Ortbetonoberfläche (Quelle: Michael Theimer, Ilvesheim)

6.3.4 Bitumenhaltige Untergründe für Bauwerksabdichtungen

Bei auf dem Untergrund fest haftenden, starren bituminösen Anstrichsystemen werden bevorzugt lösemittelhaltige Bitumenanstriche vollflächig aufgetragen. Im frischen Zustand wird mit ofengetrocknetem Hartquarzmaterial frisch in frisch die Fläche abgestreut. Diese Quarzsandabstreuung erfolgt mit bevorzugter Korngröße von 0,2 bis 1 mm.

Durch Anlösen der Oberfläche und Einstreuen des Quarzsandes wird die Oberfläche des Bitumenanstriches **mineralisiert**, vergleichbar einer besandeten Bitumenbahn. Die Ablüftezeit ist mindestens mit 48 Stunden zu veranschlagen, damit es nicht zum Lösemittelausfall in der frischen PMBC-Abdichtung kommt, wodurch die Haftung benachteiligt wird. Vor dem Auftrag der PMBC ist überschüssiger, nicht eingebundener Quarzsand von der Fläche und ggf. von Fundamentvorsprüngen durch Abkehren mit Feinhaarbesen zu entfernen.

Bild 57 Mineralisierte Bitumenoberfläche

Eine weitere, praxisgerechte Vorgehensweise ist die Kratz- und Kontaktspachtelung auf vorhandenen und festsitzenden starren Bitumenanstrichen und beschädigten kunststoffmodifizierten Bitumendickbeschichtungen mit spezieller Haftbrücke. Diese wird aus hoch kunststoffdotierter mineralischer Dichtschlämme als Kontaktschicht kratzgespachtelt oder mit dem Mauerquast auf die Untergründe einmassiert. Herstellerabhängig können auch kunststoffmodifizierte Feinmörtel oder mineralische Dickbeschichtungen zum Einsatz kommen.

Bild 58 Haftbrücke mit MDS auf PMBC (Quelle: MARKO-Bautenschutz GmbH, Gnarrenburg)

Nach Durchtrocknung der systemabhängigen Grundierung und/oder Haftbrücke erfolgt der Auftrag der flüssig aufzutragenden Abdichtungsstoffe in Form einer haftungsvermittelnden Kratzspachtelung und den folgenden Abdichtungsschichten.

Untergrund / Maßnahmen	Mauerwerk	Putz	MDS	Bituminöses Anstrichsystem	kunststoffmodifizierte Bitumendickbeschichtung	Bitumen-/Kunststoffbahnen	Teer
Prüfung der Tragfähigkeit	Wisch-/Kratz-/Benetzungstest			Lösemitteltest		restlos entfernen	Lösemitteltest/Laboranalyse
Untergrundvorbereitung	Untergrund abkehren / Entfernen jeglicher haftungsmindernden Bestandteile						
Vorbehandlung	Übergangsbereich Wand-Sohlenanschluss und Stirnseite des Fundaments						
Vorbereitende Maßnahmen	Mechanische Untergrundvorbereitung / Außenecken brechen / Zementleim-/Sinterschichten entfernen						
offene Fugen <5 mm	je nach Abdichtungssystem Kratzspachtelung mit PMBC/MDS/FPD/systemkompatiblen Dichtungsmörteln						
offene Fugen >5 mm Fehlstellen und Ausbrüche	systemkompatible Dichtungsmörtel / Verputz mit wasserundurchlässigen Putzsystemen						
Innenecken ausrunden	Grundierung für mineralische Untergründe / systemkompatible Dichtungsmörtel, Radius <50 mm						
Zwischenabdichtung	Grundierung für mineralische Untergründe und Folgeauftrag nicht rissüberbrückender mineralischer Dichtschlämme						
Grundierung lt. Herstellerangaben	Grundierung für mineralische Untergründe			▪ Bitumenemulsion (MV 1:10) alternativ ▪ lösemittelhaltiger Bitumenanstrich und vollflächige Quarzsandabstreuung alternativ ▪ Kontaktbrücke mit MDS/FPD		Nach dem Rückbau vergleichbar mineralischer Untergründe behandeln, ansonsten Vorgehensweise wie bei bituminösen Anstrichsystemen.	Kontaktbrücke aus FPD

Tabelle 10 Untergrundabhängige vorbereitende Maßnahmen

6.4 Übergänge und Anschlussbereiche

Übergänge, Detail- und Anschlussbereiche müssen sorgfältig geplant und fachgerecht ausgeführt werden. Sie müssen dicht und hinterlaufsicher an die Flächenabdichtung angeschlossen werden. Durchdringungen der Bauwerksabdichtung sollten auf die unbedingt notwendige Anzahl beschränkt und wasserdicht ausgeführt werden. Fugen sind wasserdicht mit Fugenbändern und Formteilen auszubilden.

6.4.1 Übergangsbereich am Wandfußpunkt

Beim Bauen im Bestand ist mit erhöhter Feuchtigkeit im Wand-Sohlenanschluss zu rechnen. Rückseitig, auf die Haftfläche frisch applizierter Abdichtungsstoffe wirkt diese haftungseinschränkend und ebenfalls durchtrocknungsverzögernd. Grundsätzlich muss im Fundamentbereich und an dem aufgehenden Wandbildner eine Zwischenabdichtung ausgeführt werden. Dieser Hinterfeuchtungsschutz besteht aus der Inneneckenausrundung mit systemkompatiblem Dichtungsmörtel und starrer, zementgebundener, nicht rissüberbrückender mineralischer Dichtschlämme. Die Zwischenabdichtung wird im Herstellersystem >25 cm hoch, vor der Ausführung der eigentlichen Abdichtung zweilagig aufgetragen. Die sorgfältige Ausführung dieser vorbereitenden Maßnahme ist entscheidend für die dauerhafte Funktionstüchtigkeit der gesamten Außenabdichtung. Bei flächigen Durchfeuchtungen des Abdichtungsuntergrundes muss diese Zwischenabdichtung vollflächig als zusammenhängende Schicht ausgeführt werden.

Bild 59 Zementleim auf dem Fundamentvorsprung (Quelle: MARKO-Bautenschutz GmbH, Gnarrenburg)

Bild 60 Entfernen der Zementsinterschicht (Quelle: Remmers GmbH, Löningen)

Bild 61 Mechanischer Rückbau am Wand-Sohlenanschluss (Quelle: Remmers GmbH, Löningen)

Bild 62 Auftrag der zum System gehörigen Grundierung (Quelle: Remmers GmbH, Löningen)

Bild 63 Auftrag der Haftschlämme (Quelle: Remmers GmbH, Löningen)

Bild 64 Egalisierung des Anschlussbereichs mit Dichtmörtel (Quelle: Remmers GmbH, Löningen)

Bild 65 Kehlenausrundung mit Dichtmörtel (Quelle: Remmers GmbH, Löningen)

Bild 66 Zwischenabdichtung mit starrer MDS (Quelle: Remmers GmbH, Löningen)

6.4.2 Durchdringungen der Abdichtung

Durchdringungen, wie z. B. Rohre, Halterungen und Kabel, die in der Abdichtungsebene liegen, sind nach Art der Wasserbeanspruchung mittels Flüssigkunststoffabdichtung (FLK) oder über eine Flansch- bzw. Sonderkonstruktion an die erdberührte Abdichtung anzuschließen.

Bei der Wasserbeanspruchung Bodenfeuchte bzw. nicht stauendes Sickerwasser genügt ein systemgerechtes Anschließen der Abdichtungsstoffe an die vorbereitete Durchdringung. So kann z. B. bei einer Abdichtung mit PMBC diese kehlenartig mit einem Radius <10 mm an die Durchdringung angearbeitet werden. Eine ausreichende Haftung zwischen der KMB und Durchdringung ist z. B. durch Aufrauen der Oberfläche der Durchdringung sicherzustellen. Die Abdichtung ist >5 cm auf die Durchdringung zu führen.

Bild 67 Detail Durchdringungen: mangelhafte Abdichtungsausführung an KG-Rohr (Quelle: Michael Theimer, Ilvesheim)

Eine weitere Variante zur Abdichtung von Durchdringungen ist die Abdichtung mit Klebeflanschen. Sind Bewegungen der Durchdringungen nicht auszuschließen, so ist die Art der Abdichtung darauf abzustimmen. Bei dem Verfüllen der Baugrube ist eine Lagesicherung der Durchdringung vorzunehmen.

Im Rahmen der Planung nachträglicher Abdichtungsarbeiten ist ein Abstand der Durchdringungen untereinander bzw. zu angrenzenden Bauteilen >30 cm anzustreben. Alternativen stellen Formteile als Sonderlösungen dar.

6.4.3 Anschlussbereiche

Anschlussbereiche von Gebäuden, Details und Durchdringungen müssen in die vorhandene Bauwerksabdichtung integriert werden. Für die Eindichtung derartiger Materialkombinationen, wie Bahnenwaren, Lichtschächte, Fenster und Türen, haben sich Flüssigkunststoffe (FLK) für Bauwerksabdichtungen bewährt.

FLK gelten als einlagige Abdichtungen und können aus
- flexiblen reaktiven Polymethylmethacrylatharzen (PMMA),
- flexiblen Polyurethanharzen (PUR) oder
- flexiblen ungesättigten Polyesterharzen (UP) bestehen.

Den Herstellerangaben ist für die entsprechenden Anwendungsbereiche, notwendigen Materialien und Hilfsstoffe Folge zu leisten.

In der Regel ist der Untergrund vorzubehandeln. Neben dem Säubern empfiehlt sich untergrundabhängig diesen anzuschleifen und folgend zu entstauben. Ebenfalls untergrundabhängig wird die systemzugehörige Grundierung aufgetragen.

Unmittelbar im Anschluss (frisch in frisch) wird die Flüssigabdichtung durch Rollen, Streichen oder Spritzen aufgetragen. In die frische Materialvorlage wird hohlstellen- und blasenfrei die Verstärkungseinlage als Vlieseinbettung (Vlies >110 g/m^2) ausgeführt und mit Materialnachlage der Flüssigabdichtung frei von Fehlstellen überarbeitet. Vliesbahnen untereinander sind >5 cm zu überlappen. Nachdem die Abdichtung ausgehärtet ist, im Regelfall nach ca. 45 Min./20 °C, wird eine weitere FLK-Lage mit einer Anschlussbreite von >15 cm appliziert, die noch im frischen Zustand mit feuergetrocknetem Quarzsand der Körnung 0,7 bis 1,2 mm abgestreut wird. Dieser mineralisierte Streifen wird im Nachgang mit der Flächenabdichtung aus kunststoffmodifizierter Bitumendickbeschichtung überarbeitet und in die Flächenabdichtung eingebunden.

Ein Anschluss mit FLK auf einer vorhandenen PMBC-Abdichtung hat sich nicht als zielführend herausgestellt, da diese zu weich ist und es bei Bewegungen zum Abriss in der PMBC-Abdichtung führen kann.

Übergangsbereiche zu Lichtschächten können zusätzlich als Entkopplung mit einem 5 cm breiten systemzugehörigen Dichtklebeband ausgeführt werden, um eine erhöhte Dehnstrecke zu erzielen. Generell gilt, dass Anschlussbereiche auf systemverträgliche Fremdmaterialien nach dem Regelwerk 4-6 der WTA immer mit einer Anschlussbreite von >15 cm auszuführen sind. Herstellerbezogen kann diese auch geringer ausfallen.

6.5 Grundierungen

Nach dem Auftrag der Zwischenabdichtung wird systemabhängig die haftvermittelnde Grundierung auf dem verbleibenden mineralischen Untergrund aufgetragen. Grundierungen haben die Aufgabe den Haftungsaufbau zum Untergrund zu verbessern, da sie einen geringen Anteil an Staub binden. Sie verbessern die gleichmäßige Verfilmung des flüssig aufzutragenden Abdichtungsstoffs und können minderfeste Untergründe verfestigen. Der Einsatz von Grundierungen richtet sich in der Anwendung speziell nach dem Untergrund und des einzusetzenden Stoffes.

Grundierungen sind herstellerabhängig und werden systemzugehörig auf den einzusetzenden Abdichtungsstoff abgestimmt.

Folgende haftvermittelnde Grundierungen werden für PMBC-Abdichtungen eingesetzt:
- Bitumen-Emulsion, meist hochgradig verdünnt mit Wasser in einem MV 1:10,
- lösemittelhaltiger Bitumenanstrich als Haftvermittler mit Quarzsandabstreuung der Oberfläche auf bituminösen Altabdichtungen.

Für PMBC- und MDS-Abdichtungen werden des Weiteren folgende Grundierungen auf mineralischen Untergründen eingesetzt:
- Kunststoffdispersionen zur Untergrundverfestigung,
- Silikate, MV 1:1 mit Wasser verdünnt, zur Haftvermittlung und Untergrundverfestigung,
- Reaktionsharzprimer zur Untergrundvorbehandlung vor der Verklebung von z. B. Fugenbändern oder für FLK-Anschlussbereiche.

Mit einer Kratzspachtelung aus kunststoffmodifizierter Bitumendickbeschichtung oder hochkunststoffvergüteter mineralischer Dichtschlämme kann diese als Kontaktbrücke zum Untergrund die Haftung des nachfolgenden Abdichtungsstoffes sicherstellen.

6.6 Lokale Reparaturen an PMBC-Abdichtungen

6.6.1 Fehlstellen und Beschädigungen

Fehlstellen, die zur Undichtigkeit einer PMBC-Abdichtung führten, sind zu lokalisieren. Anschließend ist die Oberflächenbeschaffenheit der vorhandenen PMBC-Abdichtung zu beurteilen. Haftungsmindernde Bestandteile, z. B. aus dem Erdreich, sind restlos zu entfernen. Weist die PMBC-Abdichtung zum Untergrund keine Haftung auf, ist diese immer bis zum festsitzenden Bereich zu entfernen. Werden Vertiefungen, Mauerwerksausbrüche oder offene Stoßfugen festgestellt, sind diese vorab mit haftstarkem Dichtungsmörtel auf mineralischem, vorbereitetem Untergrund zu schließen.

Die fest sitzende Bitumenabdichtungsschicht wird im Übergangsbereich als Untergrundvorbereitung mit herstellerabhängiger Haftbrücke kratzgespachtelt oder mit dem Maurerquast einmassiert. Oftmals wird auch nur die Kratzspachtelung mit zweikomponentiger kunststoffmodifizierter Bitumendickbeschichtung lt. Hersteller empfohlen. Nach Durchtrocknung dieser Kontaktschicht erfolgt der Auftrag der PMBC-Spachtelung in entsprechender Schichtdicke aus zweikomponentiger PMBC-Abdichtung. Die PMBC-Abdichtung wird in zwei Arbeitsgängen ausgeführt. Der Überlappungsbereich zur vorhandenen PMBC-Abdichtung ist mit >15 cm sicherzustellen. Am Rand wird die Abdichtungsdicke auf null ausgezogen. Nach vollständiger Durchtrocknung und Verfilmung mit dem Untergrund wird die nachträgliche Abdichtung geschützt. Zur Verklebung der Schutz-/Nutzschichten wird das verwendete Abdichtungsmaterial benutzt.

6.6.2 Beschädigte Übergangsbereiche am Wand-Sohlenanschluss

Nach dem Freilegen der Außenwandabdichtung wird diese auf der Stirnseite und am Fundamentvorsprung komplett entfernt. Der Wand-Sohlenanschluss wird ca. 25 cm hoch zurückgebaut. Es muss ein tragfähiger, mineralischer Untergrund vorliegen. Der freigelegte Bereich wird gereinigt, haftungsmindernde Bestandteile werden restlos entfernt.

Im Übergangsbereich wird die Haftbrücke der Dichtungskehle in schlämmfähiger Konsistenz vorgelegt und die Kehle mit Dichtungsmörtel in einem Radius von 4 bis 6 cm ausgerundet. Das Einbringen des Mörtels erfolgt mit geeignetem Werkzeug frisch in frisch. Scharfkantige Übergänge werden mit feuchtem Pinsel/Quast verschlichtet. Die Kehlenausrundung wird entsprechend der Putztechnik vor intensiver Sonneneinstrahlung und Zugluft bewahrt und feucht gehalten.

Nach Durchtrocknung des Dichtungskehlenbereiches wird die Zwischenabdichtung, wie zuvor beschrieben, mit mineralischer Dichtschlämme ausgeführt. Dieses unterbindet rückwärtige Feuchtigkeitseinflüsse und schafft für die folgenden Schichten einen trockenen Untergrund. Nach Durchtrocknung des Hinterfeuchtungsschutzes wird im Übergangsbereich mit geeigneter Haftbrücke kratzgespachtelt. Der Überlappungsbereich auf dem Alt-Bitumenuntergrund ist ≥15 cm auszuführen. Nach Durchtrocknung der Haftbrücke wird die Instandsetzung der Abdichtung mit zweikomponentiger PMBC ausgeführt. Die Abdichtung des Wand-Sohlenanschlusses wird in zwei Arbeitsgängen, lastfallbedingt unter mittiger Einarbeitung von Verstärkungseinlage oder Glasseidengewebe in geforderter Frischschichtdicke aufgetragen. Die Mindesttrockenschichtdicken für PMBC-Abdichtung beträgt entsprechend der Wasserbeanspruchung 3 bzw. 4 mm. Frischschichtdicke und Verbrauch in ℓ/m^2 oder kg/m^2 werden vom Hersteller vorgeschrieben.

Nach vollständiger Durchtrocknung und Verfilmung mit dem Untergrund wird der Schutz des Fundamentvorsprunges durch geeignete Schutzplatten gewährleistet. Diese werden im Punkt-Klebe-Verfahren auf dem Fundamentvorsprung mit handtellergroßen Klebepunkten verklebt. Die vollflächige Verklebung erfolgt nach Herstellervorschrift, wenn die Schutzplatten ebenso Dämmplatten sind. Es ist darauf zu achten, dass bei der Wasserbeanspruchung aufstauendes Sickerwasser/Druckwasser eine wasserundurchlässige Bodenplatte Voraussetzung für eine funktionstüchtige, nachträgliche erdberührende Bauwerksabdichtung ist.

6.7 Nachträgliche Bauwerksabdichtung mit PMBC

Nach Durchtrocknung des Hinterfeuchtungsschutzes im Fußpunktbereich erfolgt auf gereinigtem tragfähigen mineralischen Untergrund die Grundierung zur Staubbindung nach Herstellervorschrift.

Folgende Ausführungshinweise gilt es zu beachten:

- Die Verarbeitung erfolgt nach Vorgabe des Herstellers. Die technischen Datenblätter des Produktes geben detaillierte Hinweise.
- Die Bauwerksabdichtungsarbeiten dürfen nur bei Witterungsverhältnissen ausgeführt werden, die Durchtrocknungs- und Haftungseigenschaften auf dem Untergrund nicht beeinträchtigen.
- Der Temperaturbereich muss zum Zeitpunkt der Verarbeitung >5 °C und <30 °C liegen.
- Nach Austrocknung des Haftvermittlers wird mit den Abdichtungsarbeiten begonnen.
- Flächige Füll-/Kratzspachtelungen müssen ebenfalls durchgetrocknet sein.
- Der Auftrag der PMBC-Abdichtung erfolgt zweilagig im Spachtel-/Spritzverfahren vollflächig, fehlstellenfrei und mit gleichbleibender Schichtdicke.
- Die vorgegebene Frischschichtdicke zum Erreichen der Mindesttrockenschichtdicke darf an keiner Stelle unterschritten werden.
- Bei PMBC-Abdichtungen im Anwendungsbereich aufstauendes Sicker-/Druckwasser wird nach Auftrag der ersten Abdichtungslage eine Verstärkungseinlage vollflächig in die Flächenabdichtung eingearbeitet. Der Auftrag der folgenden 2. Lage erfolgt, sobald die vorherige Auftragslage nicht mehr beschädigt oder verletzt werden kann.
- Die Abdichtung im Bereich Boden-Wandanschluss ist >10 cm auf die Stirnseite des mineralischen Fundaments herunterzuführen. Beim Übergang auf Bodenplatten aus Beton mit hohem Wassereindringwiderstand und/oder der Kombination unterschiedlicher Abdichtungsstoffe sind diese >15 cm auszuführen.
- Bei Arbeitsunterbrechungen ist die PMBC-Abdichtung auf null auszuziehen.
- Die Abdichtung und Ausbildung des Sockelanschlusses sind zu planen und, wie im folgenden Kapitel 7 beschrieben, entsprechend der Konstruktion auszubilden.
- Für die Folgearbeiten, wie Auftrag und Montage von Schutzschichten und Nutzplattenverklebung, muss die Bauwerksabdichtung vollständig durchtrocknet sein.

Bild 68 Untergrundreinigung loser Bestandteile (Quelle: Schleiff Bauflächentechnik GmbH & Co. KG, Erkelenz)

Bild 69 Mineralischer Flächenausgleich (Quelle: Schleiff Bauflächentechnik GmbH & Co. KG, Erkelenz)

Bild 70 PMBC-Auftrag (Quelle: Schleiff Bauflächentechnik GmbH & Co. KG, Erkelenz)

Die Mindesttrockenschichtdicken und Auftragsfolgen von PMBC-Abdichtungen im Bestand sind:

Wasserbeanspruchung nach DIN 18533		Ausführung nach WTA-Merkblatt 4-6	Schichtdicke[3]
Bodenfeuchte und nichtdrückendes Wasser an Bodenplatten und Wänden	DIN 18533 W1-E	2 Arbeitsgänge[1]	3 mm
drückendes Wasser an Bodenplatten und Wänden	DIN 18533 W2.1-E	2 Arbeitsgänge[2] Verstärkungseinlage	4 mm

1 Die Aufträge können **frisch in frisch** erfolgen.
2 Vor dem Auftrag der zweiten Abdichtungsschicht muss die vorangegangene soweit getrocknet sein, dass durch den Folgeauftrag keine Beschädigung eintritt.
3 zum Zeitpunkt der Abnahme

Tabelle 11 Trockenschichtdicken von PMBC-Abdichtungen im Bestand

Die angegebenen Trockenschichtdicken sind *»[...] vor dem Anfüllen des Erdreiches sicherzustellen [...] Unter ständiger Lasteinwirkung, wie zum Beispiel Erd- oder Wasserdruck, kann eine Reduzierung der Trockenschichtdicke gegenüber der ursprünglichen Trockenschichtdicke, (die z. B. zum Zeitpunkt der Abnahme des Gewerkes vorgelegen hat), erfolgen. Eine eventuelle Reduzierung der Trockenschichtdicke führt dabei nicht automatisch im Umkehrschluss zur Funktionsuntüchtigkeit der Abdichtung«* [5].

6.8 Flächige Bauwerksabdichtung mit PMBC auf Altbitumenuntergründen

Befindet sich oberhalb des instand gesetzten Wand-Sohlenanschlusses eine alte Bitumendickbeschichtung, ist Voraussetzung für die folgenden Arbeitsschritte, dass diese fest auf dem Untergrund haftet und Materialverträglichkeit zur neuen PMBC-Abdichtung aufweist. Festhaftende Altbitumenuntergründe werden gereinigt und vor dem Auftrag der PMBC-Abdichtung mit einem der Herstellervorschrift entsprechenden Haftvermittler oder einer Kontaktschicht überarbeitet.

Bild 71 PMBC-Spachtelauftrag auf mineralisierte Altbitumenfläche (Quelle: Remmers GmbH, Löningen)

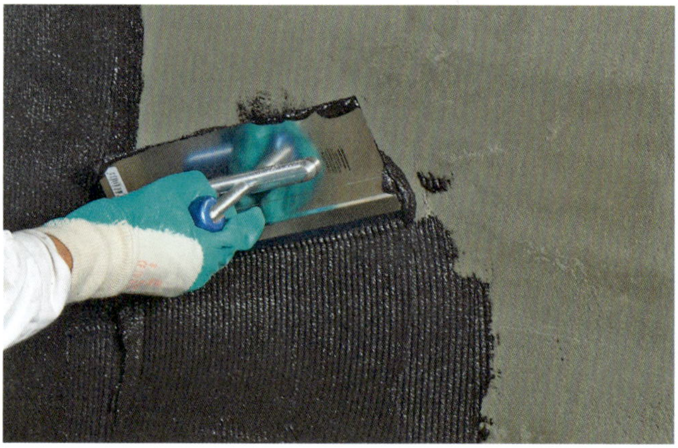

Bild 72 PMBC-Spachtelauftrag auf Systemhaftbrücke (Quelle: Remmers GmbH, Löningen)

6.9 Nachträgliche Bauwerksabdichtung im erdberührten Bereich mit mineralischen Dichtungsschlämmen (MDS)

Starre, nicht rissüberbrückende Dichtschlämmen dürfen nur auf mineralischen Untergründen eingesetzt werden, die nicht rissgefährdet sind. Rissüberbrückende Dichtschlämmen sind in der Lage, Bewegungen in der Größenordnung von Schwindrissen zu überbrücken. Bedingt durch die hohe Kunststoffvergütung dieser Abdichtungsstoffe, können sie auch auf anderen Untergründen eingesetzt werden.

Bild 73 Untergrund-vorbehandlung mineralischer Untergründe vor MDS-Auftrag (Quelle: Schleiff Bauflächentechnik GmbH & Co. KG, Erkelenz)

Die Untergrundvorbehandlungen sind analog der vorangegangenen Ausführungsempfehlungen durchzuführen. Der Vorteil mineralischer Dichtschlämmen ist die Widerstandsfähigkeit der Abdichtungsmembran gegenüber Druck aus dem Erdreich. Selbst bei unebenen Untergründen sind, bedingt durch den Schlämm-/Streichauftrag, gleichmäßige Abdichtungsmembranen zu erzielen.

Bild 74 Auftrag mineralischer Dichtschlämme mittels Maurerquast (Quelle: Remmers GmbH, Löningen)

Weitere Auftragsmöglichkeiten sind neben dem Streichauftrag das Rollen, Spachteln oder maschinelle Spritzen mit Luftzerstäubung.

Folgende Trockenschichtdicken sind zu erbringen:

Wassereinwirkung	Mindesttrocken-schichtdicke	Arbeitsgänge
W1-E: Bodenfeuchte und nichtdrückendes Wasser an Bodenplatten und Wänden	2 mm	2
W2.1-E: Drückendes Wasser an Bodenplatten und Wänden	3 mm	2

Tabelle 12 Trockenschichtdicken von MDS für erdberührte Bauwerksabdichtungen [5]

6.10 Flexible polymermodifizierte Dickbeschichtungen (FPD)

Bei den oftmals als **KMB ohne B** oder **Hybrid-/Reaktivabdichtung** bezeichneten Abdichtungsstoffen handelt es sich vornehmlich um weiterentwickelte flexible mineralische Dichtungsschlämmen/Dickbeschichtungen. Diese Produktart weist oftmals multifunktionale Eigenschaften auf. Zum Teil übertreffen sie die in der DIN 18533-3 geforderten Stoffeigenschaften von flexiblen MDS und auch von PMBC.

Die qualitative Beschreibung dieser neuen Produktgattung mit der Bezeichnung flexible polymermodifizierte Dickbeschichtungen (FPD) wird wie folgt formuliert:

FPD sind spachtel-, schlämm- oder spritzfähige Massen für Bauwerksabdichtungen, die im Wesentlichen aus mineralischen Gesteinskörnungen, Füllstoffen, hydraulischen und/oder polymeren Bindemitteln sowie Additiven bestehen.

Die Anwendungs- und Leistungsbereiche sind:
- Abdichtung erdberührter Bauteile im Neubau und Bestand,
- Querschnittsabdichtung in und unter Wänden gemäß DIN 1996-2,
- Nassraumabdichtung im Verbund mit Fliesen- und Plattenbelägen gemäß DIN 18534,
- Abdichtung im Verbund mit Fliesen- und Plattenbelägen für Behälter und Becken gemäß DIN 18535,
- Abdichtung im Verbund mit Fliesen- und Plattenbelägen für Balkone und nicht unterwohnte Terrassen gemäß DIN 18531.

Für den Einsatz als Abdichtungsstoff für nachträgliche Bauwerksabdichtungen gilt es die nachfolgend dargestellten Parameter zu erfüllen.

6.10.1 Untergrund

Nach dem Freilegen der abzudichtenden Bauteile sind die Oberflächen zu reinigen und die Beschaffenheit des Untergrundes zu beurteilen. Übergänge der Abdichtung zu End- und Ansatzpunkten sind soweit freizulegen, dass die Ausführung und Nachbehandlung der Abdichtung sichergestellt werden kann. Für FPD-Abdichtungen ist der Untergrund vorzubehandeln. Genau wie die Regelwerke fordern die technischen Datenblätter der Hersteller Tragfähigkeit, Formstabilität sowie ausreichende Trockenheit und Frostfreiheit. Die Haftung beeinträchtigende Bestandteile sind zu entfernen. Ebenfalls muss der Untergrund frei von Fehlstellen sein und eine ausreichende mechanische Festigkeit aufweisen. Maßgeblich für die Funktionstüchtigkeit der Bauwerksabdichtung ist der vorbereitete Untergrund, denn dieser entscheidet über den Haftverbund.

Bild 75 Untergrundvorbehandlung mit Sperrputz (Quelle: Michael Theimer, Ilvesheim)

Eventuell vorhandene Ausbruchsstellen auf mineralischem Untergrund, Vertiefungen und offene Fugen >5 mm sind zu verschließen oder mit einem auf den Untergrund abgestimmten Mörtelsystem auszubessern. Bei Unebenheiten, Poren, Lunkern oder offenen Fugen bis 5 mm kann systembedingt ein Flächenausgleich aus dem eigentlichen Abdichtungsprodukt erforderlich sein und plan gespachtelt werden.

Aus der Reaktivabdichtung lässt sich bei Bedarf ebenfalls ein Egalisierungsspachtel und Vorbereitungsmörtel erstellen. Die Abdichtungsmatrix kann nach Herstellerangaben mit ofengetrocknetem Quarzsand, im Mischungsverhältnis 1:2 nach Gewichtsteilen verschnitten und als Kratzspachtelung und Ausgleichsmörtel verwendet werden. Der Vorteil dieser abgemagerten und trotzdem bindemittelreichen Egalisierungsspachtelung liegt gegenüber zementhaltigen Feinmörtelschichten darin, dass keinerlei Anreicherungen von Bindemitteln auftreten. Beeinträchtigungen der Haftung von Folgeschichten durch minderfeste Sinterschichten sind ausgeschossen. Untergrundvorbehandlungen, wie Kratz-, Füll- und Egalisierungsspachtelungen, erfolgen immer vor dem Auftrag der ersten Abdichtungslage und bilden nicht selbst eine Abdichtungslage. Ausrundungen am Wand-Sohlenanschluss oder vertikale Innenecken können durch Zugabe ofengetrockneten Hartquarzmaterials in geeigneter Rezeptur auf trockenen Untergründen ausgeführt werden.

Der Abdichtungsuntergrund muss frei von Graten und scharfkantigen Unebenheiten sein. Außenecken sind zu fasen, unter 45 Grad abzutragen oder zu brechen, damit die Abdichtung in gleichmäßiger Schichtdicke aufgetragen werden kann und zum späteren

Zeitpunkt der Baugrubenverfüllung durch den Erddruck die Außenecke nicht rückseitig in die Abdichtungsmembran einschneidet. Innenecken werden als Kehlen mit geeigneten Dichtungsmörteln mit einem Radius von ca. 4 bis 6 cm ausgebildet.

Bild 76 Vorbereiteter Fußpunktbereich (Quelle: BWD Bauwerksabdichtung, Zernin)

Für die schadensfreie Durchtrocknung von FPD ist es wichtig, dass keine Schichtdickenschwankungen vorliegen und Schwachstellen wie z. B. Fehlstellen durch den zweilagigen Auftrag ausgeschlossen werden. Weiterführende ausführungstechnische Hinweise für die Behandlung des Untergrundes geben die vorab genannten Ausführungshinweise für PMBC-Abdichtungen.

6.10.2 Grundierungen/Haftbrücken

Mineralische Untergründe werden in der Regel grundiert. Neben der Bindung von Staubpartikeln können eingesetzte Grundierungen die Oberfläche verfestigen. Wechselnde mineralische Untergründe erhalten eine gleichmäßige Saugfähigkeit. Die Grundierung richtet sich in Material und Anwendung nach dem Untergrund. Art, Saugfähigkeit, Feuchtigkeit und vorhandene bituminöse Altabdichtungen entscheiden über die vorbereitenden Maßnahmen. Mit der Vorbehandlung der Bauteiloberfläche soll ein Zustand des Untergrundes erreicht werden, der einen dauerhaften Verbund der Beschichtungen sicherstellt. Auch hier gilt, dass den Herstellerangaben Folge zu leisten ist.

Bild 77 Altanstrichsystem – Teer oder Bitumen?

6.10.3 Vorteil Haftung

Das Verbundverhalten von MDS wird auf mineralischem Untergrund durch die Haftzugfestigkeit ermittelt. Für rissüberbrückende oder nicht rissüberbrückende MDS wird nach den Prüfgrundsätzen für Mineralische Dichtungsschlämmen (PG MDS) des Deutschen Institutes für Bautechnik DIBt) ein Wert >0,5 N/mm² gefordert. Analog der Prüfgrundsätze für die Erteilung von allgemeinen bauaufsichtlichen Prüfzeugnissen für mineralische Dichtschlämmen wird die Haftzugfestigkeit nach 28 Tagen Trocknungszeit überprüft. Die Haftung zum Untergrund kunststoffmodifizierter Bitumendickbeschichtungen liegt erfahrungsgemäß deutlich unterhalb des geforderten Wertes für mineralische Dichtschlämmen. Überprüfungen des Verbundverhaltens auf Betonprüfplatten wiesen deutlich >0,5 N/mm² < 1 N/mm² Haftzugfestigkeit dieser FPD auf. Beachtenswert sind auch die Arten der Bruchbilder. Fast überall liegt ein vollständiger Kohäsionsbruch vor, d.h. ein Bruch innerhalb der Abdichtungsschichten untereinander.

6.10.4 Zwischenabdichtung

Wenn mit Rückdurchfeuchtungen gerechnet werden muss, ist eine systemverträgliche Zwischenabdichtung aus (starrer) nicht rissüberbrückender mineralischer Dichtschlämme auf das abzudichtende Bauteil aufzutragen. Im Wand-Sohlenanschluss des Fundamentbereiches muss mit erhöhter rückseitiger Feuchtigkeitsbelastung auf die frisch aufgetragene Abdichtungsmembran gerechnet werden. Es empfiehlt sich bei Streifenfundamenten und auf der Stirnseite einer eventuell vorhandenen Bodenplatte eine Zwischenabdichtung aufzubringen. Im Bereich der aufgehenden Wand ist diese >25 cm über die Horizontalsperre hinaus als Zwischenabdichtung aufzubringen. Für die Ausführung des Hinterfeuchtungsschutzes ist der Untergrund wie zuvor beschrieben vorzubereiten.

6.10.5 Überarbeitung von Altbeschichtungen

Sollten auf der abzudichtenden Fläche bitumenhaltige Altabdichtungen vorhanden sein, sind diese vor Beginn der Abdichtungsarbeiten in Art und Beschaffenheit zu überprüfen. Bahnenförmige Abdichtungsstoffe sind vollflächig zu entfernen. Restanhaftungen bitumenhaltiger Altabdichtung können nur auf dem Untergrund verbleiben, wenn sie fest haften und mit der FPD-Abdichtung verträglich sind.

Mit vollflächiger Reinigung des Abdichtungsuntergrundes werden nichthaftende Bestandteile der Altabdichtung entfernt. Die vorhandene Altabdichtung wird mechanisch gereinigt und mit einer herstellerspezifischen Haftbrücke versehen. Die Haftbrücke zwischen der FPD-Abdichtung zu bituminösen Altabdichtungen wird aus einer Haftbrücke aus der FPD-Abdichtung selbst vorgenommen. Nach Durchtrocknung dieser als Kratzspachtelung aufgetragenen, dünnschichtigen Haftbrücke ist deren Haftverbund zur Altabdichtung zu prüfen. Die nachträgliche Bauwerksabdichtung erdberührter Bauteile auf vorhandenen kunststoffmodifizierten Bitumendickbeschichtungen/Bitumenaltanstrichen wird nach Durchtrocknung der Kontaktbrücke mit mindestens zwei Abdichtungslagen ausgeführt. Die vorangegangene Kratzspachtelung zählt nicht als Abdichtungslage.

Bild 78 FPD-Haftbrücke auf Altbitumen (Quelle: Braun Bauwerksabdichtung, Weingarten)

Bild 79 Durchtrocknungs-/Haftungskontrolle der FPD-Haftbrücke (Quelle: Braun Bauwerksabdichtung, Weingarten)

Sollte es sich bei der vorhandenen Abdichtung um ein teerhaltiges Anstrichsystem handeln, muss dieses für Abdichtungen aus PMBC vollständig entfernt und fachgerecht entsorgt werden. Teeranstriche als Untergrund für FPD sind objektbezogen zu prüfen. Den Herstellerempfehlungen ist in diesem Falle unbedingt Folge zu leisten. Die Materialverträglichkeit und Verbundhaftung sollte bauseits geprüft werden.

Referenzflächen können wie folgt ausgeführt werden:

- Reinigung des Untergrundes von haftungsmindernden Bestandteilen,
- porenfreie Kratz-/Füllspachtelung mit FPD,
- nach Durchtrocknung der Kontaktschicht, frühestens am Folgetag,
- Auftrag der 1. Lage der FPD-Abdichtung und mittiger Einarbeitung einer Verstärkungseinlage, Schichtdicke ca. 3 mm; die Verstärkungseinlage, vorteilhaft ist ein grobmaschiges Glasseidengitter/-gewebe, sollte >10 cm über die Musterfläche hinausragen,
- nach Durchtrocknung der 1. Abdichtungslage, frühestens am Folgetag nach 24 Stunden, ist die 2. Lage FPD aufzutragen; Schichtdicke <2 mm,
- an den freien Enden kann dann nach vollständiger Durchtrocknung der 2. Abdichtungslage die manuelle Haftzugprüfung durch Zerren am Gitter durchgeführt werden,
- die flächige Haftung ist gegeben, wenn die Trennung zwischen den Lagen erfolgt; reißt das Gewebe auch die Abdichtungsschicht vom Untergrund ab, ist die Altabdichtung vom Untergrund, wie zuvor beschrieben, vollflächig zu entfernen.

Bild 80 Flächige FPD-Haftbrücke auf Teer (Quelle: Braun Bauwerksabdichtung, Weingarten)

Die nachträgliche Bauwerksabdichtung erdberührter Bauteile auf vorhandenen Bitumendickbeschichtungen/Bitumenanstrichen oder teerhaltigen Abdichtungen wird nach Durchtrocknung der porenfrei aufgetragen Kontaktbrücke in mindestens zwei Abdichtungslagen ausgeführt. Die Kratzspachtelung zählt nicht als Abdichtungslage.

Es ist sicherzustellen, dass es zu keiner Funktionseinschränkung gegenüber einem Abdichtungssystem auf mineralischem Untergrund kommt. Referenzflächen können Aufschluss geben. Ist die Verträglichkeit der Abdichtungsstoffe untereinander nicht gegeben, sollte eine Untergrundreinigung mittels Strahlen mit festem Strahlgut oder Trockeneis-Strahlen erfolgen. Weitere Vorbehandlungen und der Aufbau des darauf aufzubringenden Abdichtungssystems sind nach Herstellerangaben auszuführen.

6.10.6 Verarbeitung

Die Bauteil-, Luft- und Umgebungstemperatur sollte für FPD-Abdichtungen >5 °C betragen. Die Flächenabdichtung erfolgt nach Aufbereitung beider Komponenten. Den produktspezifischen Hinweisen zum Aufbereiten/Mischen des Materials und den Verarbeitungsanleitungen aus den technischen Datenblättern ist Folge zu leisten. Die nachträgliche Abdichtung wird immer in mindestens zwei Arbeitsgängen/Aufträgen ausgeführt. Der Auftrag kann im Streich-, Spachtel- oder Spritzverfahren erfolgen. Systembedingte Abtrocknungszeiten sind als Wartezeit einzuhalten. Die Abdichtungsausführung kann selbst auf unebenen, verschlichteten Untergründen mit dem Maurerquast erfolgen. Die Applikation in Dichtstromförderung mit Luftzerstäubung ist mit geeigneter Spritzmaschinentechnik möglich. Eine Verstärkungseinlage ist anwendungsbedingt und/oder durch die Art der Wasserbeanspruchung teil- oder vollflächig in die 1. Abdichtungslage einzubauen. Die Verstärkungseinlage dient zur Sicherstellung einer zweilagigen Ausführung und mit hohlraumfreier Verlegung zur Gewährleistung der Mindestschichtdicke.

Bild 81 FPD-Auftrag mittels Schichtdickenkelle (Quelle: BWD Bauwerksabdichtung, Zernin)

Für den Auftrag von FPD-Abdichtungen dürfen nach Herstellerangaben saugfähige Untergründe mattfeucht sein, d.h. der Untergrund muss noch über eine Restsaugfähigkeit verfügen und die Kapillarporen dürfen nicht mit Wasser gesättigt sein. In Zweifelsfällen empfiehlt es sich nach der Grundierung eine Kratzspachtelung als Haftbrücke vorab aufzutragen oder mit nicht rissüberbrückenden mineralischen Dichtungschlämmen eine Zwischenabdichtung aufzutragen. Fugenverstärkungen mit Dichtungsfolien oder PVC-Fugenbänder sind herstellerabhängig und bei Bedarf und Anwendungsfall in die 1. Abdichtungslage der Reaktivabdichtung einzubauen. Der folgende Arbeitsgang erfolgt, nachdem der vorangegangene ausreichend widerstandsfähig ist und nicht mehr beschädigt werden kann. Schwankungen der Schichtdicke infolge handwerklicher Ausführung sollten an keiner Stelle auftreten bzw. sollte die geforderte Frischschichtdicke nicht unterschritten werden. Die Nassschichtdicke sollte an keiner Stelle um mehr als 100 % überschritten werden, um ein gleichmäßiges Durchtrocknen zu gewährleisten und um Rissbildung der oberen Abdichtungshaut zu vermeiden. Da die physikalische der reaktiven Trocknung vorangeht, können Spannungen der auftrocknenden oberen Schicht nicht auf die untere noch frische abgetragen werden. Rissbildungen können bei nicht gleichverlaufenden Trocknungsbedingungen auftreten.

Bild 82 Eindichtung der Durchdringung mit FPD (Quelle: Schleiff Bauflächentechnik GmbH & Co. KG, Erkelenz)

6.10.7 Mindesttrockenschichtdicke

Die Mindesttrockenschichtdicke ist vor dem Anfüllen des Erdreiches und Verfüllung der Baugrube sicherzustellen. Entsprechend der Wasserbeanspruchung beträgt die Mindesttrockenschichtdicke im Anwendungsbereich vergleichbar einer PMBC 3 bzw. 4 mm. Entsprechender Nassschichtdickenauftrag ist nach Herstellervorgabe hierfür zu berücksichtigen.

Bild 83 FPD-Haftungs- und Durchtrocknungsprüfung (Quelle: BWD Bauwerksabdichtung, Zernin)

Im Anwendungsbereich als mineralischer Dichtschlämme beträgt die Mindesttrockenschichtdicke nach MDS-Richtlinie und WTA-Merkblatt 4-6 als Abdichtung gegen Bodenfeuchte/nichtdrückendes Wasser >2 mm und als Abdichtung gegen Druckwasser >3 mm.

Unter ständiger Lasteinwirkung, wie z. B. Erd- oder Wasserdruck, findet die lastabhängige Reduzierung der Trockenschichtdicke nicht oder abgeschwächt wie bei einer PMBC-Abdichtung statt. Die FPD hingegen weist eine deutlich höhere Widerstandsfähigkeit gegenüber Druck und Komprimierung auf, da andere Füllstofftechnologien als bei PMBC verwendet werden. Die Eignung als Querschnittsabdichtung in und unter Mauerwerk wird ebenso mit Prüfzeugnis ausgewiesen. Die reaktiv abbindenden, flüssig zu verarbeitenden FPD vereinen die bauseitigen Anforderungen und Prüfgrundsätze durch ihre Verarbeitungs- und Festmörteleigenschaften. Witterungsunabhängige Durchtrocknung, hohe Haftzug- und Druckfestigkeitswerte sowie frühzeitige Druckwasserbelastung zeichnen diese zukunftsweisenden Bauwerksabdichtungen mit exzellenten Verarbeitungseigenschaften aus. Durch innovativ kombinierte Bindemittelsysteme wird die Durchtrocknungseigenschaft der Abdichtungslagen mit herausragender Zwischenhaftung erreicht. Dieses hervorragende Haftungsspektrum wird auf unterschiedlichsten Untergründen durch reaktive Oberflächenvernetzung erreicht.

6.11 Abdichtungen aus WU-Beton

Nachträgliche Bauwerksabdichtungen aus Beton mit hohem Wassereindringwiderstand sind nach der WU-Richtlinie des DAfStb zu konzipieren und auszuführen.

6.12 Schutzmaßnahmen und Schutzschichten

Schutzmaßnahmen müssen die frisch aufgebrachte Abdichtungsmembrane vor witterungsbedingten Feuchtigkeitseinwirkungen oder vorzeitiger Wasserbelastung schützen und die Durchtrocknung der nachträglichen Bauwerksabdichtung störungsfrei ermöglichen.

Bild 84 Einhausen der Baugrube (Quelle: BWD Bauwerksabdichtung, Zernin)

Bild 85 Umluft mittels Ventilator (Quelle: BWD Bauwerksabdichtung, Zernin)

Schutzschichten haben die Aufgabe, Bauwerksabdichtungen im Bestand dauerhaft vor schädigenden Einflüssen und Belastungen zu schützen. Sie können gleichzeitig auch Nutzschichten für das Bauwerk darstellen. Schutzschichten werden erst nach vollständiger Durchtrocknung der flüssig aufgetragenen Abdichtung aufgebracht. Als Nutzschichten können sie neben wärmedämmenden ebenso Dränfunktionen übernehmen.

Bild 86 Einstanzungen in die PMBC-Schicht durch einlagige Noppenbahn

6.13 Perimeterdämmung

Bei unbeheizten Kellerräumen oder bei niedrigen Innentemperaturen muss durch Einhaltung des Mindestwärmeschutzes verhindert werden, dass sich an kalten Kellerwänden Tauwasser bildet. Bei beheizten Räumen muss die geltende EnEV berücksichtigt werden. Ist nach der Sanierung des Altbaus eine hochwertige Nutzung der Kellerräume vorgesehen, muss eine Perimeterdämmung aufgebracht werden.

Bild 87 Perimeter-Schaumglasdämmung (Quelle: Daniel Buchberger, Bergkirchen)

Als Perimeterdämmung wird die Wärmedämmung von Bauteilen bezeichnet, die Kontakt zum Erdreich hat. Neben der dauerhaften Beständigkeit ist sie verrottungsfest und weist für den Einsatz als erdberührte Dämmung Eigenschaften wie hohe Feuchte- und Druckwiderstandsfähigkeit auf. Prinzipiell müssen wärmedämmende Schutzschichten mit der nachträglichen Bauwerksabdichtung verträglich sein. Es ist darauf zu achten, dass keine Punkt- und Linienlasten auftreten. Sollten Schutz-, Drän-, Wärmedämm- oder Kombinationsplatten zur Anwendung kommen, müssen diese formstabil, eng gestoßen und fest auf dem geschützten Fundamentvorsprung aufstehen.

Werden zugelassene Perimeterdämmplatten z. B. aus extrudiertem Polystyrol eingesetzt, so sind diese lastfallabhängig, bei Bodenfeuchte/nicht stauendem Sickerwasser punktförmig und bei aufstauendem/drückendem Wasser vollflächig auf der vollständig durchgetrockneten Flächenabdichtung mit geeignetem Kleber zu verkleben. Die vollflächige Verklebung hat die Aufgabe, fließendes Wasser hinter der Perimeterdämmplatte und einen daraus resultierenden unkontrollierten Wärmeabfluss zu vermeiden. Diese Forderung ist Bestandteil der jeweiligen Zulassungen der Perimeterdämmplatten, z. B. aus XPS. Die Perimeterdämmplatten werden mit geeigneten Klebern auf den abgedichteten Wandflächen dicht gestoßen und mit versetzten Fugen im Verband verlegt. Kreuzstöße sind zu vermeiden.

Wasserbeanspruchung nach DIN 18533	Verklebung		
	teilflächig	vollflächig	Plattenstöße
Unbeheizte Kellerräume/Nutzkeller[1]			
Bodenfeuchte/nichtdrückendes Wasser	geeignet		
drückendes Wasser	geeignet		
Beheizte / hochwertig genutzte[2] Kellerräume			
Bodenfeuchte/nichtdrückendes Wasser	geeignet		
drückendes Wasser		geeignet	geeignet[3]

Anmerkungen:
1 Platten sind nur Schutzschicht der erdberührten Bauwerksabdichtung.
2 Platten sind Schutzschicht und Wärmedämmung. Eine bauaufsichtliche Zulassung ist erforderlich.
3 Verklebung der Plattenstöße:
Bei Stufenfalz: Kanten anspachteln und ineinander drücken.
Bei stumpfen Stößen: Kanten anspachteln und aneinander drücken.

Tabelle 13 Verklebung von Schutz- und Wärmedämmplatten bei nachträglichen Außenabdichtungen [5]

Kleber ist im Regelfall immer die zur Abdichtung verwendete zweikomponentige PMBC/FPD. Die Verklebung dient als Montagehilfe. Mit dieser Maßnahme sollen Perimeterdämmplatten beim Verfüllen des Arbeitsraumes gegen unbeabsichtigtes Verschieben und Verrutschen gesichert werden. Zur Vermeidung von Wärmebrücken sind Platten mit Stufenfalz geeignet. Die Dämmschicht sorgt für den Wärmeschutz der Konstruktion und schützt die Bauwerksabdichtung vor mechanischen Einwirkungen. Beim Verkleben der Dämmplatten ist darauf zu achten, dass die Dämmplatten nicht die Abdichtung beschädigen.

Schutzschichten haben ebenfalls die Aufgabe, Bewegungen, die beim Verfüllen der Baugrube oder aus dem Erdreich auftreten, nicht über die Schutzschicht vor der Abdichtung abzuleiten. Geeignet sind bahnenförmige, vlieskaschierte Schutzmatten aus Kunststoff, die neben der Schutzwirkung eine filterstabile Dränmatte nach DIN 4095 darstellen. Sie besitzen auf der Unterseite, d. h. auf der der Abdichtung zugewandten Seite, eine Gleit- bzw. Lastverteilungsschicht, die eine Beschädigung der Abdichtung verhindert.

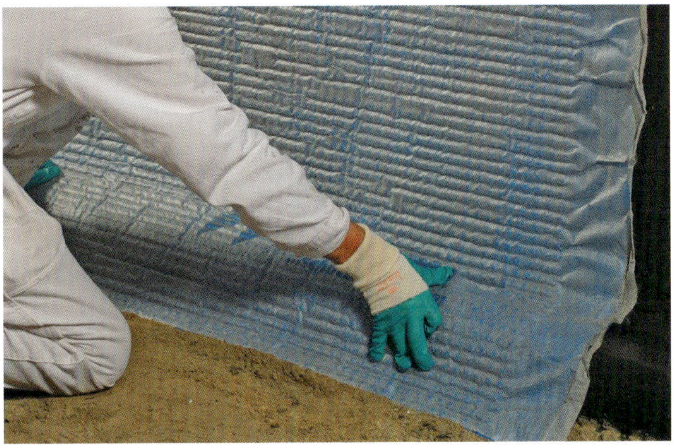

Bild 88 Dreiteilige Drän- und Schutzmatte (Quelle: Remmers GmbH, Löningen)

6.14 Instandsetzungen des Fassadensockels

Die Sanierung des Sockelbereichs ist generell nach dem WTA-Merkblatt E-4-9 zu planen. Der durch Spritzwasser belastete Anschlussbereich zum Gebäude-/Fassadensockel ist >30 cm über Oberkante Geländeführung und >20 cm unterhalb Terrain abzudichten. Die Abdichtung wird im Regelfall mit MDS oder FPD ausgeführt. Die Trockenschichtdicke beträgt >2 mm für die Wasserbeanspruchung. Vorteil dieser dünnschichtigen Flächenabdichtungen ist, dass sie mit geeigneten Sockelputzen als Schutzschicht überputzt werden können. Die Sockelabdichtung wird im erdberührten Bereich >10 cm mit der erdberührten Bauwerksabdichtung überlappt. Oberkante Terrain kann zwecks Haftung die Oberfläche mit mineralischer Haftbrücke in Kammzugtechnik oder mit vollflächig aufgetragenem Haftspritzbewurf als Träger des Sockelputzes vorbereitet werden. Es gilt bei verputzten Sockeln zu berücksichtigen, dass ausschließlich wasserabweisender oder speziell ausgelobter Sockelputz auf der mineralischen Abdichtung zum Einsatz kommt.

Wasserabweisende Sockelputze können im Einbindebereich zum Erdreich kapillar Wasser saugen. Das verwendete Sockelputzsystem, bestehend aus Unter- und Oberputz und Deckschichten aus Feinmörtel und Anstrichsystem, ist bis unmittelbar oberhalb der Geländeoberfläche >5 cm hoch, durch eine weitere Abdichtungsschicht an der Putzkante abdichtend zu beschichten. Diese Putzabdichtung schützt vor kapillarem Saugen des Sockelputzes. Durch eine weitere Schutzschicht wird das Sockelsystem vor dem unmittelbaren Kontakt mit dem Erdreich geschützt.

Bild 89 Sockelputz mit Sanierputz-WTA und Putzabdichtung (Quelle: AMS GmbH, Niedere Börde)

Sanierputze-WTA sind aufgrund ihrer Festmörteleigenschaften im Sockelbereich anwendbar. Der unmittelbare Kontakt zum Erdreich muss durch geeignete Maßnahmen, wie z. B. Kellenschnitt oder Putzabdichtung, unterbunden werden.

6.15 Flankierende Maßnahmen

Die Gebrauchstauglichkeit nachträglicher Bauwerksabdichtungen ist abhängig von den objektbezogenen, flankierenden Maßnahmen. Die Berücksichtigung der

- fachspezifischen Planung,
- Auswahl zertifizierter Produktsysteme,
- qualifizierten Ausführung durch Fachunternehmer,
- Maßnahmen zur Qualitätssicherung

trägt maßgeblich zu Erfolg und Dauerhaftigkeit der Bauwerksabdichtung im Bestand bei.

6.15.1 Maßnahmen gegen Schadsalze

Je nach Versalzungsgrad kann es durch die Austrocknung des Wandbildners zum Auskristallisieren von Salzen auf Bauteiloberflächen kommen. Je nach vorgesehener Nutzung ergänzt man auf der Kellerinnenseite die Sanierung der Bauwerksabdichtung mit einem Sanierputzsystem-WTA.

Sanierputzsysteme-WTA werden zum Verputz von feuchte- und/oder salzgeschädigten Mauerwerken, untergrund- oder versalzungsgradabhängig, ein- oder zweilagig im Innen- und Außenbereich eingesetzt. Baustoffschädigende Salze werden schadfrei im Putzquerschnitt eingelagert, ohne die Feuchtigkeitsdiffusion einzuschränken oder zu unterbinden.

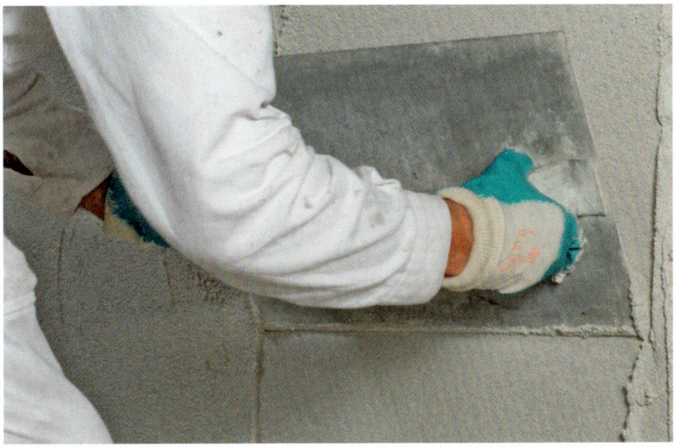

Bild 90 Raumseitiger Verputz mit Sanierputz-WTA (Quelle: Remmers GmbH, Löningen)

Folgende Maßnahmen gilt es bei erhöhter Schadsalzbelastung auf der Oberfläche der raumseitigen Kelleraußenwand oder im Fassaden-/Sockelbereich zu ergreifen:

- Klärung der Feuchtigkeitsursache,
- Feststellung bautechnischer Kennwerte,
- Bestimmung der wasserlöslichen Salze und Schadsalzgehalte,
- Beurteilung der Art und des Zustandes des Putzuntergrundes,
- mineralische Abdichtung des Wandfußpunktes gegen die Wasserbeanspruchung Spritzwasser, vergleichbar Bodenfeuchte mit >2 mm Trockenschichtdicke,
- Verputz mit Sanierputzsystem-WTA nach vorangegangener Bestimmung und
- Bewertung des Versalzungsgrades.

Im Sockelbereich ist die Putzabdichtung im Übergangsbereich zum Erdreich zusätzlich vorzusehen.

6.15.2 Maßnahmen gegen hygroskopische Feuchte

Ist nach Bewertung der Feuchte- und Salzbilanz die Belastung des Wandbildners vollflächig auf das hygroskopische Verhalten von bauschädlichen Salzen zurückzuführen, ist keine Abdichtung, sondern nach dem Stand der Technik ein Sanierputzsystem-WTA auszuführen.

6.15.3 Maßnahmen gegen kapillar aufsteigende Feuchtigkeit im Mauerquerschnitt

»Für die Gesamtfunktionsfähigkeit eines Abdichtungssystems kann eine geeignete dauerhafte Anbindung der Abdichtung an eine funktionsfähige Horizontalsperre gegen kapillar aufsteigende Feuchte erforderlich sein. Bei fehlender oder schadhafter Horizontalsperre ist eine nachträgliche Horizontalsperre zu planen und herzustellen.« [5]

Nachträgliche Abdichtungen des Mauerquerschnitts haben das Ziel, oberhalb der Horizontalsperre die Ausgleichsfeuchte des Wandbildners zu erreichen. Der Erfolg dieser Maßnahmen gegen kapillare Feuchtigkeit ist neben der sachgerechten Planung und Verfahrenstechnik abhängig von der fachgerechten Ausführung.

Die Anwendungsbereiche nachträglicher Querschnittsabdichtungen von Mauerwerken sind:

- oberhalb Terrain, in Höhe des Spritzwasserschutzes,
- Kelleraußenwände oberhalb des höchsten Bemessungswasserstandes,
- Kellerinnenwände oberhalb des Fußpunktes,
- im Bereich des Dichtungsendes raumseitig aufgebrachter mineralischer Innenabdichtungen.

Mechanische Horizontalsperren

Durch den Einbau von mechanischen Horizontalsperren nach WTA-Merkblatt 4-7 erfolgt immer eine Trennung des kapillaren Porenraums im Mauerwerk. Die Trennung führt zu einem durchgehenden Spalt, in den eine kapillar inaktive Schicht eingelegt und damit der Hohlraum wieder verschlossen wird.

Mechanische horizontale Sperren sind in Grundmauerwänden in Höhe des Fertigfußbodens und >30 cm oberhalb des höchsten anzunehmenden Grundwasserstandes (HGW) anzuordnen. Es wird in ein- und mehrstufige Verfahren unterschieden.

Ziel	Erneuerung oder Herstellung der horizontalen Abdichtung			
Wirkprinzip	Sperrung des Feuchtetransportes			
Variante	Maueraustauschverfahren	Blech-Einschlagverfahren	Schneide- und Sägeverfahren	Kernbohrverfahren

Tabelle 14 Verfahrensübersicht nachträglicher mechanischer Horizontalsperren

Bild 91 Edelstahlriffelblech (Quelle: Lorenz Andresen Sanierungstechnik, Handewitt)

Durch die Planung sind objektbezogen Parameter festzulegen:
- Verfahrenstechnik,
- Baustoffe,
- Lage des Sperrhorizonts.

Bild 92 Seilsägeverfahren (Quelle: adicon Gesellschaft für Bauwerksabdichtungen mbH, Rödermark)

Entsprechend dem Verfahren sind die allgemein gültigen Anforderungen an den Arbeitsraum und die verfahrenstechnischen Zugangsbreiten zu berücksichtigen. Mindesthöhen der Sperrebenen oberhalb des Bodens, die Sicherung im Bereich der Stöße und das geeignete Verfüllmaterial der Arbeitsfuge sind zu planen.

Der nachträgliche Einbau einer mechanischen Horizontalsperre stellt einen Eingriff in das Tragwerk dar. Es empfiehlt sich, einen Tragwerksplaner hinsichtlich der statischen Beurteilung des Bau- und Endzustandes hinzuzuziehen.

Mauerwerksinjektionen mit zertifizierten Injektionsstoffen gegen kapillare Feuchtigkeit

Drucklos unter Verwendung von Vorratsbehältern und nach dem Schwerkraftprinzip tränkend, unter stetigem Impuls oder im niederen Druckbereich auf das Bauteil abgestimmt, werden zertifizierte Injektionsstoffe nach WTA-Merkblatt E-4-10 über Bohrkanäle in das Mauerwerk eingebracht.

Die folgenden Ergebnisse der Bauwerksdiagnostik bezüglich
- Art und Konstruktion des Mauerwerks,
- Regelquerschnitte, Verband, Geometrie,
- Homogenität, Klüftigkeit, Mehrschaligkeit, ggf. Festigkeit,
- Standsicherheit und Durchfeuchtungsgrad (DFG) des Wandbildners in der Injektionszone

sind nicht nur Parameter der Qualitätskontrolle, sondern dienen der Auswahl des Injektionsstoffes und der zugehörigen Injektions- bzw. Verfahrenstechnik.

Bild 93 Bohrlochkette in erdberührter Außenwand

Vorbereitende Maßnahmen, wie Verdämmung der Injektionszone mittels Dichtspachtel oder Dichtschlämme, Vortrocknung oder Aufheizung sowie Hohlraumverfüllung im Mauerwerksquerschnitt mit baustoffverträglicher Zementsuspension, beugen unkontrolliertem Abfluss des Injektionsstoffes vor.

Die Injektion von Mauerwerken erfolgt über Bohrkanäle. Die Bohrungen sind erschütterungsfrei mit geeigneter Bohrtechnik auszuführen. Die Bohrkanäle sind mit ölfreier Druckluft auszublasen. Der Bohrlochdurchmesser und Neigungswinkel sind entsprechend der Verfahrenstechnik zu wählen. Die Bohrungen erfolgen annähernd waagerecht im widerstandsfähigen Fugnetz des Mauerwerks oder vornehmlich im Stein für das Druckverfahren. Generell geneigt gebohrt wird für das Bohrlochtränkverfahren. Das Kreuzen mindestens einer Lagerfuge bei geringem oder mehreren bei größeren Mauerwerksdicken ist empfehlenswert.

Die Tiefe der Bohrung ist abhängig von der Verfahrenstechnik. Im Allgemeinen gilt es, den Anstellwinkel der Bohrung so zu wählen, dass mindestens 5 cm des Mauerwerksquerschnittes beim drucklosen Verfahren verbleiben. Der empfehlenswerte Achsabstand der Bohrungen beträgt <12,5 cm, mittig Bohrloch gemessen. Wird eine zweite Bohrlochkette, z. B. bei höherem Durchfeuchtungsgrad verfahrensbedingt oder bei Mauerwerksdicken <60 cm, angeordnet, beträgt der Achsabstand der Bohrlochketten untereinander maximal 8 cm; der Bohrlochabstand ist dann mit 20 bis 25 cm auszuführen. Bei zweireihigen Bohrlochketten ist die untere Bohrlochreihe zuerst zu befüllen.

Durch Vorratsgefäße wird beim drucklosen Bohrlochtränkverfahren sichergestellt, dass im Rahmen der Verarbeitungszeit die Tränkung des Mauerwerks mit Injektionsstoff konstant vorgenommen wird. Bei cremeförmigen Injektionsstoffen stellt das Bohrloch in homogenen Mauerwerken das Reservoir für den Injektionsstoff dar.

Bild 94 Sichtbare Wirkzone des Injektionsstoffes (Quelle: Lorenz Andresen Sanierungstechnik, Handewitt)

Niederdruckverfahren ermöglichen durch Einpressung des Injektionsstoffes und Druckvorhaltung, Porenräume zu füllen, die kapillar nicht zugänglich sind. Die Anwendung dieser Verfahrenstechnik muss bei erhöhten kapillaren Durchfeuchtungsgraden verfahrensbedingt mehrstufig durchgeführt werden, um Kapillarwasser zu verdrängen und den Mauerwerksquerschnitt mit Wirkstoff ausreichend zu tränken. Voraussetzung für einen Druckaufbau und Verdrängung von Porenwasser im Bauteilquerschnitt ist Riss- und Hohlraumverfüllung mit geeigneter, schwindkompensierter und baustoffverträglicher Zementsuspension.

Die Vorabverpressung mit diesem verpressfähigen Mörtel erfolgt nach Anfeuchtung des Bohrkanals unter niedrigem stetigem Druck. Die Wirkstoffverpressung erfolgt über geeignete Maschinentechnik durch mehrfach nutzbare oder Einweginjektoren oder durch Einfüllstutzen mit integriertem Rückschlagventil. Diese Packertechnik ermöglicht gefahrloses Abtrennen von Packer- und Pumpentechnik für den Ausführenden und beugt unkontrolliertem Wirkstoffabfluss vor.

Die Tränk-/Druckinjektionszeit wird so lange vorgehalten bis sichtbar eine gleichmäßige Wirkzone erreicht ist. Nach Beendigung der Injektionsarbeiten erfolgt der Bohrkanalverschluss mit baustoffverträglicher und schwindkompensierter Zementsuspension. Kunststoffpacker können im Mauerwerk verbleiben, Stahlpacker werden demontiert, der Verschluss der Bohrkanäle erfolgt mit geeignetem Dichtungsmörtel.

Empfehlung: Kontrolle des Injektionsstoffverbrauches protokollieren.

Durch sättigende Tränkung des Wandbildners und homogene Verteilung im Mauerwerksquerschnitt erfolgt die Wirkung des Injektionsstoffes nach Trocknung/Erhärtung dieser kapillarverstopfend, -verengend oder -hydrophobierend oder mit kombinierter Wirkweise kapillarverengend und hydrophobierend.

Bild 95 Niederdruckinjektion (Quelle: Remmers GmbH, Löningen)

6.15.4 Trocknung durchfeuchteter Bauteile

Nach dem Auftrag einer nachträglichen Außenabdichtung benötigen durchfeuchtete Grundmauern ohne

> *»zusätzliche technische Trocknungsmaßnahmen einen mehrjährigen Zeitraum, um die Ausgleichsfeuchte zu erreichen.*
>
> *Der Austrocknungszeitraum und der minimal zu erreichende Durchfeuchtungsgrad wird sowohl vom Bauteil (Abmessung, Baustoff, Durchfeuchtungsgrad, Versalzung) sowie von den raumklimatischen Verhältnissen und der Nutzung beeinflusst. Ebenso wirken sich Anstriche und Bekleidungen auf der inneren Wandseite der abgedichteten Wandflächen trocknungsverzögernd aus. Durch technische Trocknungsmaßnahmen (Luftentfeuchtung/Ventilatoren/Bauteilaufheizung etc.) bzw. durch ein gezieltes Heizen und Lüften kann die Austrocknung eines Bauteils beschleunigt werden.*
>
> *Bis zum Erreichen der Ausgleichsfeuchte gemäß WTA-Merkblatt 4-5-99/D* ***Mauerwerksdiagnostik*** *in Abhängigkeit von der Nutzung und dem bestehenden Raumklima kann es zu Innenkondensation und den damit verbundenen Folgeproblemen (z. B. Schimmelpilzbildung) auf der Bauteiloberfläche kommen.*
>
> *Die Gefahr von Tauwasserbildung kann durch zusätzliche Maßnahmen wie eine möglichst nutzerunabhängige Klimatisierung (z. B. gesteuerte Lüftung), eine tauwasserpuffernde Oberflächenausbildung (z. B. entsprechende sorptive Putze, Platten, Beschichtungen) und eine angepasste Möblierung (Beachtung von Wandabstand, Materialbeschaffenheit) verhindert bzw. minimiert werden.«* [5]

6.15.5 Verputz von feuchten und durch Schadsalz belasteten Wandoberflächen

Für den raumseitigen Verputz der Wandoberflächen von Kelleraußen- und Innenwänden haben sich Sanierputze-WTA bewährt. Diese Spezialputze sind porenhydrophob und besitzen eine sehr hohe Wasserdampfdiffusionsfähigkeit bei gleichzeitiger verminderter kapillarer Leitfähigkeit. Sanierputze-WTA haben die Funktion, Salze, die sich im Zuge des Austrocknungsprozesses des Mauerwerks im Porenraum des Putzquerschnitts lösen, schadfrei einzulagern.

Mauerwerk mit geringer Salzbelastung kann mit einem einlagig ausgeführten Sanierputzmörtel verputzt werden. Bei hohen Salzgehalten empfiehlt sich die Verwendung eines Sanierputzsystems, bestehend aus dem Haftspritzmörtel Porengrund- und Sanierputz.

Bei Unebenheiten und erhöhter Schadsalzbelastung dient der Porengrundputz zum Ausgleich und als Salzspeicher >10 mm Mindestschichtdicke. Die Gesamtdicke dieses Putzsystems, bestehend aus Porengrundputz-WTA und Sanierputz-WTA, beträgt mindestens 25 mm. In diesem zweilagigen Putzsystem darf die Dicke des Sanierputzmörtels auf 15 mm vermindert werden.

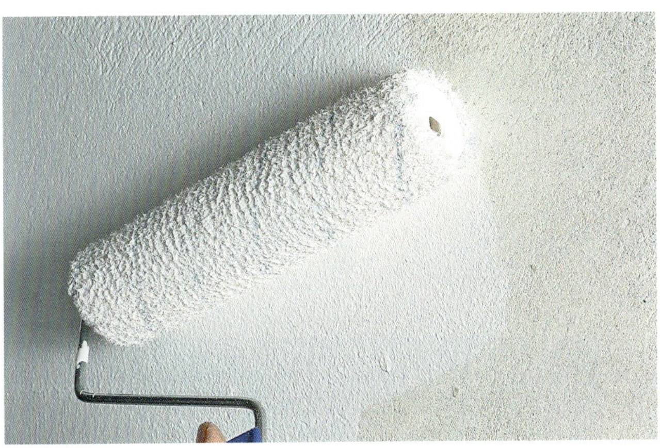

Bild 96 Oberflächenbehandlung mit Sanierputz und geeigneter Farbe

Für die allgemeine Austrocknungszeit gilt ein Tag je mm Putzdicke als Richtwert. Zwecks Oberflächengestaltung kann der Sanierputz-WTA mit einem Oberputz beschichtet und/oder geeignetem Farbanstrich behandelt werden. Diese Deckschichten dürfen die Wasserdampfdiffusion des Sanierputzsystems nicht beeinträchtigen.

Weitere Anforderungen an Sanierputze-WTA, Planungshinweise und Verarbeitungsempfehlungen sind im WTA-Merkblatt 2-9 **Sanierputzsysteme** zu finden.

7 Grundlagen der Gebäudesockelsanierung

7.1 Definitionen

Als Gebäudesockel wird der außenliegende, unterste sichtbare Bereich eines Gebäudes bezeichnet. Er bildet den Übergang zwischen Fassade und Erdreich. Oberhalb der Geländeoberkante ist der Sockel in der Regel optisch vom darüber liegenden Teil der Fassade getrennt. Im Übergang zum Erdreich schließt er an die erdberührte Keller- bzw. Bauwerksabdichtung an. Unabhängig von der Konstruktion werden an diesen Bereich des Gebäudes viele unterschiedliche Ansprüche gestellt. So muss er den gestalterischen und optischen Bedürfnissen der Bauherren genügen und zugleich den angreifenden Witterungs- und Umwelteinflüssen standhalten.

7.2 Sockelkonstruktionen

Der Gebäudesockel bietet eine Vielzahl unterschiedlicher Ausführungsvarianten. Diese differenzieren sich zum einen anhand der außenseitigen Gestaltung der Bauteiloberfläche und zum anderen anhand der Wandkonstruktion. Die gebräuchlichsten Konstruktionsformen werden nachfolgend unterschieden.

7.2.1 Einschalige Sockelkonstruktion

Massive, einschalige Sockelkonstruktionen bestehen in der Regel aus einem Verbund von Mauersteinen und einem mineralischen Mauermörtel. Bei den Mauerwerken unterscheidet man zwischen Ziegel-, Kalksandstein-, Natur- bzw. Bruchstein- sowie Mischmauerwerken. Bei sach- und fachgerechter Ausführung sind Ziegelmauerwerke erfahrungsgemäß sehr homogene Konstruktionen. Dickwandige Natur-, Bruchstein- oder Mischmauerwerke weisen hingegen häufig Hohlräume und Kavernen größeren Ausmaßes auf. Die Außenseite der Sockelkonstruktion kann als Sichtmauerwerk ausgeführt, mit einem mineralischen Außenputz oder aber mit einem Wärmedämmverbundsystem ausgestattet sein.

Einschalige Sockel, unverputzt

Bei unverputzten Sockelkonstruktionen bleibt das tragende Mauerwerk auf der wetterzugewandten Außenseite sichtbar. Um den Schlagregenschutz bei einschaligen Konstruktionen zu gewährleisten, muss nach DIN 1053-1 *»jede Mauerschicht mindestens zwei*

Steinreihen gleicher Höhe aufweisen, zwischen denen eine durchgehende, schichtweise versetzte, hohlraumfreie vermörtelte, 20 mm dicke Längsfuge verläuft« [15]. Weiterhin sind über dem Wandquerschnitt alle Fugen vollflächig zu vermörteln. Da bei Sichtmauerwerk der spritzwasserbelastete Sockelbereich nicht abgedichtet wird, dürfen hier nur ausreichend wasserabweisende und frostbeständige Baustoffe verwendet werden.

Einschalige Sockel, verputzt

Einschalige, verputzte Wandkonstruktionen (Bild 97) sind auf der Außenseite mit einem Putzsystem, bestehend aus Ober- und Unterputz, zu versehen. Der Putz übernimmt den Schutz vor Umwelt- und Witterungseinflüssen und schützt somit die in der Regel nicht wetter- und frostbeständigen Baustoffe im Untergrund.

Der im Sockel verwendete Putz muss gemäß den Vorgaben der DIN V 18550 [16] wasserabweisend sein. Zum Schutz vor erhöhter Spritzwasserbelastung ist der Sockel zudem noch entsprechend den Vorgaben der DIN 18533, Teil 1 abzudichten [19].

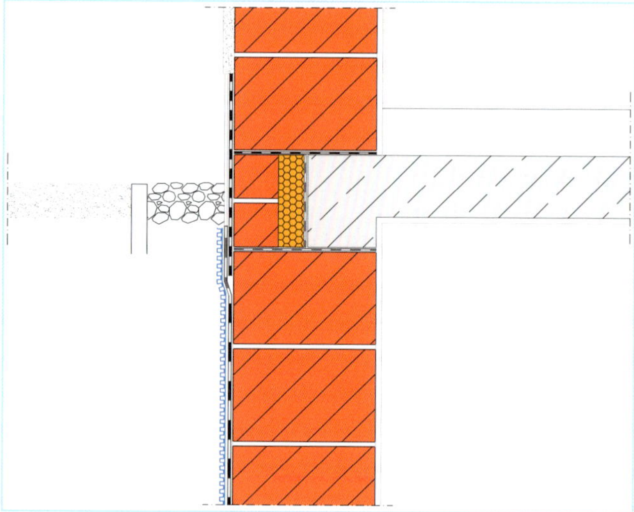

Bild 97 Einschalig verputzte Sockelkonstruktion

Einschaliger Sockel mit Wärmedämmverbundsystem (WDVS)

Wärmedämmverbundsysteme (WDVS) werden auf die Außenseite meist einschaliger Wandkonstruktionen (Bild 98) aufgebracht. Die Systeme bestehen aus mehreren aufeinander abgestimmten Komponenten. Den Kern bilden die plattenförmigen Dämmungen bzw. Dämmstoffe. Diese werden mittels mineralischem Kleber/Mörtel und/oder Dübel/Tellerdübel auf der Außenseite des Rohbauuntergrundes fixiert und mit einer Armierungsschicht überarbeitet. Die Armierungsschicht besteht aus Armierungsmörtel, in den ein Armierungsgewebe eingebettet wird. Den Abschluss des Systems bilden ein Außen- bzw. ein Oberputz, der in der Regel mit einer farbgebenden Beschichtung versehen wird.

»Wird die Dämmung des Sockels unter die Geländeoberkante geführt, müssen bis 30 cm über Geländeoberkante geeignete Perimeter-Wärmedämmplatten gemäß DIN 4108 – Teil 10; z. B. Dämmstoffplatten aus extrudiertem Polystyrol, verwendet werden. Klebemassen/Klebemörtel und Unterputz müssen auf den entsprechenden Untergrund abgestimmt sein.« [20]

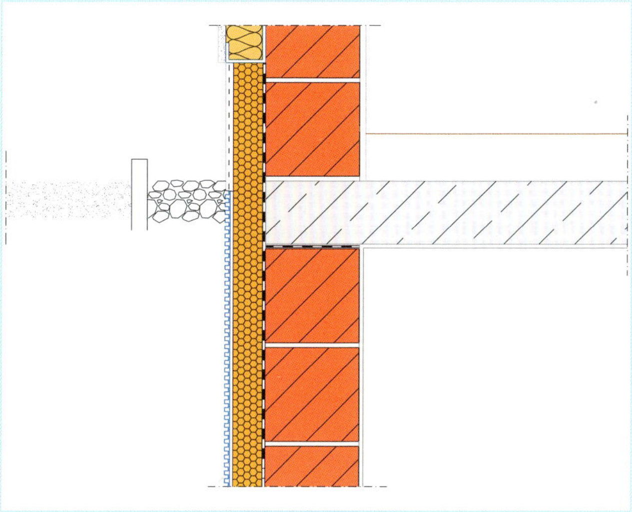

Bild 98 Einschalige Sockelkonstruktion mit WDVS

7.2.2 Zweischalige Sockelkonstruktionen

Zweischalige Außenwand- bzw. Sockelkonstruktionen bestehen aus einer lastabtragenden Innenschale und einer Vorsatz- bzw. Verblendmauerschale. Die Ausführungsvarianten zweischaliger Mauerwerke unterscheiden sich hauptsächlich durch die Ausführung der Dämmung zwischen den Mauerschalen.

Zweischalige Sockel mit Kerndämmung

Bei zweischaligen Wandkonstruktionen mit Kerndämmung wird der gesamte Hohlraum zwischen der Innen- und Außenschale mit Wärmedämmung gefüllt.

Im Neubau werden hierfür platten- bzw. mattenförmige Dämmmaterialien, wie Polyurethan Hartschaum (PUR/PIR), Stein- und Mineralwolle, expandierter Polystyrol-Hartschaum (EPS) oder extrudierter Polystyrol-Hartschaum (XPS), verwendet. Für die nachträgliche Dämmung von zweischaligen Konstruktionen kommen z. B. Polyurethan-Ortschäume, Stein- oder Glaswolle oder Blähperlite zum Einsatz. Zum Schutz vor Feuchtigkeitseintritt bei Regenereignissen ist besonders auf die Schlagregendichtigkeit der Verblendmauerschale zu achten. Um dennoch eingedrungene Feuchtigkeit sicher ableiten zu können, ist bei zweischaligen Sockelkonstruktionen eine Entwässerungsöffnung einzuplanen.

Zweischalige Sockel mit Wärmedämmung und Luftschicht

Bei zweischaligen Konstruktionen mit Wärmedämmung und Luftschicht (Bild 99) wird der Dämmstoff auf der Außenseite der tragenden Innenschale angebracht. Anders als bei der vorangegangen Variante verbleibt zwischen der Wärmedämmung und der Vorsatzschale eine mindestens 4 cm dicke Luftschicht. In dieser Ebene kann die Luft an der Innenseite der Vormauerschale zirkulieren und so die aus Kondensation oder eingedrungenem Schlagregen angefallene Feuchtigkeit abführen. Eine Entwässerungsöffnung ist vorzusehen.

Zweischalige Sockel mit Luftschicht

Befindet sich im Schalenzwischenraum der Wandkonstruktion keine Wärmedämmung, so wird dies als zweischalige Wand mit Luftschicht bezeichnet. Diese Ausführungsvariante ist im Neubau nicht mehr üblich, im Gebäudebestand aber sehr häufig vorzufinden.

Bild 99 Zweischaliges Mauerwerk mit Wärmedämmung und Luftschicht

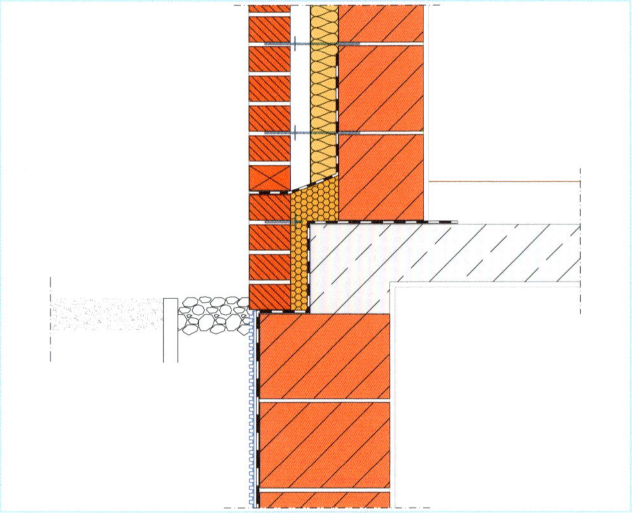

7.3 Belastungen

Um den gestalterischen sowie technischen Ansprüchen dauerhaft gerecht zu werden, muss der Gebäudesockel gegen die von außen einwirkenden Belastungen ausreichend geschützt werden. Gegenüber dem oberen Teil der Fassade ist der Sockel erheblich größeren und vor allem intensiveren Belastungen ausgesetzt.

Hierbei ist zwischen zweierlei Arten von Belastungen/Beanspruchungen zu differenzieren. Zum einen ist der Sockelbereich, d.h. 30 cm über Geländeoberkante GOK bis 20 cm unter GOK, den unterschiedlichen Feuchtebeanspruchungen ausgesetzt. Zum anderen kommt es im Übergang zum Erdreich, also im Bereich der Abdichtungs- und Materialübergänge, immer wieder zu Spannungen aufgrund von mechanischen sowie thermischen Belastungen. Weiterhin ist zu unterscheiden, ob die Belastungen ober- und unterhalb der Geländeoberfläche angreifen.

7.3.1 Beanspruchungen oberhalb der Geländeoberkante

Zu den intensivsten Belastungen der Fassade und des sichtbaren Teils des Sockels gehört der bei Niederschlag und gleichzeitiger Windströmung entstehende Schlagregen. Der auf die Fassade treffende Regen kann durch das kapillare Saugverhalten der Oberflächen und/oder durch Fehlstellen in Fugen, Putzen und Abdichtungen in die Konstruktion eindringen. Die Intensität der Schlagregenbeanspruchung wird beeinflusst durch Wind, Niederschlagsmenge sowie die örtliche Lage und die Ausrichtung des Gebäudes.

Anhand der oben genannten Unterscheidungsmerkmale definiert die DIN 4108-3 [21] drei unterschiedliche Beanspruchungsgruppen:

- Beanspruchungsgruppe I – geringe Schlagregenbeanspruchung:
  In der Regel gilt diese Beanspruchungsgruppe für Gebiete mit Jahresniederschlägen unter 600 mm sowie für besonders windgeschützte Lagen auch in Gebieten mit größeren Niederschlagsmengen.
- Beanspruchungsgruppe II – mittlere Schlagregenbeanspruchung:
  In der Regel gilt diese Beanspruchungsgruppe für Gebiete mit Jahresniederschlägen von 600 mm bis 800 mm oder für windgeschützte Lagen auch mit größeren Niederschlagsmengen sowie für Hochhäuser oder Häuser in exponierter Lage in Gebieten, die aufgrund der regionalen Regen- und Windverhältnisse einer geringen Schlagregenbeanspruchung zuzuordnen wären.
- Beanspruchungsgruppe III – starke Schlagregenbeanspruchung:
  In der Regel gilt diese Beanspruchungsgruppe für Gebiete mit Jahresniederschlägen über 800 mm oder für windreiche Gebiete auch mit geringeren Niederschlagsmengen (z.B. Küstengebiete, Mittel- oder Hochgebirgslagen, Alpenvorland) sowie für Hochhäuser und Häuser in exponierter Lage in Gebieten, die aufgrund der regionalen Regen- und Windverhältnisse einer mittleren Schlagregenbeanspruchung zuzuordnen wären.

Je nach vorliegender Beanspruchungsgruppe sind klare Anforderungen (wasserhemmend, wasserabweisend) an die zu verwendeten Baustoffe gestellt:

Kriterien für den Regenschutz	Wasseraufnahme-koeffizient w kg/($m^2 \times h^{0,5}$)	Wasserdampf-diffusionsäquivalente Luftschichtdicke S_d in m	Produkt $W \times S_d$ kg/($m^2 \times h^{0,5}$)
Wasserhemmend (BG II)	$0,5 < w < 2,0$	*	*
Wasserabweisend (BG III)	$w < 0,5$	<2,0	<2,0

* Keine Festlegung bei wasserhemmenden Putzen bzw. Beschichtungen (siehe auch Punkt 7.2 Sockelkonstruktionen)

Tabelle 15 Kriterien für den Regenschutz von Putzen und Beschichtungen [21]

Gegenüber der Fassade ist der Sockel einer zusätzlichen Belastung aus Spritz- und Oberflächenwasser ausgesetzt. Erhöhte Spitzwasserbelastung, Pfützenbildung bei längeren Regenereignissen und/oder eine fehlerhaft geplante Geländeführung führen vielfach zu erhöhten und lang anhaltenden Feuchtebelastungen im Sockel. Gerade dann, wenn das angrenzende Gelände nicht durch ein Kiesbett vom Sockel getrennt ist oder der Plattenbelag ein Gefälle zum Gebäude aufweist, lassen sich schnell optische Mängel erkennen. Hierzu zählt neben Feuchtehorizonten und Salzausblühungen auch Bewuchs von Mikroorganismen auf der Bauteiloberfläche.

Zu den Mikroorganismen an der Fassade zählen Algen und Pilze. Auf der Oberfläche lassen sich Algen aufgrund ihrer grünlichen, bräunlichen oder ggf. auch rötlichen Färbung oftmals schon mit bloßem Auge erkennen. Während Algen nur auf der Oberfläche der Fassade wachsen, erschließen Pilze ihre Nährstoffe auch im Inneren. Auch das fadenförmige Myzel der Pilze lässt sich an der Fassade problemlos mit bloßem Auge erkennen.

Bei Algen handelt es sich um ein- oder vielzellige Organismen, die vor allem Wasser, Licht und Kohlendioxid (CO_2) benötigen, um mittels Fotosynthese die nötigen organischen Stoffe für das Wachstum zu erzeugen. Algen können sich an extremen Standorten in Temperaturbereichen von ca. –7 °C bis +70 °C und bei pH-Werten von <1 bis 11,5 entwickeln.

Pilze leben als mehr- oder vielzellige Lebewesen überwiegend an organischen Materialien. Da sie im Gegensatz zu Algen keine Fotosynthese betreiben, benötigen sie kein Licht. Als Wachstumsvoraussetzungen sind sie neben Feuchtigkeit auch auf Nährstoffe aus organischen Kohlenstoffquellen angewiesen. Ebenso wie Algen wachsen Pilze in ähnlichem pH-Wert-Milieu und in Temperaturbereichen von 0 °C bis +50 °C.

Die Ursache von Algen- und Pilzbewuchs lässt sich auf häufige und lang anhaltende Baustofffeuchten zurückführen. Neben dem Wachstumsfaktor Feuchtigkeit können noch eine Vielzahl weiterer Faktoren den Bewuchs von Algen und Pilzen beeinflussen. Hierzu zählen neben weiteren Umwelt- und Klimaeinflüssen auch bauliche und materialspezifische Einflüsse.

In der nachfolgenden Übersicht sind alle wichtigen Einflussfaktoren enthalten.

Einflussbereich	Einflussart	Einflussfaktor
Bautechnische Einflüsse	Detailausbildung	▪ Wasserführung ▪ Dachüberstand ▪ Horizontalabdeckungen ▪ Spritzwasserzone ▪ Tropfkanten
	Himmelsrichtung	▪ Wetterseite ▪ geschützte Flächen ▪ exponiert oder Innenhof
Umwelteinflüsse	Standort	▪ innenstädtisch ▪ ländlich ▪ Industriegebiet ▪ Wohngebiet ▪ im Wald
	Klima	▪ Temperatur ▪ Feuchtigkeit ▪ Niederschläge
Klimaeinflüsse	Standort	▪ Seeklima ▪ Gebirge ▪ Gewässer ▪ regnerische oder ▪ trockene Landstriche
	Witterung	▪ trockene Jahre ▪ feuchte Jahre ▪ warme Jahre ▪ kalte Jahre
Materialeinflüsse	Art der Oberfläche	▪ Putz, Anstrich ▪ Metall, Glas, Stein, Kunststoff, etc.
	Oberflächentemperatur	▪ U-Wert, Dämmstoffdicke ▪ Farbton ▪ Himmelsrichtung ▪ Beschattung
	Feuchtehaushalt	▪ Wasseraufnahme/-abgabe ▪ w-Wert, S_d-Wert ▪ Materialart ▪ Himmelsrichtung ▪ Beschattung

Tabelle 16 Einflüsse auf das Wachstum von Algen und Pilzen auf Fassaden

Der sichtbare Sockelbereich wird außerdem noch durch folgende Einflüsse belastet:

- Salzbelastung,
- Tauwasser (Kondensat),
- Schmelzwasser,
- hygroskopische Feuchte,
- Wasserdampfdiffusion.

7.3.2 Beanspruchungen unterhalb der Geländeoberkante

Unterhalb der Geländeoberkante, also im nicht sichtbaren Bereich, kann der Sockel den Wassereinwirkungsklassen nach DIN 18533

- W1-E Bodenfeuchte und nichtdrückendes Wasser

oder

- W2.1-E Mäßige Einwirkung von drückendem Wasser ≤3 m Eintauchtiefe

ausgesetzt sein und zusätzlich im Sockelbereich durch W4-E Spritzwasser und kapillar aufsteigende Feuchte beansprucht werden.

Diese Arten der Wassereinwirkungen werden im Planungsteil der DIN 18533, Teil 1 detailliert beschrieben und in Kapitel 3 »Grundlagen der erdberührenden Bauwerksabdichtung nach DIN 18533« detailliert erläutert.

Thermische oder mechanische Beanspruchungen lassen sich nicht direkt dem sichtbaren oder unsichtbaren Teil des Sockels zuordnen. Hierbei ist gerade der Übergang ins Erdreich besonders gefährdet, da in diesem Bereich verschiedenste Baustoffe aufeinandertreffen. Unterschiedliche Ausdehnungskoeffizienten, Druckfestigkeiten oder Verformungsverhalten der verwendeten Baustoffe führen dazu, dass es bei thermischen oder mechanischen Beanspruchungen zu starken Spannungen in der Konstruktion kommen kann. Sind die Baustoffe nicht optimal aufeinander abgestimmt, kann es zu Rissen, Abplatzungen oder Haftungsversagen kommen.

Hierbei können folgende Beanspruchungen auftreten:

- thermisch
  - Frost-Tau-Wechsel,
  - starke Sonneneinstrahlung,
- mechanisch
  - Schläge und Stöße im sichtbaren Bereich,
  - Erddruck,
  - Wurzelbelastung durch Pflanzenwuchs,
  - Sockelbekleidungen und Befestigungen.

7.4 Regelkonforme Ausführung

7.4.1 Planung

»Die Sockelausführung muss vom Auftraggeber bzw. Architekten/Planer detailliert geplant und in der Ausführungsphase dargestellt werden […]« [24]. Nur wenn diesem Grundsatz Rechnung getragen wird, können improvisierte und schadensanfällige Sockelausführungen vermieden werden. Als erstes gilt es, alle am Gebäudesockel beteiligten Gewerke zu koordinieren. Hierzu zählen neben Bautenschützern, Rohbauunternehmen, Putz- und Stuckateurgewerbe, Malern, Fliesen-, Platten- und Mosaiklegern auch die Garten- und Landschaftsbauer. Um diese Vielzahl von Handwerkern und ihre Abläufe aufeinander ab-

zustimmen, müssen vor Beginn der Ausführung die Zuständigkeitsbereiche genauestens bekannt sein. Die beauftragten Arbeiten sind zu dokumentieren und müssen ggf. neben dem Auftraggeber auch allen am Sockel Beteiligten übermittelt werden. Hilfestellung hierfür bieten die Formblätter im Anhang II und III der Sockelputzrichtlinie [24].

Weiterhin ist vor Beginn der Arbeiten vom Planer festzulegen, in welcher Höhe das Gelände im Endzustand auf den Sockel trifft. Hieraus ergibt sich dann die Festlegung der oberen und unteren Sockellinie:

- Die obere Sockellinie stellt den oberen Abschluss des Spritzwasserbereichs dar. Je nach Art der Wasserbeanspruchung kann dieser 150 mm oder 300 mm über GOK liegen.
- Die untere Sockellinie liegt im Übergang zwischen Fassade und Erdreich und ist somit identisch mit dem Geländeverlauf.

Mit Festlegung der Sockellinien wird sichergestellt, dass die handwerklichen Arbeiten und hier speziell die Abdichtungsarbeiten in den vorgeschriebenen Höhen ausgeführt werden. Zudem erleichtert eine klare Geländeführung auch die optische Gestaltung des Sockels.

7.4.2 Normative Vorgaben nach DIN 18533

Mit W4-E nach DIN 18533-1 bewertet die Norm die Wassereinwirkung von Spritzwasser am Wandsockel sowie Kapillarwasser in und unter erdberührten Wänden. *»Am Wandsockel bei ein- und zweischaligem Mauerwerk wirken Spritz- und Sickerwasser auf die Sockeloberflächen, Bodenplatten und Fundamente ein. In und unter Wänden kann Wasser kapillar aufsteigen. Bei Wänden aus zweischaligem Mauerwerk kann abrinnendes Niederschlagswasser in den Schalenzwischenraum sickern. Diese Einwirkungen machen eine Wandsockel- und Querschnittsabdichtung erforderlich. Am Wandsockel ist im Bereich von ca. 20 cm unter OK Gelände bis ca. 30 cm über OK Gelände mit W4-E zu rechnen, wenn nicht durch den Bemessungswasserstand oder aufgrund des nicht gedränten, wenig wasserdurchlässigen anstehenden Bodens mit drückendem Wasser zu rechnen ist.«* (siehe [2], 5.1.4)

Zur Abdichtung von verputzten Sockeln haben sich rissüberbrückende Mineralische Dichtschlämmen (MDS) bewährt. Die Abdichtung ist in zwei Aufträgen mit einer Mindesttrockenschichtdicke von 2 mm aufzutragen. Die Sockelabdichtung wird normativ 30 cm über und ca. 20 cm unter Geländeoberkante ausgeführt, um die erdberührte Bauwerksabdichtung >10 cm überlappend auf die MDS zu führen.

»Bei Wandsockeln mit Bekleidungen (z. B. Verblendmauerwerk, Wärmedämmverbundsystem (WDVS)) sollte die Abdichtungsschicht hinter der Bekleidung auf der Wand angeordnet werden. Die Bekleidungen sind dabei so zu verankern, dass die Abdichtung im wassereinwirkenden Bereich nicht perforiert wird. Ist eine Perforation unvermeidlich, sind die Verankerungen abzudichten. Bei unverputzt bleibendem, zweischaligem Mauerwerk am Gebäudesockel ist die Abdichtung unter dem Verblendmauerwerk und auf der Außenseite der Innenschale hochzuführen. Soll bei verputzten Außenwänden die Putzfläche bis zum Geländeanschluss reichen, kann im Sockelbereich die Abdichtung der erdberührten Wand 5 cm bis 20 cm unter OK Gelände hinterlaufsicher auf die Wandsockelabdichtung enden.« ([2], 8.2)

Bei einer aufgehenden Wand mit Bekleidung oder WDVS ist die PMBC als Abdichtung im Sockelbereich in mindestens zwei Aufträgen aufzubringen und unter die Bekleidung bzw. das WDVS bis zum Rand des abzudichtenden Sockelbereichs zu führen. Die Mindesttrockenschichtdicke beträgt 3 mm. Ist die erdberührte Bauwerksabdichtung aus polymermodifizierter Bitumendickbeschichtung (PMBC) oberhalb der Sockellinie hinter das WDV-System geführt, kann die Sockeldämmplatte ebenfalls nur mit der verwandten PMBC-Abdichtung vollflächig verklebt werden. Hierfür wird vorzugsweise zweikomponentige PMBC verwendet. Für die Montage der Dämmplatten im Übergang Sockel-/Perimeterdämmung ist den Herstellerangaben des verwendeten Materials Folge zu leisten. Prinzipiell gilt es, die Perimeterdämmung oberhalb der Geländeoberkante (GOK) >15 cm mit mindestens 4 Dübeln je m^2 bzw. mindestens 2 Dübeln je Platte zu fixieren.

Auch auf einer Sockelabdichtung aus mineralischer Dichtungsschlämme (MDS) ist die zusätzliche Dübelmontage ratsam. Die vollflächige Verklebung der Sockeldämmplatten erfolgt mit dem zugehörigen Klebemörtel des WDV-Systems. Die systemzugehörige Armierungsschicht ist bis knapp unter die Sockellinie, maximal 10 cm, herabzuziehen. Je nach Gestaltungsvorgabe ist der Oberputz ebenfalls unter GOK aufzutragen. Der untere Putzabschluss ist mit rissüberbrückender MDS hinterlaufsicher und überlappend zusätzlich abzudichten. Das Wärmedämmverbundsystem übernimmt keine Abdichtungsfunktion. Die nach DIN V 18550 eingesetzten wasserhemmenden Putzsysteme müssen unterhalb der Sockellinie, einbindend im Erdreich, gegen Feuchtigkeitseintrag abgedichtet und mit einer Schutzschicht versehen werden. Bei nur geringer Einbindung in das Erdreich werden die Sockeldämmplatten unter 45° angefast/angeschrägt und die Armierungsmörtelschicht möglichst bis auf den Untergrund ausgebildet. Nach Durchtrocknung des Armierungsmörtels wird der Oberputz aufgetragen. Die erdberührende Einbindung wird umlaufend streifenförmig aus mineralischer Dichtschlämme (MDS) rissüberbrückend gegen kapillare Feuchtigkeitsaufnahme abgedichtet. Diese Putzabdichtung aus MDS wird überlappend auf die erdberührte Bauwerksabdichtung bis ca. 5 cm oberhalb der unteren Sockellinie geführt. Wie zuvor beschrieben empfiehlt sich, vor dem Verfüllen der Baugrube eine Schutzschicht mit mindestens zweilagiger Noppenbahn anzuordnen, um Beschädigungen beim Verfüllen mit Erdreich vorzubeugen. Bauseits wird dieses oft mit einer Noppenfolie sichergestellt, die fälschlicherweise die Putzabdichtung ersetzen soll.

Bei zweischaligen Mauerwerken am Gebäudesockel wird die Abdichtung hinter der Verblendschale auf der Außenseite der Innenmauer hochgeführt. Der Schalenzwischenraum sollte am Fußpunkt der Verblendschale oberhalb der Geländeoberfläche entwässert werden. Der Abstand dieser zur Lüftung genutzten Öffnung sollte >10 cm oberhalb GOK liegen. Entwässerungsöffnungen unterhalb der Geländeoberkante dürfen nur dort angeordnet werden, wo dauerhaft in eine Dränung entwässert werden kann. Die Sockelabdichtung erfolgt vorzugsweise mit MDS mit 2 mm Mindesttrockenschichtdicke.

Generell nehmen ungeschützte Sockelputze, die bis in das Erdreich einbinden, Feuchtigkeit auf, wodurch die zuvor beschriebenen Schadensbilder entstehen. Der Sockelputz ist mit einer Putzabdichtung zu verwahren. Diese sollte >5 cm oberhalb der Geländeoberfläche (Schneeschmelzgrenze) und >10 cm auf der vorhandenen erdberührten Bauwerksabdichtung ausgebildet werden. Vorzugsweise erfolgt dieser konstruktive Feuchteschutz mit flexibler mineralischer Dichtschlämme. Als Schutzschicht nach vollständiger Durchtrocknung der Putzabdichtung hat sich eine mindestens zweilagige Noppenbahn praxisbewährt.

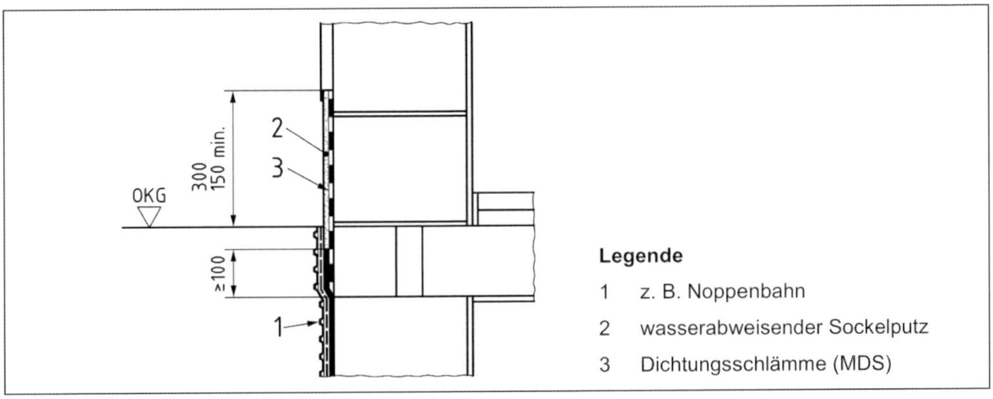

Bild 100 Sockel; monolithisches Mauerwerk, unterkellert, Außenabdichtung mit PMBC

7.4.3 Sockelputzrichtlinie

Die **Richtlinie für die fachgerechte Planung und Ausführung des Fassadensockelputzes sowie des Anschlusses der Außenanlagen**, kurz Sockelputzrichtlinie [24], behandelt ausführlich die Schnittstelle zwischen Fassadensockel und den angrenzende Außenanlagen. Dieses Regelwerk beschreibt ausschließlich die Ausführung von verputzten Gebäudesockeln mit und ohne außenliegende Wärmedämmung. Mit zeichnerischen Darstellungen und knappen, präzisen Erläuterungen liefert sie dem Planer und Ausführenden eine optimale Planungsgrundlage.

Neben der regelgerecht ausgeführten Abdichtung des Spritzwasserbereichs, ist auf der Zeichnung zudem ein Abdichtungsstreifen auf der Oberseite des Sockelputzes erkennbar. Mit dieser von der Richtlinie geforderten Putzabdichtung ist der ins Erdreich einbindende Sockelputz vor kapillarer Feuchteaufnahme zu schützen. Die Abdichtung ist mindestens 50 mm aus dem Erdreich hinauszuführen. Unterhalb der Geländeoberfläche ist die Putzabdichtung mindestens 50 mm über den unteren Putzanschluss hinaus auf den vorhandenen Untergrund zu überlappen. Im besten Fall bindet die Putzabdichtung direkt an die vorhandene erdberührte Bauwerksabdichtung an. Abschließend ist die Abdichtung mit einer zweilagigen Schutzschicht vor mechanischen Beanspruchungen zu schützen.

Hinweis: »Die Putzabdichtung ist nicht Bestandteil des Putzes/Putzsystems und stellt immer eine besondere Leistung dar, die gesondert auszuschreiben, zu beauftragen und zu vergüten sind.« [24]

Bild 101 WDVS-Sockel mit schräg auslaufender Perimeterdämmung

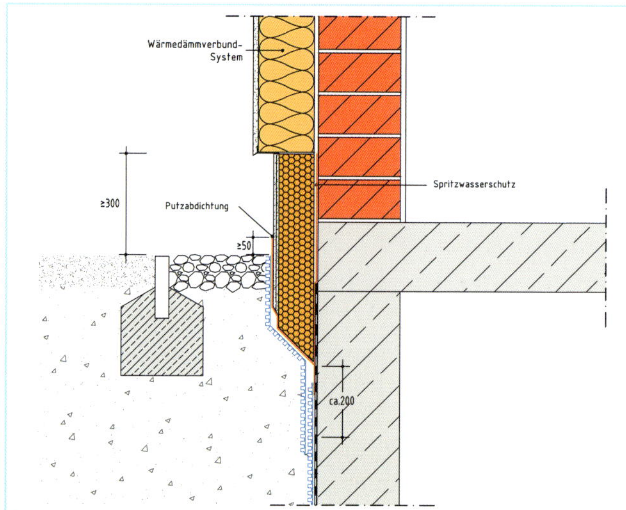

7.4.4 Geländeführung

Eine fehlerhaft geplante oder ausgeführte Geländeführung kann zu einer erhöhten und lang anhaltenden Feuchtebelastung führen. Ergänzend zur regelkonformen Sockelabdichtung kann eine auf den Sockel abgestimmte Geländeführung die Feuchtebelastungen erheblich reduzieren. In der Sockelputzrichtlinie [24] werden die nachfolgenden Ausführungsvarianten beschrieben.

Anforderungen an den Spritzwasserschutzstreifen:

- Die Mindestbreite sollte ca. 30 cm betragen (ggf. ist die Breite des Lichtschachtes anzunehmen oder der Schutzstreifen 10 cm über Dachüberstand hinauszuführen).
- Die oberste Schicht sollte mindestens 10 cm aufweisen und aus grober Gesteinskörnung (Kies 32/36) bestehen. Somit ist bei Verunreinigungen die dauerhafte Dränfähigkeit gewährleistet.
- Darunterliegende Schichten müssen filterstabil sein und nach örtlicher Situation den Anforderungen der DIN 4095 [26] entsprechen (vgl. Tabelle 17).

Lage	Baustoff	Mindestdicke in m
vor Wänden	Kiessand, z. B. Körnung 0/8 mm (Sieblinie A 8 oder 0/32 mm Sieblinie B 32 nach DIN 1045)	0,50
	Filterschicht, z. B. Körnung 0/4 mm (0/4 a nach DIN 4226-1)	0,10
	und Sickerschicht, z. B. Körnung 4/16 mm (nach DIN 4226-1)	0,20
	Kies, z. B. Körnung 8/16 mm (nach DIN 4226-1), und Geotextil	0,20

Tabelle 17 Beispiele für die Ausführung und Dicke der Dränschicht mineralischer Baustoffe für den Regelfall [26]

Anforderungen für Sockelanschlüsse mit befestigten Flächen (z. B. Platten):

- Der Belag ist mit einem regelgerechten Gefälle vom Gebäude weg auszuführen. Dies kann gemäß ATV DIN 18318, ZTV-Wegebau Gelbdruck 2012 erfolgen.
- Die Dimensionierung des Oberbaus ist gemäß RStO 2012 auszuführen. Hierbei ist die zu erwartende Verkehrsbelastung und Frostempfindlichkeit des anstehenden Bodens zu berücksichtigen.
- Darunterliegende Schichten müssen filterstabil sein und nach örtlicher Situation den Anforderungen der DIN 4095 entsprechen (vgl. Tabelle 17).

7.5 Schäden am Gebäudesockel

Schäden am Gebäudesockel sind sowohl im Altbau wie auch im Neubau zu beobachten. Während oberhalb des Spritzwasserbereichs, ca. 30 cm über GOK, auch nach vielen Jahren keine nennenswerten Schäden an der Fassade erkennbar sind, lassen sich häufig im Sockelbereich schon nach kurzer Zeit die ersten optischen Mängel feststellen. Gerade verputzte Sockel sind sehr anfällig. Die anfänglich rein optischen Mängel, wie leichte Veralgungen, Feuchtehorizonte, Salzausblühungen oder Anstrichschäden, lassen die Schutzfunktion der Wandkonstruktion immer schwächer werden. Bauteildurchfeuchtungen, Reduktion der Wärmedämmung bis hin zu großflächigen Abplatzungen oder Gefügezerstörungen sind die Folge.

Bild 102 Anfängliche Feuchtehorizonte an einem WDVS-Sockel

Typische Schadensbilder im Überblick:

- Bauteildurchfeuchtungen
  - Reduktion der Wärmedämmung,
  - Schimmelpilzbildung auf der Rauminnenseite,
- Salzschäden
  - Ausblühungen,
  - Abplatzungen (Bild 103),
- Vergrünungen
  - Algen (Bild 104),
  - Pilze,
  - Flechten.

Bild 103 Putzabplatzungen aufgrund bauschädlicher Salze

Bild 104 Starker Algenbewuchs mit anfänglichen Putzschäden

Wasser ist immer die Grundlage derartiger Schäden. Aber nicht alleine das Wasser im Baustoff ist für die schädigende Wirkung verantwortlich, sondern eine Reihe anderer Faktoren sind mit zu berücksichtigen. In den Bereichen, in denen die Baustoffe dauerhaft nass bzw. einen konstanten Feuchtegehalt aufweisen, treten im Allgemeinen keine gravierenden Feuchteschäden auf. In den Bereichen, in denen der Baustoff hingegen einem Wechselspiel zwischen Durchfeuchtung und Trocknung ausgesetzt ist, sind die Schädigungen beträchtlich größer. In den Verdunstungszonen, in denen die o.g. Wechselbelastung auftritt, kommt es zu einem ständigen Quellen und Schwinden der Baustoffe. Hierbei entstehen interne Spannungen, die auf Dauer zu einer Zerstörung des Materialgefüges führen. Bauschädliche Salze, die in gelöster Form mit dem Wasser in den Baustoff gelangen und in den oberflächennahen Bereichen des Mauerwerks kristallisieren, verstärken diesen Effekt. Um das Zusammenspiel zwischen Feuchtigkeit und Salzen zu verstehen, wird nachfolgend auf die einzelnen Schadensmechanismen eingegangen.

7.5.1 Wasseraufnahme von Baustoffen

Die Feuchtigkeitsaufnahme im Sockel ist nur möglich, wenn die Vertikal- und/oder Horizontalabdichtung nicht richtig ausgeführt, fehlerhaft oder nicht vorhanden (Bild 105) ist und bei verputzen Sockeln die Putzabdichtung im Übergangsbereich zum Erdreich fehlt. In diesem Fall kann das angreifende Wasser in den Wandquerschnitt eindringen und diesen durchfeuchten. Die Wasseraufnahme der Baumaterialien erfolgt über unterschiedliche, teilweise gleichzeitig ablaufende Aufnahme- und Transportmechanismen.

Bild 105 Fehlende Vertikalabdichtung am Gebäudesockel

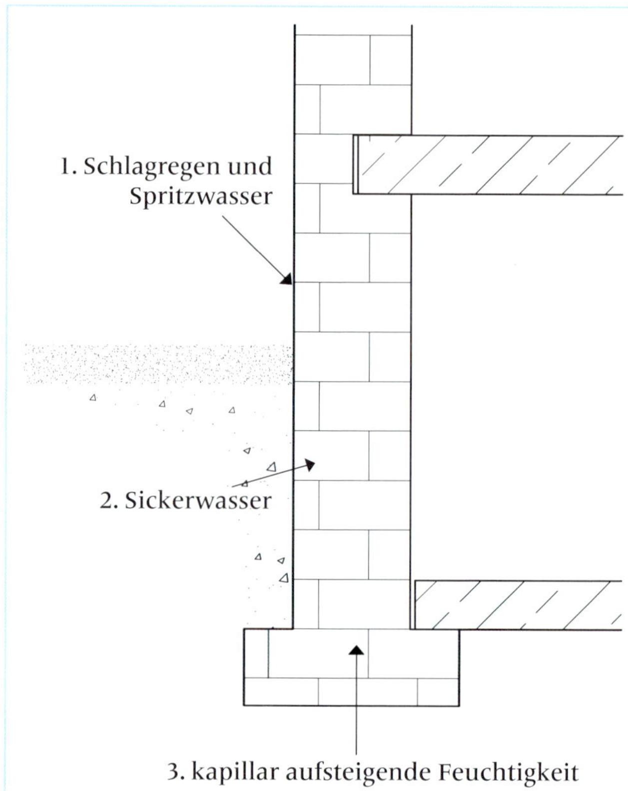

Bild 106 Wasseraufnahmemechanismen

Kapillar aufsteigende Feuchtigkeit

Häufig ist die Außenabdichtung einer Kellerwand noch funktionsfähig oder schon erneuert und trotzdem kommt es zu einer feuchten Wand im Keller oder im Sockel. Grund ist dann meist eine fehlende bzw. defekte Horizontalabdichtung, die den Wassertransport aus dem Fundament ermöglicht. Den hierbei zugrunde liegenden Wasseraufnahmemechanismus bezeichnet man als Kapillarität.

Mineralische Baustoffe, wie z. B. Ziegel, Sandsteine oder Beton, lassen sich leicht mit Wasser benetzen. Das Wasser wir dabei vom Baustoff aufgenommen und über die sogenannten Kapillaren in den Baustoff geleitet. Das Wirkprinzip der Kapillarität lässt sich sehr gut anhand eines senkrecht in Wasser getauchten Glasröhrchens darlegen: Taucht man ein Glasrohr in ein Wasserbad ein (Bild 107), so wölbt sich die Oberfläche des Wassers an den Glasrohrwänden nach oben. Man spricht vom **Meniskus.** Die Adsorptionskräfte wirken in der schmalen Grenzzone Wasser – Wand der Schwerkraft entgegen und saugen eine kleine Wassermenge an. Wird das Glasröhrchen hingegen hydrophob (wasserabweisend) ausgebildet, so kehrt sich dieser Effekt um. Das Wasser wird abgestoßen und durch das eigene Gewicht nach unten gezogen. Daher bildet sich an diesen Wänden ein negativer Meniskus aus.

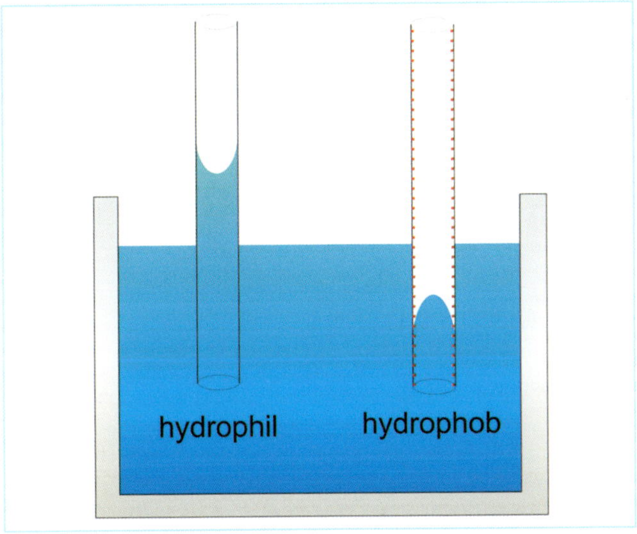

Bild 107 Kapillare Steighöhe von Wasser in Abhängigkeit des Rohrdurchmessers

Reduziert man bei einem nicht hydrophob (wasserabweisend) ausgebildeten Glasröhrchen den Durchmesser auf <1 mm, so steigt die Wasseroberfläche an. In engen Rohren oder Kapillaren (= Haarröhrchen) werden die Adsorptionskräfte an der Wand größer als das Gewicht der Wassersäule und der Wasserspiegel steigt an. Dieser Mechanismus ist die Triebfeder der kapillaren Saugfähigkeit.

Die kapillare Leitfähigkeit einer Pore ist immer von ihrem Durchmesser abhängig. Zu den kapillar leitfähigen Poren im Baustoff gehören daher nur Poren im Größenbereich von 10^{-7} m bis 10^{-4} m. Diese werden als Makro- oder Kapillarporen bezeichnet. Die kleineren Mikroporen und die größeren Luftporen können kapillar nicht gefüllt werden, sie sind nur unter Druck zugänglich.

Die Poren werden nach ihrer Größe eingeteilt:

- Mikroporen $r < 10^{-7}$ m,
- Makro- und Kapillarporen $r > 10^{-7}$ m,
- Luftporen $r > 10^{-4}$ m.

Das Gesamtporenvolumen eines Baustoffs setzt sich immer aus allen drei Porenarten zusammen. Zur Bestimmung der kapillaren Leitfähigkeit eines Baustoffs spielt jedoch nur der Anteil an Kapillarporen am Gesamtporenvolumen eine Rolle. Größere oder kleine Poren können hierbei vernachlässigt werden.

Sickerwasser

Nach Regenereignissen staut sich bei Böden mit einem geringen Durchlässigkeitsbeiwert ($k < 10^{-4}$ m/s) häufig das Niederschlagswasser im Erdreich. Derartig wenig durchlässige Bodenverhältnisse lassen sich einfach anhand erhöhter Pfützenbildung an der Geländeoberfläche erkennen. Durch die entstehende Wassersäule kommt es zu einem geringen hydrostatischen Druck. Je höher nun der anstehende Wasserdruck ist, und sei es nur durch das Gewicht des Wassers, umso schneller dringt das Wasser durch undichte Stellen an der Außenabdichtung in die Wand ein. Das punktuell oder flächig eindringende Wasser wird natürlich auch durch die kapillare Saugfähigkeit des Baustoffs in alle Richtungen, auch entgegen der Schwerkraft in die Höhe transportiert.

Schlagregen und Spritzwasser

Schlagregen zählt, wie in Kapitel 7.3 bereits beschrieben, zu den Angriffen oberhalb der Geländeoberkante. Bei direkt bewetterten Außenfassaden wird das Wasser durch die Kraft des Windes in Risse und Spalten sowie durch schadhafte Fugennetze oder Putzsysteme in den Baukörper gedrückt. Je nach Saugfähigkeit der Baustoffe wird die Feuchtigkeit aufgenommen und über Kapillarkräfte im Baukörper in alle Richtungen verteilt. In der Spritzwasserzone (bis 30 cm über GOK) wird die Fassade zusätzlich durch vom Terrain zurückspritzendes Niederschlagswasser beansprucht.

Die beschriebenen, meist zeitgleich auftretenden Wasseraufnahme- und Transportmechanismen führen dazu, dass die Wand im Querschnitt allmählich durchfeuchtet. Über die Kapillarporen wird die Feuchtigkeit aus dem unteren, meist erdberührten Bereich in die Verdunstungszone geleitet. Dort wird die Feuchtigkeit über Diffusion an die Raum-

bzw. Außenluft (Bild 108) abgegeben. Bei diesem ständig wiederkehrenden Prozess stellt sich mit der Zeit ein Gleichgewicht ein. Die vom Bauteil aufgenommene Wassermenge steht einer ebenso großen Wasserabgabemenge gegenüber. Da die Leistungsfähigkeit der Diffusion um ein Vielfaches geringer ist als die der Kapillarität, stellt sich im Wandquerschnitt mit der Zeit eine bestimmte Durchfeuchtungshöhe ein. Diese Durchfeuchtungshöhe steht immer in direktem Zusammenhang mit der Größe der Verdunstungszone. Je mehr Feuchtigkeit ins Bauteil eindringt bzw. je kleiner die mögliche Verdunstungsfläche ist, desto höher steigt die Feuchtigkeit im Bauteil.

Bild 108 Putzschäden auf der Innenwand aufgrund einer fehlenden Sockelabdichtung

Bild 109 Farbabplatzungen und Putzschäden

7.5.2 Bauschädliche Salze

Bisher wurden nur die ins Bauteil eingedrungene Feuchtigkeit und die damit einhergehende Wechselwirkung zwischen Durchfeuchtung und Trocknung als schädigender Prozess betrachtet. Mit der Feuchtigkeit wird zusätzlich eine Reihe von Schadstoffen ins Bauteil eingetragen. Zu den wichtigsten gehören die im Wasser gelösten bauschädlichen Salze.

Untersuchungen haben ergeben, dass die Anwesenheit von Salzen zu einer verstärkten Schadensintensität in Form von erhöhten Durchfeuchtungsgraden, Gefügezerstörungen und Abplatzungen führt. Der Grund hierfür sind komplexe bauphysikalische Vorgänge wie Kristallisation, Hydratation und die Hygroskopizität von Salzen.

Definition: Chemisch betrachtet sind Salze die Neutralisationsprodukte von Reaktion zwischen Säuren und Basen. Salze sind eine chemische Verbindung, die aus positiv geladenen Ionen (Kationen) und negativ geladenen Ionen (Anionen) bestehen.

Als einfachstes und bekanntestes Beispiel ist Kochsalz zu nennen:

- NaOH + HCl = NaCl + H_2O
  Natronlauge + Salzsäure = Natriumchlorid + Wasser

In der Bauchemie unterscheidet man zwischen den im Wasser schwer- oder unlöslichen Salzen und den im Wasser löslichen Salzen. Schwer- bzw. unlösliche Salze werden im Bauwesen häufig als Bindemittel verwendet. Sie sind nur selten an schädigenden Einflüssen beteiligt und sind somit bei der Schadensanalyse zu vernachlässigen. Leicht lösliche Salze hingegen werden auch als bauschädliche Salze bezeichnet. Das sind jene Salze, die an Mauerwerken und Putzen optische sowie technische Schäden verursachen. Grundsätzlich gilt: Je besser ein Salz in Wasser löslich ist, umso größer ist seine bauschädigende Wirkung.

Folgende Tabelle enthält die wichtigsten bauschädlichen Salze sowie ihre hauptsächlichen Entstehungsquellen.

Mineralklasse	Bezeichnung	Entstehungsquelle
Sulfate	Calciumsulfat (Gips) Natriumsulfat	Eintrag aus dem Erdreich oder direkt im Baustoff enthalten
Nitrate	Magnesiumnitrat Calciumnitrat Kalium	Abfallprodukte organischer Zersetzungen, in Stallungen, auf Friedhöfen und aus gedüngten Böden
Chloride	Calciumchlorid	Streusalz

Tabelle 18 Die wichtigsten bauschädlichen Salze [27]

Bauschädliche Salze können sowohl als Eigensalze als auch als Fremdsalze vorkommen. Als Eigensalze bezeichnet man die Salze, die von Natur aus in höheren Konzentrationen in unseren Baustoffen enthalten sind. Hierzu gehören neben Natursteinen, wie z. B. Tuffstein, auch künstliche Baustoffe wie Ziegel oder Backsteine. Bei den künstlichen Baustoffen ist der erhöhte Salzgehalt in der Regel von der Zusammensetzung und der Brenntemperatur abhängig.

Einen erheblich größeren Anteil an salzbedingten Schäden haben allerdings die sogenannten Fremdsalze. Diese werden in gelöster Form über unterschiedliche äußere Einflüsse in den Baukörper eingetragen.

Transportmechanismen gelöster Salze:

- Salze können durch Fehlstellen in Abdichtungen bzw. durch defekte Horizontalsperren aus dem Erdreich einwandern. Sie werden durch die in Kapitel 7.5.1 beschriebenen Wassertransportmechanismen bewegt.
- Andere Salze werden über Spritzwasser, z. B. Streusalz, meist in straßennahen Sockelbereichen eingetragen.
- Gasförmige Schadstoffe, z. B. SO_2, oder in Wasser gelöste Schadstoffe (saurer Regen) können mit den Baustoffen reagieren. Häufig sind die Bindemittel die empfindlichsten Bestandteile, die hier zu Schadsalzbildung führen.

7.5.3 Optische Schäden

Der Sockel ist meist vom oberen Teil der Fassade abgesetzt. Dies hat neben den technischen Motiven vorwiegend auch optische oder gestalterische Gründe. Wird nun die von den Bauherren gewünschte Optik durch Veränderungen des Erscheinungsbilds gestört, ist von einem optischen Schaden/Mangel die Rede. Optische Schäden führen nicht direkt zum Versagen der Schutzwirkung des Sockels, können aber bei lang anhaltender Belastung zu Beeinträchtigungen führen.

Zu den durch bauschädliche Salze hervorgerufenen, optischen Schäden zählen u. a.:

- Farbänderungen an der Bauteiloberfläche,
- Ausblühungen (Salzkristalle auf der Oberfläche),
- erkennbarer Verlauf der Verdunstungszone oder
- feuchte Stellen oder Teilbereiche, auch bei längeren Trockenphasen.

Hinweis: Bauschädliche Salze sind Verbindungen mit guter bis sehr guter Wasserlöslichkeit.

Liegen die Salze in großen Mengen vor, sodass sie durch die vorhandene Wassermenge nicht mehr alle in Lösung gehalten werden können, kommt es zum Ausfall bzw. zur Kristallisation der Salze. Dieser Effekt tritt z. B. in den Verdunstungsbereichen in altem Mauerwerk auf. Die langsam sinkende Wassermenge führt zur Überschreitung des möglichen löslichen Salzgehaltes und es kommt zu Ausblühungen. Der Chemiker spricht dann von der Überschreitung des Löslichkeitsproduktes dieses Salzes.

Chemische Formel	Bezeichnung	g Salz/100 ml Wasser warm	kalt
$CaCO_3$	Calciumcarbonat (Kalk)	0,0015	0,00019
$CaCl_2$	Calciumchlorid	75	159
$Ca(NO_3)_2 \times 4H_2O$	Calciumnitrat (Salpeter)	266	600
$Ca(NO_3)_2$	Calciumnitrat	121	376
$CaSO_4 \times 2H_2O$	Calciumsulfat (Gips)	0,24	0,22
CaF_2	Calziumfluorid	0,002	0,002
K_2CO_3	Kaliumcarbonat (Pottasche)	112	156
$K_2CO_3 \times 2H_2O$	Kaliumcarbonat (Dihydrat)	147	331
$2K_2CO_3 \times 3H_2O$	Kaliumcarbonat (Trihydrat)	129	268
$MgSO_4 \times 7H_2O$	Magnesiumsulfat (Bittersalz)	71	91
$MgCl_2 \times 6H_2O$	Magnesiumchlorid	167	367
$Mg(NO_3)_2 \times 6H_2O$	Magnesiumnitrat	125	–
$Na_2SO_4 \times 10H_2O$	Natriumsulfat (Glaubersalz)	11	92
$N_2CO_3 \times 10H_2O$	Natriumcarbonat (Soda)	21	420
NaCl	Natriumchlorid	36	39
NaF	Natriumfluorid	4	–
$BaSO_4$	Bariumsulfat	0,0002	0,0004
$PbSO_4$	Bleisulfat	0,004	0,005
$PbCl_2$	Bleichlorid	1	3

Tabelle 19 Wasserlöslichkeit von Salzen [27]

7.5.4 Technische Schäden

Die technischen Schäden, die von bauschädlichen Salzen ausgehen, beginnen in der Regel mit optischen Mängeln an der Oberfläche. Treten die angreifenden Belastungen in hoher Intensität und über einen lang anhaltenden Zeitraum auf, so führen anfängliche optische Schäden schnell zum Versagen der Funktionsfähigkeit des Sockels. Die größten Schäden entstehen durch die Zermürbung der Oberflächen. Bei verputztem und/oder gestrichenem Mauerwerk wird die oberste Schicht langsam zerstört. Mit zunehmendem Salzgehalt erfolgt die Kristallisation der Salze nicht mehr nur an der Sockeloberfläche, sondern beginnt auch das Gefüge des Baustoffs zu zerstören. Flächige Putzabplatzungen sind die Folge. Bei Sichtmauerwerk aus z. B. hart gebrannten Klinkern verhindert die weniger durchlässige Sinterschicht, dass eingedrungenes Salz bis an die Oberfläche gelangt. Hier kommt es im Steinquerschnitt zu Kristallisation und somit zu großflächigen Steinabplatzungen.

Hygroskopische Feuchtigkeitsaufnahme

Ist ein Baustoff infolge früherer Durchfeuchtung mit Salzen belastet worden, die sich nach Wasserentzug an den Kapillar- und Porenwänden abgelagert haben, nehmen diese Salze unter Umständen erhebliche Wassermengen aus der Umgebungsluft auf. Die Wasseraufnahme richtet sich nach Menge und Art der Salze. Die Salzkonzentration bindet entweder adsorptiv die Feuchtigkeit (hygroskopische Feuchte) oder baut die Wassermoleküle in sein Kristallgitter (Hydratation von Salzen) ein.

Aufgrund hygroskopischer Feuchte, sprich der Fähigkeit von Feststoffen Wasser aus der Umgebungsluft zu binden, wird in den oberflächennahen Schichten des Baustoffs eine Durchfeuchtung der Baumaterialien hervorgerufen. Es kommt zu Feuchteflecken an der Bauteiloberfläche. Das Ausmaß der Durchfeuchtung ist zum einen abhängig von der Löslichkeit und Konzentration der Salze und zum anderen von der vorhandenen relativen Luftfeuchtigkeit. So nehmen z. B. stark hygroskopische Salze, wie Nitrate, schon bei geringen relativen Luftfeuchtigkeiten von 65–70 % größere Mengen an Feuchtigkeit auf.

Durch hygroskopische Salze wird häufig aufsteigende Feuchtigkeit vorgetäuscht. Ob eine Durchfeuchtung auf Hygroskopizität zurückzuführen ist, lässt sich mithilfe eines einfachen Laborversuchs herausfinden. Bei einer entnommenen Putz- oder Mauerprobe wird mittels Darrmethode der Feuchtegehalt bestimmt. Anschließend wird die getrocknete Probe in einen Klimaschrank mit 80 % relativer Luftfeuchtigkeit gelagert. Nimmt die Probe hierbei erneut einen Teil des Feuchtegehalts auf, so liegen hygroskopische Salze vor. Salzbelastete Baustoffe erhöhen die Ausgleichsfeuchte im Gegensatz zu unbelasteten Baustoffen um ein Vielfaches. Dieser Problematik wird bei Instandsetzungsarbeiten in der Regel viel zu wenig Aufmerksamkeit geschenkt.

Schädigung durch Kristallisationsdruck

Wird in einer Salzlösung das Löslichkeitsprodukt überschritten, so fallen feste Salze aus. Beim Ausfallen kumulieren diese nicht als amorphes (strukturloses) Gel, sondern wachsen zu größeren geregelten Aggregaten (Kristallen) zusammen. Das Kristallwachstum ist ein komplexer Vorgang, der hier nur ansatzweise besprochen werden kann. Durch das Kristallwachstum vergrößert sich natürlich auch das Kristallvolumen. Manche Kristalle wachsen bevorzugt in bestimmte Richtungen. Dadurch kann zunächst das Gefüge des Baustoffs verdichtet werden. Falls das Volumen der Kristalle nun den zur Verfügung stehenden Porenraum überschreitet, lockert sich das Gefüge oder sprengt sogar ab.

Die Kristallisationsdrücke bauschädlicher Salze lassen sich wie folgt zusammenfassen:

Chemische Formel	Molvolumen	0 °C	Kristallisationsdruck [N/mm²] C/CS = 2 50 °C	C/CS = 10 0 °C	50 °C
$CaSO_4 \times ½H_2O$	46	33,5	39,8	112,0	123,5
$CaSO_4 \times 2H_2O$	55	28,2	33,4	93,8	111,0
$MgSO_4 \times 7H_2O$	147	10,5	12,5	35,0	41,5
$MgSO_4 \times 6H_2O$	130	11,8	14,1	39,5	49,5
$Na_2SO_4 \times 1H_2O$	57	27,2	32,4	91,0	107,9
$Na_2SO_4 \times 10H_2O$	220	7,2	8,3	23,4	27,7
Na_2CO_4	53	29,2	34,5	97,0	115,0
CaCl	28	55,4	65,4	184,5	219,0
$Na_2CO_3 \times 10H_2O$	199	7,8	9,2	25,9	30,8
$Na_2CO_3 \times 7H_2O$	154	10,0	11,9	33,4	36,5
$Na_2CO_3 \times 1H_2O$	55	28,0	33,3	93,5	110,9

Tabelle 20 Kristallisationsdrücke bauschädlicher Salze [27]

Schädigung durch Hydratationsdruck

Das Wassermolekül kann auch in eine Kristallstruktur eingebaut werden. In Tabelle 20 sind einige häufig in der Bausanierung auftretenden bauschädlichen Salze aufgeführt. Man sieht, dass Natriumkarbonat (Na_2CO_3) eines, sieben oder zehn Wassermoleküle in sein Gitter einbauen kann. Der Einbau ist jedoch abhängig von der Temperatur und dem vorliegenden Wasserangebot. Beim Einbau der Wassermoleküle erhöht sich das Volumen dieser Salze. Das führt zunächst zu einer Gefügeverdichtung wie beim Kristallisationsdruck und später gar zu einer Lockerung des Gefüges. Genau wie durch den Kristallisationsdruck können auch durch den Hydratationsdruck deckende Putz- und Farbschichten abgesprengt werden.

7.6 Sockelzustandsanalyse

Grundlage einer Bauinstandsetzung bzw. Bauwerkssanierung ist eine detaillierte Untersuchung am Objekt. Bei besonders kritischen Bauteilen oder Bereichen ist ggf. ein geeignetes Baustoffprüflabor, ein Fachingenieur oder Sachverständiger hinzuzuziehen.

Nachfolgende Checkliste zeigt, dass es nicht damit getan ist, ein zu sanierendes Objekt anzusehen und dann mit den Instandsetzungsarbeiten zu beginnen. Der Fachmann sollte in der Lage sein, verschiedene Untersuchungen direkt am Objekt vorzunehmen.

Die hierzu erforderlichen Geräte, Werkzeuge, Messgeräte usw. gehören zur Standardausrüstung, damit ggf. am Objekt schon Kenndaten ermittelt werden können, die für eine Sanierungsplanung notwendig sind.

Allgemeine Checkliste zur Ermittlung von Kenndaten zur Sockelsanierung

- Beschreibung des Sockels:
  - Wohnhaus, öffentliches Gebäude, Kirche, Schloss ...
  - ungefähre Abmessung: Höhe, Breite, Länge, Hanglage ...
  - Außenflächen: nach Putz, Naturstein, Beton, Ziegel, Kalksandstein ...
  - Anstrich: Dispersion, Silikatanstrich, Kalkanstrich, Imprägnierung ...
  - Mauerwerksaufbau: einschalig, zweischalig, Mischmauerwerk, zerklüftet ...
  - verwendete Baustoffe: Beton, Ziegel, Naturstein, Kalksandstein, Bimsstein ...
  - Beschreibung der vorhandenen Abdichtung:
    vertikal:
    horizontal:
- Dränung und Filterschichten:
  - vorhanden
  - nicht vorhanden
- Beschreibung des Umfeldes:
  - Grundwasseranfall durch Gewässer, Fluss usw.
  - Bodenverhältnisse z. B. Fels, Sand, Kies, Lehm usw.
  - Geländeführung z. B. Pflasterbeläge, Kiesbett, usw.
- Angaben zu angreifenden Belastungen:
  - Schlagregen, erhöhte Spritzwasserbeanspruchung durch Plattenbeläge
  - Streusalzbelastung durch Straßennähe
  - Pfützenbildung etc.
- Optische Beurteilung von Schäden:
  - Anstrichschäden
  - Abplatzungen, Risse, Salzunterwanderungen
- Schäden an Oberflächen wie Naturstein, Putz, Ziegel:
  - Abplatzungen, sandende Oberflächen, Salzausblühungen, Krustenbildung, Auswitterungen, Verschmutzungen
  - ggf. Abschätzen der Verwitterungstiefe ...
  - Feuchtigkeitsschäden
  - Höhe der Durchfeuchtungszone, Feuchtehorizonte, Salzschäden, Putzabplatzungen, Anstrichschäden, Bewuchs mit Algen u. a. Mikroorganismen
  - Lage der Schäden
    - innen oder außen
- Labortechnische Untersuchungen:
  - Bestimmung der bauschädlichen Salze
  - Salzgehalt an mehreren Proben (quantitativ bzw. halbquantitativ)
  - Bestimmung der Bauteilfeuchte

- Durchfeuchtungsgrad (DFG)
- Durchfeuchtungsgrad hygroskopischer Feuchte (DFGhyg)
- Feuchteprofil im Wandquerschnitt

7.7 Regelwerke

Die Sanierung sollte sich an den normativen Vorgaben der DIN 18533-1 und dem WTA-Merkblatt 4-6 Nachträgliches Abdichten erdberührter Bauteile [5] orientieren. Anders als im Neubau tritt bei der Sanierung allerdings eine Vielzahl unterschiedlicher Randbedingungen auf, die in den Normen keinerlei Berücksichtigung finden. Daher wurden von der WTA in den vergangenen Jahren umfangreiche Merkblätter für die Sanierung schadhafter Bauwerke entwickelt.

Für die Instandsetzung von schadhaften Bauwerksabdichtungen sind die Merkblätter der WTA mit den folgenden Titeln einzusetzen:

- Merkblatt 4-6 **Nachträgliches Abdichten erdberührter Bauteile** [5],
- Merkblatt 2-9 **Sanierputzsysteme** [28],
- Merkblatt 4-4 **Mauerwerksinjektion gegen kapillare Feuchtigkeit** [11],
- Merkblatt 4-7 **Nachträgliche mechanische Horizontalsperre** [10],
- Merkblatt 4-5 **Beurteilung von Mauerwerk – Mauerwerksdiagnostik** [6].

Zusätzlich zu den bisher veröffentlichten Werken erarbeitet die WTA derzeit ein neues Merkblatt E-4-9 mit dem Titel **Instandsetzung von Gebäude- und Bauteilsockeln** [7]. Dieses Merkblatt beschäftigt sich ausschließlich mit der Instandhaltung und Sanierung schadhafter Gebäudesockel. Analog zu den bereits etablierten Merkblättern der WTA enthält auch dieses Werk detaillierte Angaben zu Bauzustandsanalyse, Planung und Ausführungshinweise. Ergänzend zu den textlichen Ausführungen sollen zeichnerische Darstellungen die Anwendung des Merkblattes erleichtern.

Inhaltsverzeichnis des WTA-Merkblatt-Entwurfs E-4-9:

1. Geltungsbereich
   - Anwendung
   - Definitionen/Begriffsbestimmungen
2. Voruntersuchungen
   - Bauteilzustand
   - Materialkenndaten
   - Art der Wasserbeanspruchung
   - Zusammenstellung und Auswertung der Untersuchungsergebnisse
3. Planung
   - Instandsetzungskonzept

4. Ausführung
   - Grundlagen der Sockelabdichtung an zu verputzenden Sockeln und Mauerwerk
   - Einschaliges Mauerwerk
   - Mehrschaliges Mauerwerk
   - Beschreibung der einzelnen Arbeitsschritte
   - Detailausführung
5. Flankierende Maßnahmen
   - Entwässerung/Dränung/Horizontalsperren
6. Dokumentation und Qualitätssicherung
7. Literaturnachweise
8. Quellenhinweise
9. Checklisten

7.8 Sanierung/Instandhaltung

»Ziel der Instandsetzung von Bauteilsockeln ist der dauerhafte Schutz tragender und nichttragender Bauteile gegenüber den erhöhten mechanischen, hygrischen, thermischen und chemischen Belastungen entlang des Bauteilsockels. Auch die Wiederherstellung des ursprünglichen (historischen) Erscheinungsbilds kann Instandsetzungsziel sein.« [7]

Um das vorab definierte Ziel einer Sockelinstandsetzung zu erreichen, ist vor Beginn der Arbeiten ein detailliertes Instandsetzungskonzept zu erarbeiten. Anhand der Ergebnisse der Bauzustandsanalyse ist festzulegen, welche Maßnahmen zweckmäßig sind und angewendet werden müssen.

Abhängig vom Bauzustand können folgende Maßnahmen erforderlich werden:
- nachträgliche Horizontalsperre,
- vertikale Sockel-/Spritzwasserabdichtung,
- Erneuerung des Sockelputzes,
- wärmetechnische Verbesserung (z. B. WDVS),
- Erneuerung der Beschichtungssysteme,
- hydrophobierende Imprägnierungen auf Sichtmauerwerk,
- Neugestaltung des angrenzenden Geländes.

In der Regel sind bei einem schadhaften Sockel mehrere der o. g. Arbeiten erforderlich. Um das Erscheinungsbild und die Funktionsfähigkeit einer Sanierungsmaßnahme über einen angemessenen Zeitraum zu gewährleisten, ist es wichtig, dass die verwendeten Baustoffe genau aufeinander abgestimmt sind. Es empfiehlt sich, bei der Sanierung immer auf abgestimmte Produktsysteme zurückzugreifen. Weiterhin ist darauf zu achten, dass die Produkte für die geplante Anwendung auch geeignet und zugelassen sind. Erneute Schädigungen an bereits sanierten Bauteilen lassen sich häufig auf ungeeignete Baustoffe zurückführen.

7.8.1 Baustoffe für Abdichtungen des Sockels

Mineralische Dichtschlämmen (MDS) basieren auf einer Mischung von hydraulischem Bindemittel und mineralischen Zuschlägen. Die ein- oder mehrkomponentigen (Kunststoffkomponenten) Abdichtungsmaterialien lassen sich sowohl im Schlämm- als auch im Spritzverfahren verarbeiten. Bei mineralischen Dichtschlämmen unterscheidet man zwischen nicht rissüberbrückenden (starren) und rissüberbrückenden (flexiblen) MDS. Um MDS für die Bauwerksabdichtung einsetzen zu dürfen, muss ihre Verwendbarkeit in Form eines allgemein bauaufsichtlichen Prüfzeugnisses (abP) nachgewiesen werden.

Kunststoffmodifizierte Bitumendickbeschichtungen (PMBC) sind pastöse, spachtel- oder spritzfähige Abdichtungsstoffe. Bei den Massen handelt es sich um kunststoffmodifizierte Bitumenemulsionen, die mit oder ohne Beimengung von Bindemitteln, wie z. B. Zusatzstoffe oder Mineralstoffe, aus einer oder zwei Komponente(n) bestehen. Die Aushärtung der Materialien erfolgt durch physikalische und/oder chemische Reaktionen. Ausführlichere Informationen zur Verarbeitung von kunststoffmodifizierten Bitumendickbeschichtungen sind in Kapitel 4 »Anwendung und Grenzen normengerechter PMBC-Bauwerksabdichtungen« zu finden.

Flexible polymermodifizierte Dickbeschichtungen (FPD) bestehen im Wesentlichen aus mineralischen Gesteinskörnungen, Füllstoffen, hydraulischen und/oder polymeren Bindemitteln sowie Additiven. Die ein- oder zweikomponentigen Abdichtungsstoffe können spachtel-, streich- oder spritzfähig eingestellt sein. Ähnlich wie bei PMBC erfolgt auch bei FPD die Aushärtung der Materialien über eine physikalische sowie eine chemische Reaktion.

7.8.2 Baustoffe für Sockelputze

In der DIN V 18550 **Putz und Putzsysteme – Ausführung** werden die Anwendungen der Putze anhand der örtlichen Lage am Bauwerk unterschieden. Für den spritzwassergefährdeten Sockelbereich ist ein Außensockelputz definiert. Um den erhöhten Belastungen aus Schlagregen und Spritzwasser standzuhalten, müssen Außensockelputze entsprechend den nachfolgenden Grenzwerten der DIN V 18550 [16] wasserabweisend sein:

- $w < 0{,}5\ kg/(m^2 \times h^{0,5})$ *Wasseraufnahmekoeffizient,*
- $s_d < 2{,}0\ m$ *diffusionsäquivalente Luftschichtdicke,*
- $w \times s_d < 0{,}2\ kg/(m^2 \times h^{0,5})$

Ferner legt die o. g. Norm Mörtelgruppen für die Außensockelputze fest. In Deutschland werden Putze entsprechend der enthaltenen Bindemittel in die Putzmörtelgruppen P I bis P IV eingeteilt. Für Außensockel sind nur Putze aus den Mörtelgruppen P II und P III anzuwenden.

Mörtelgruppen gemäß der DIN V 18550:
- P I Luftkalkmörtel, Wasserkalk, Mörtel mit hydraulischem Kalk
- P II Kalkzementmörtel, Mörtel mit hydraulischem Kalk oder mit Putz- und Mauerbinder
- P III Zementmörtel mit oder ohne Zusatz von Kalkhydrat
- P IV Gipsmörtel und gipshaltige Mörtel

Die Druckfestigkeitsklassen (Compressive Strength – CS) sind hingegen in der europäischen DIN EN 998-1 **Festlegung für Mörtel im Mauerwerksbau** [29] festgelegt:
- CS I 0,4 bis 2,5 N/mm^2
- CS II 1,5 bis 5,0 N/mm^2
- CS III 3,5 bis 7,5 N/mm^2
- CS IV >6,0 N/mm^2

Abhängig vom Untergrund können im Sockelbereich Putze mit den Druckfestigkeitsklassen CS III und CS IV eingesetzt werden. Bei Oberputzen oder bei Sanierputzen gemäß WTA sind auch Druckfestigkeiten der Klasse CS II anwendbar. Als Mindestdruckfestigkeit ist allerdings in der DIN V 18550 ein Wert von 2,5 N/mm^2 festgelegt.

Entsprechend den oben genannten Kriterien sind folgende Putzmörtel für den Einsatz im Sockelbereich geeignet:
- Unterputze
  - mineralischer Werktrockenmörtel wie Kalk-Zementputz, CS III,
  - mineralischer Werktrockenmörtel wie Zementputz, CS IV,
- Oberputze
  - mineralischer Werktrockenmörtel wie Kalk-Zementputze CS III, CS II,
  - mineralischer Werktrockenmörtel wie Zementputz, CS IV.

In der seit Januar 2005 und zuletzt 2017 aktualisierten gültigen Fassung der DIN EN 998-1 sind neben den Anforderungsklassen an die Druckfestigkeit auch Vorgaben für die kapillare Wasseraufnahme enthalten. Die Wasseraufnahme wird in den Klassen W_C0 bis W_C2 angegeben.

Kapillare Wasseraufnahme gemäß DIN EN 998-1:
- W_C0 nicht festgelegt
- W_C1 $C \leq 0{,}40$ kg/(m^2 × min^{0,5})
- W_C2 $C \leq 0{,}20$ kg/(m^2 × min^{0,5})

Diese Werte der kapillaren Wasseraufnahme werden mittels eines speziellen Verfahrens bestimmt. Die nach DIN EN 998-1 bestimmten Werte sind sich nicht mit den Wasseraufnahmewerten der deutschen DIN V 18550 vergleichbar.

Hinweis: In der Praxis haben sich, neben den oben genannten Putzen, auch mineralische, kunststoffvergütete Trockenmörtel, sogenannte Sperrputze, für den Einsatz in stark feuchtebeanspruchten Bereichen bewährt. Die meist faserverstärkten Mörtel sind aufgrund einer sehr geringen kapillaren Wasseraufnahme von $C < 0{,}1\ kg/(m^2 \times min^{0,5})$ sowie einer hohen Druckfestigkeit (CS IV) optimal für den Einsatz im Sockel geeignet.

7.8.3 Sanierputzmörtel

Die DIN EN 998-1 beschreibt darüber hinaus auch Sanierputze. Diese werden zum Verputzen feuchter und salzhaltiger Mauerwerke verwendet. Diese Werkstrockenmörtel weisen hohe Porosität und Wasserdampfdiffusion sowie eine verminderte kapillare Leitfähigkeit auf. Ein derartiger Sanierputzmörtel versagt allerdings auf erhöhten salzhaltigen Untergründen, da in der DIN EN 998-1 keine Anforderungen an Porosität und Salzresistenz gefordert werden. Hier kommt das WTA-Merkblatt 2-9 **Sanierputzsysteme** zum Tragen.

Sanierputze weisen gegenüber herkömmlichen Putzen eine erhebliche höhere Porosität auf. So muss laut Definition ein Sanierputz-WTA eine Porosität von >40 Vol. %, ein Grundputz -WTA als Ausgleichsputz eine Porosität von >35 Vol. % und als Porengrundputz eine Porosität von >45 Vol. % aufweisen. Außerdem bestehen Sanierputzsysteme aus genau aufeinander abgestimmten Systemkomponenten. Je nach Versalzungsgrad der Wand werden bestimmte Maßnahmen definiert. In der Tabelle 21 sind diese dargelegt.

Versalzungsgrad	Maßnahmen	Schichtdicken in mm	Bemerkungen
gering	1. Spritzbewurf 2. Sanierputz-WTA	≤5 ≥20	Spritzbewurf in der Regel nicht deckend, gegeben falls nach Herstellervorschrift voll deckend
mittel bis hoch	1. Spritzbewurf 2. Sanierputz-WTA 3. Sanierputz-WTA	≤5 10–20 10–20	
	1. Spritzbewurf 2. Porengrundputz-WTA 3. Sanierputz-WTA	≤5 ≥10 ≥15	Gesamtdicke der Schichten <40 mm

Tabelle 21 Maßnahmen in Abhängigkeit des Versalzungsgrads [28]

7.9 Grundlagen für die Ausführung gemäß WTA-Merkblatt-Entwurf E-4-9

7.9.1 Untergrundvorbehandlung

Um eine saubere und tragfähige Baustoffoberfläche für den Wiederaufbau der Bauwerksabdichtung zu erhalten, müssen alle alten und haftungsmindernden Bestandteile entfernt werden. Ggf. ist ein Rückbau bis auf den mineralischen Rohbauuntergrund (z.B. Mauerwerk oder Beton) vorzunehmen.

Hierfür können folgende Arbeiten notwendig sein:

- schadhafte Putze oder Beschichtungen sind mindestens bis 80 cm über die letzte sichtbare Schadenzone hinaus zu entfernen,
- schadhafte und schadsalzbelastete Fugen bis ca. 2 cm tief ausräumen,
- vorhandene Horizontalsperren (Bahnen, Bleche, Folien), ca. 2 cm tief, nutförmig entfernen,
- Kanten und Vorsprünge sind zu fasen,
- Oberflächen von haftungsmindernden Bestandteilen befreien.

7.9.2 Vorarbeiten/Egalisierung

Ist eine Abdichtung im Sockelbereich aufzutragen, so ist der Untergrund vor dem Auftrag der Abdichtungslage zu egalisieren. Dazu sind alle Löcher, Unebenheiten und Fugen <5 mm zu verschließen. Für die bessere Verkrallung der Egalisierung ist mit einem Quast der Untergrund mit einer Haftbrücke zu versehen. Ggf. ist eine Grundierung vorzulegen. Anschließend werden die Fugen und Unebenheiten frisch in frisch mit einem systemverträglichen Mörtel verfüllt. Alternativ kann die Egalisierung auch mit einem Haftspritzbewurf/einer Haftbrücke und einem Ausgleichsputz ausgeführt werden. Hierbei sind die vorgegebenen Arbeitsfolgen, Verbräuche sowie Schichtdicken des Herstellers zu beachten.

Bei ebenen, schadenfreien Untergründen kann auf die Egalisierung verzichtet werden.

Weiterhin sind alle Innenecken, z.B. im Fundament-Wand-Anschluss, mit einer Dichtkehle im Radius von 4 bis 6 cm auszurunden. Hierfür werden systemkonforme Dichtmörtel mit entsprechender Grundierung und Haftbrücke verwendet.

7.9.3 Flankierende Maßnahmen

Wird bei der Bauzustandsanalyse festgestellt, dass die Querschnittsabdichtung nicht funktionstüchtig oder nicht vorhanden ist, so ist vor dem Auftrag der Vertikalabdichtung eine nachträgliche Horizontalsperre einzubauen. Diese kann gemäß WTA-Merkblatt 4-7 **Mechanische Horizontalsperre** [10] oder WTA-Merkblatt 4-4 **Injektionsverfahren mit zertifizierten Injektionsstoffen gegen kapillaren Feuchtetransport** [11] (Neu: WTA-Merkblatt-Entwurf E-4-10 **Injektionsverfahren mit zertifizierten Injektionsstoffen gegen kapillaren Feuchtetransport** [12]) ausgeführt werden.

7.9.4 Auftrag der Sockelabdichtung

Die Spritzwasserabdichtung ist entsprechend den Vorgaben von Kapitel 7.4 durchzuführen. Für die Instandsetzung empfiehlt das WTA-Merkblatt E-4-9 flüssig zu verarbeitende Abdichtungsmaterialien.

Für die Ausführung der Abdichtungsarbeiten sind folgende Grundsätze zu beachten:

- Die Abdichtung muss auf den Untergrund bzw. auf die Egalisierung abgestimmt sein. Es sollte immer mit systemkonformen Abdichtungsstoffen gearbeitet werden.
- Die Verarbeitung von flüssig aufzutragenden Abdichtungsstoffen erfolgt im Spachtel-, Spritz- oder Schlämmverfahren. Hierbei sind mindestens zwei Arbeitsgänge auszuführen. Der Auftrag der zweiten Lage oder ggf. weitere Aufträge erfolgen, sobald die vorherige Schicht nicht mehr verletzt werden kann.
- Die Sockelabdichtung beginnt nach Definition des WTA-Merkblatts E-4-9 *»planmäßig 30 cm über Geländeoberfläche/vorspringendem Bauteil (Spritzwasserbereich) und endet bei einer Einbindetiefe in das Gelände von 20 cm«* [7].
- Im erdberührten Bereich ist die Abdichtung überlappend an die vorhandene Bauwerks- bzw. Kellerabdichtung anzubinden.

Die Anwendungsbereiche flüssig aufzutragender Abdichtungsstoffe für die Instandsetzung erdberührter Wandflächen, Verblendauflager und Sockel sind folgender Tabelle zu entnehmen.

Nr.	System der Abdichtung	Mindesttrocken-schichtdicke	Lagenzahl/ Arbeitsgänge	Anwendung
1	PMBC	3 mm	2*	Verblendauflager
2	FLK	2 mm	2	Verblendauflager und Spritzwassersockel
3	MDS	2 mm	2	
4	FPD	2 mm	2	

* mit zusätzlicher Verstärkungslage

Tabelle 22 Mindesttrockenschichtdicken von Abdichtungsstoffen im Sockelbereich

7.9.5 Verklebung von Sockeldämmplatten

Die Dämmung des Fassadensockels kann bei nicht unterkellerten Gebäuden gering in das Erdreich eingebunden sein. Alternativ können im Zuge einer energetischen Kellersanierung die im Erdreich verwendeten Perimeterdämmplatten bis zur oberen Sockellinie hochgeführt werden.

Bei der Verklebung der Dämmplatten sind folgende Grundsätze zu beachten:

- Die Verklebung der Dämmplatten ist im Punkt-Wulst-Verfahren oder als vollflächige Verklebung auszuführen. Eine Punktförmige Verklebung ist nicht zulässig, da es in diesem Fall zu Hinterläufigkeit der Dämmplatten kommen kann.
- Ist die Sockelabdichtung analog der Kellerabdichtung mit PMBC gemäß DIN EN 15814 ausgeführt worden, so kann auch für die Verklebung der Dämmung ein systemverträgliches PMBC-Material verwendet werden.
- Ist der Sockel mineralisch abgedichtet, so können übliche Klebemörtel verwendet werden.

Prinzipiell gilt: Perimeterdämmplatten sind oberhalb der GOK >15 mm mit mindestens 4 Dübeln je m^2 oder 2 Dübeln pro Platte zu fixieren. Für die Montage der Dämmplatten im Übergang Sockel/Perimeterdämmplatten ist den Herstellerangaben des verwendeten Materials Folge zu leisten.

7.9.6 Sockelputze

Die Anforderungen an Sockelputze waren z. B. in der früheren DIN V 18550 formuliert. Hier war z. B. definiert, dass Außensockelputze *»… ausreichend fest, wasserabweisend und widerstandsfähig gegen kombinierte Einwirkung von Feuchte und Frost …«* [16] sein müssen. Die aktuellen Regelungen finden sich in DIN EN 13914-1 von 2016 ergänzt durch DIN 18550-1 von 2018 ([17], [18]). Weiterhin ist zu berücksichtigen, dass bei feuchten und/oder versalzenen Untergründen Sanierputzsysteme nach WTA-Merkblatt 2-9 anzuwenden sind.

Für den Putzauftrag ist zu beachten:

- Oberhalb der unteren Sockellinie ist eine systemkonforme Haftbrücke herzustellen.
- Der Auftrag des Unterputzes kann von Hand oder maschinell erfolgen. Die einzelnen Putzlagen sind gleichmäßig dick aufzubringen. Hierbei hat sich die zweilagige Arbeitsweise nass in nass, in die ansteifende, noch nicht ausreagierte Putzlage bewährt.
- Die Putzschichtdicke beträgt mindestens 20 mm. Geringfügige Abweichungen dürfen 15 mm nicht unterschreiten.
- In den Unterputz wird die Putzarmierung eingebettet. Diese muss möglichst oberflächennah in der oberen Putzhälfte liegen.
- Abschließend ist ein dekorativer Oberputz aufzubringen.

7.9.7 Sanierputzsysteme-WTA

Die Trockenschichtdicken von einlagig aufzutragenden Sanierputzen sollte mindestens >20 mm betragen. Die Verarbeitung in der Sockelanwendung sollte zweilagig erfolgen. Bei der zweilagigen Ausführung muss jede Schicht eine Dicke von mindestens 10 mm aufweisen. Abhängig vom Versalzungsgrad des Untergrundes kann ein Grundputz als Ausgleichsputz und/oder Porengrundputz erforderlich sein. Wenn ein Oberputz vorgesehen ist, ist die Oberfläche für die Folgelage aufzukämmen.

7.9.8 Putzabdichtung

Um die kapillare Feuchtigkeitsaufnahme des Sockelputzes zu unterbinden, ist eine Putzabdichtung auszuführen. Diese werden in der Regel aus rissüberbrückenden mineralischen Dichtschlämmen hergestellt. Die Anbindung muss im erdberührten Bereich an die Bauwerksabdichtung sichergestellt werden und oberhalb der Geländeoberfläche mindestens 5 cm auf den Sockelputz geführt werden, um ihn porendicht gegen stehende Nässe und Schneeschmelze zu sichern.

7.10 Sanierung von steinsichtigen Gebäudesockeln

Anders als bei Putzsockeln scheidet bei steinsichtigen Fassadensockeln eine flächige, mineralische Spritzwasserabdichtung mit abschließendem Sockelputzsystem aus. Die klassische erdberührte Bauwerksabdichtung endet an der Geländeoberkante. Für die Instandsetzung von Sicht- bzw. Verblendmauerwerk sind daher andere Maßnahmen erforderlich:

- Ausbau alter, schadhafter Fugennetze; anschließende Neuverfugung mit entsprechend wasserabweisendem Fugenmörtel,
- Austausch schadhafter oder stark saugfähiger Steinmaterialien gegen nicht saugfähiges Steinmaterial,
- ggf. kann als flankierende Maßnahme eine Hydrophobierung gemäß WTA-Merkblatt 3-17 **Hydrophobierende Imprägnierungen von mineralischen Baustoffen** [32] durchgeführt werden; eine Hydrophobierungsmaßnahme ist immer vollflächig, sprich über die gesamte Fassadenfläche auszuweiten; von teilflächigen Hydrophobierungen ist abzuraten.

Ist bei zweischaligem Mauerwerk die Fußpunktabdichtung defekt, unvollständig oder nicht vorhanden, so ist diese zu erneuern. Hierfür ist die Vormauerschale abschnittsweise zu öffnen und auf der Außenseite der Innenschale eine Abdichtung einzubauen. Als Abdichtungsmaterialien sind die in DIN 18533, Teile 2 und 3 genannten Produkte für die Querschnittsabdichtung zu verwenden.

Um die Standsicherheit des Bauwerks nicht zu gefährden, erfolgt die Bauteilöffnung in Anlehnung an die DIN 4123 **Ausschachtung, Gründung und Unterfangungen im Bereich bestehender Gebäude** [33].

7.11 Ausführungsvarianten

7.11.1 Einschaliges Mauerwerk mit Wärmedämmverbundsystem (WDVS)

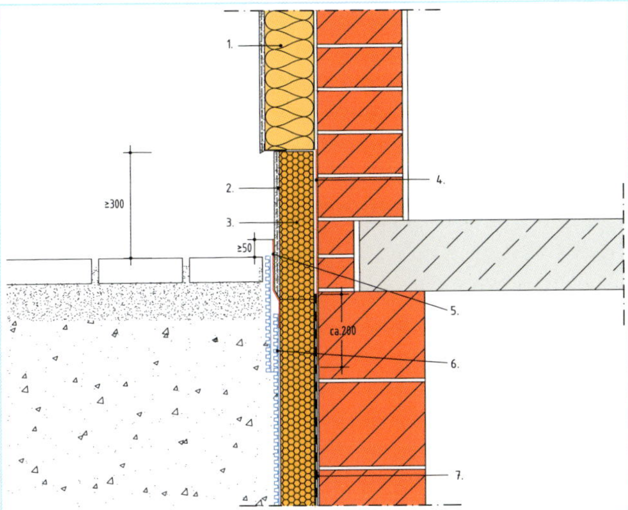

Bild 110 Sockelabdichtung eines unterkellerten Gebäudes mit Perimeterdämmung und WDVS

1. Wärmedämmverbundsystem (WDVS)
2. Sockelputz DIN V 18550
3. Sockeldämmung (z. B. Perimeterdämmung)
4. mineralische Dichtschlämme (MDS)
5. mineralische Dichtschlämme (MDS)
6. Schutzschicht gemäß DIN 18533-1 (z. B. zweilagige Noppenbahn mit Gleitschicht)
7. polymermodifizierte Bitumendickbeschichtung (PMBC)

Arbeitsschritte:

- Untergrundvorbehandlung
- Egalisierung des Untergrunds
- Auftrag der mineralischen Sockel-/Spritzwasserabdichtung
- Auftrag der erdberührten, bituminösen Kellerabdichtung
- Verklebung der Perimeterdämmplatten
- Auftrag des Sockelputzes
- Auftrag der Sockelputzabdichtung (Kapillarverschluss)
- Einbau einer zweilagigen Noppenbahn

7.11.2 Einschalige, verputzte Sockelausführung

Bild 111 Sockelabdichtung eines nicht unterkellerten Gebäudes mit einschaligem, verputztem Mauerwerk

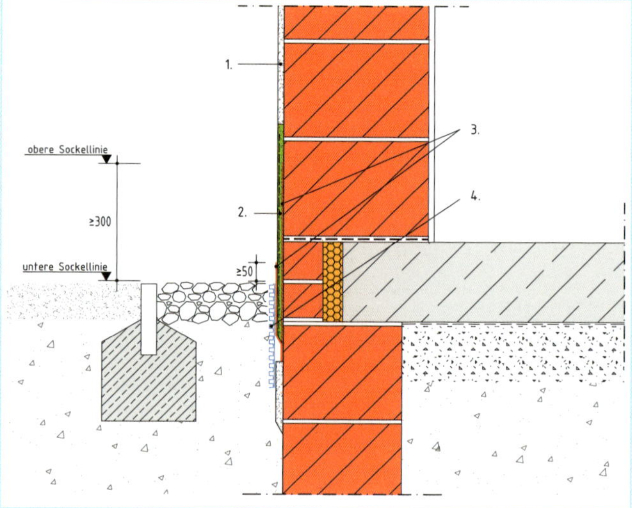

1. Fassadenputz
2. Sanierputz gemäß WTA
3. mineralische Dichtschlämme
4. Schutzschicht gemäß DIN 18533-1 (z. B. zweilagige Noppenbahn mit Gleitschicht)

Arbeitsschritte:

- Untergrundvorbehandlung
- Egalisierung des Untergrunds
- Auftrag der mineralischen Sockel-/Spritzwasserabdichtung
- Auftrag des Sanierputzes
- Auftrag der Putzabdichtung (Kapillarverschluss)
- Schutz der Abdichtung

7.11.3 Zweischaliges Mauerwerk

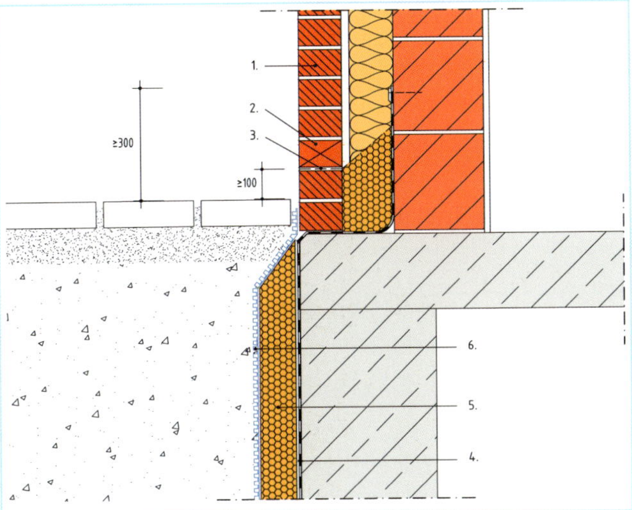

1. Verblendmauerwerk
2. Entwässerungsöffnung
3. Z-Folie
4. polymermodifizierte Bitumendickbeschichtung (PMBC)
5. Perimeterdämmung
6. Schutzschicht gemäß DIN 18533-1
   (z. B. zweilagige Noppenbahn mit Gleitschicht)

Bild 112 Sockelabdichtung bei einem unterkellertem Gebäude mit zweischaligem Mauerwerk

Arbeitsschritte:

- Erneuerung der Fußpunktabdichtung
- Egalisierung des Untergrunds im erdberührten Bereich
- Auftrag der erdberührten, bituminösen Kellerabdichtung
- Verklebung der Perimeterdämmplatten
- Einbau einer zweilagigen Noppenbahn
- ggf. Hydrophobierung der Fassade

8 Maßnahmen zur Qualitätssicherung

Funktionsfähigkeit und Dauerhaftigkeit einer Abdichtungsbauweise im Neubau und Bestand hängen nicht nur von deren fachgerechten Planung, sondern auch maßgeblich von der fachgerechten Ausführung und den Qualitätskontrollen ab.

Bild 113 Funktionsprüfung fertiggestellter PMBC-Abdichtung

Kontrollmaßnahmen der Abdichtungsarbeiten nehmen je nach Art und Intensität der Wasserbeanspruchung zu. Die Schadensanfälligkeit infolge mangelhafter Untergrundvorbehandlungen und Verarbeitungsfehler nimmt ebenfalls mit intensiveren Wasserbeanspruchungen zu. Zwangsläufig muss bei Einbausituationen und Wasserbeanspruchung durch aufstauendes Sickerwasser/Druckwasser besondere Sorgfalt auf die Qualitätsüberwachung der jeweiligen Abdichtungsarbeiten gelegt werden. Ein Instrument dieser Qualitätssicherung ist die Qualitätskontrolle der Ausführung. Die wesentlichen Kontrollen systematischer Qualitätsüberwachung auf der Baustelle beginnen mit der Herstellung tragfähiger Untergründe und enden mit der Dokumentation der Arbeiten zum Zeitpunkt der Ausführung. Es ist den Abdichtungsunternehmen zu empfehlen, eine systematische Eigenüberwachung vor Ort zu organisieren.

Bild 114 Hinterfeuchtungsschutz und Kontaktbrücke auf vorhandener Bitumenabdichtung (Quelle: Remmers GmbH, Löningen)

Für die Untergrundvorbereitungen und Eigenüberwachung zum Zeitpunkt der Ausführung werden nicht nur in DIN 18533 **Bauwerksabdichtungen erdberührter Bauteile** Mindeststandards beschrieben. Hierzu zählen die Untergrundvorbehandlungen zur Herstellung eines tragfähigen Untergrundes, die Einhaltung der Mindesttrockenschichtdicken durch Messung der Nassschichtdicken, Feststellungen der Haftung und Durchtrocknung flüssig aufgetragener Abdichtungsstoffe und nicht zuletzt die Dokumentationen der Abdichtungsarbeiten.

8.1 Messung der Nassschichtdicken

Basis der Eigenüberwachung ist die kontinuierliche Messung der Nassschichtdicke mittels Schichtdickenmesser während des Beschichtungsvorgangs. Die Nassschichtdicke wird gemessen, kontrolliert und muss bei Abdichtungen gegen W2.1-E und im Anschlussbereich von WU-Betonbauteilen protokolliert werden. Beim Auftragen des Materials und der Messung der Nassschichtdicke ist der Trockenrückstand des jeweiligen Abdichtungsstoffes zu berücksichtigen. Die Angaben zum Materialschwund durch Trocknung muss der Hersteller des Produktes liefern. Mit Kenntnis dieser Angaben kann der Bauwerksabdichter die Einhaltung der vorgeschriebenen Trockenschichtdicken über die Kontrolle der Nassschichtdicken des Auftrags prüfen. Beschädigungen der frisch aufgebrachten Abdichtungsmembran durch die Prüfung sind unmittelbar im frischen Zustand zu verschließen.

Für die Überprüfung der Nassschichtdicken werden für kunststoffmodifizierte Bitumendickbeschichtungen (PMBC) und mineralische Dichtungsschlämmen (MDS) mindestens 20 Messungen je Ausführungsobjekt bzw. mindestens 20 Messungen je 100 m^2 Abdichtungsfläche verlangt.

Überprüfungen der Abdichtungsarbeiten gegen W2.1-E Mäßige Einwirkung von drückendem Wasser ≤3 m Eintauchtiefe oder W3-E Nichtdrückendes Wasser auf erdüberschütteten Decken muss die Ausführung mit Verstärkungseinlage vollflächig erfolgen. Die Messungen der Nassschichtdicke sind dann vor und nach dem Einbau durchzuführen. Beim Anschluss an ein Betonbauteil mit erhöhtem Wasserwiderstand ist zusätzlich zur Nassschichtdickenkontrolle diese ebenfalls im Ausführungsprotokoll zu protokollieren.

Messung	1	2	3	4	5	6	7	8	9	10	11	12	13	14	15	16	17	18	19	20
1. Schicht																				
2. Schicht																				
gesamt																				
2 mm																				
3 mm																				
4 mm																				
5 mm																				
6 mm																				
>6 mm																				

Tabelle 23 Beispiel für die Dokumentation von Nassschichtdicken

8.2 Prüfung von Trockenschichtdicken

Die Trockenschichtdicke der Bauwerksabdichtung kann nachträglich am Objekt nur zerstörend überprüft werden. Diese Prüfung ist nicht Teil planmäßiger Qualitätssicherung und sollte nur in begründeten Einzelfällen durchgeführt werden, wie z. B. bei Zweifeln an den geforderten Mindesttrockenschichtdicken oder fehlender Ausführungsdokumentation. Im Vorfeld ist zu klären, wie diese Fehlstellen der Bauwerksabdichtung wieder zu verschließen sind. Für die Prüfung wird die Abdichtung bei PMBC z. B. V-förmig eingeschnitten und vom Untergrund abgetragen. Die Trockenschichtdicke kann dann mittels Schieblehre ermittelt werden. MDS sind z. B. mittels Einhandwinkelschleifer aus dem Untergrund zu trennen.

Die in der Norm beschriebenen Keilschnittverfahren für PMBC-Abdichtungen dienen weniger der Messung der Trockenschichtdicke, sondern sind als Durchtrocknungsprüfung des flüssig aufgetragenen Abdichtungsstoffs zu nutzen. Weitere informative Hinweise gibt das Beiblatt 2 der DIN 18195:07-2017.

8.3 Prüfungen auf Durchtrocknung

Die Überprüfung und Dokumentation der Durchtrocknung der erdberührten Abdichtung ist für die Freigabe der Folgearbeiten auf der Abdichtungsschicht nötig.

Der Durchtrocknungsprozess von flüssig aufzutragenden Abdichtungsstoffen ist maßgeblich abhängig von:

- der Art des Abdichtungsstoffs,
- der Auftragsart,
- der Luft- und Objekttemperatur,
- den Witterungs- und Windverhältnissen.

Technische Merkblatt-/Datenangaben beziehen sich vornehmlich auf laborseitige Angaben bei Normklima, lassen sich allerdings nicht auf die Baustellenverhältnisse übertragen oder ableiten. Im Zuge der Eigenüberwachung vor Ort können Referenzproben/Musterstücke analog der Untergrundvorbehandlungen, Baustoffe und Abdichtungsaufbauten hergestellt und zum gleichen Ausführungszeitpunkt mit beschichtet werden. Die Referenz-/Musterprobe wird unter gleichen Witterungsbedingungen im Bereich der Baugrube gelagert und mit zeitlichem Versatz überprüft. Die aus der Musterfläche entnommene Materialprobe wird gebrochen und der Durchtrocknungszustand geprüft.

Das Ergebnis sollte wie folgt dokumentiert werden:

- Durchtrocknungsprüfung
  - Referenzfläche/Musterprobe angelegt: ja/nein
    Datum:
  - Durchtrocknung:
    Datum:
  - Besonderheiten ...

8.4 Haftungsprüfungen

Die Durchtrocknung, aber auch die Haftung kunststoffmodifizierter Bitumendickbeschichtungen ist zu prüfen und ebenfalls zu dokumentieren. Hierfür empfiehlt die Abdichtungsnorm den Anschluss an Betonbauteile mit erhöhtem Wassereindringwiderstand zu Prüfzwecken in Teilabschnitten mit der PMBC-Abdichtung über den 150 mm breiten Anschlussbereich weiter zu beschichten. Diese, lediglich zu Prüfzwecken, erstellte Musterfläche am Objekt ist vom abdichtungsrelevanten Teil mittels Kellenschnitt zu trennen.

Bild 115 Referenzmuster außerhalb der Bauwerksabdichtung im Fundamentbereich

In diesem **Prüfabschnitt** kann neben der Durchtrocknung auch die Haftung am Untergrund zerstörend geprüft werden, ohne die Abdichtung zu zerstören. Die Überprüfung der Haftung und Durchtrocknung, ist je 10 m Bauteillänge einmal, mindestens jedoch einmal je Bauwerksseite vorzunehmen. Das Ergebnis ist im Baustellenprotokoll niederzuschreiben.

Folgende Bruchbilder sind möglich und werden wie folgt beschrieben:
- A (Adhäsionsbruch zwischen Abdichtung und Untergrund),
- B (Kohäsionsbruch in der Bauwerksabdichtung),
- C (Kohäsionsbruch im Untergrund).

Bild 116 Bruchbild B in einer FPD

Für die positive Beurteilung der Haftung der Bauwerksabdichtung sollte vornehmlich das Bruchbild B vorliegen. Diese Art der zerstörenden Prüfung ohne die Abdichtungsmembran zu zerstören, könnte die bekannte Referenzprobe ablösen.

8.5 Baustellendokumentationen für Neubauabdichtungen und nachträgliche Abdichtungen im Bestand

Die Funktionsfähigkeit einer Bauwerksabdichtung sollte durch eine qualifizierte Dokumentation der Ergebnisse einer Eigenüberwachung auf der Baustelle nachgewiesen werden. Messprotokolle, Checklisten und Ähnliches bieten sich für die übersichtliche und geordnete Baustellendokumentation an.

Für die Baustellendokumentation von Bauwerksaußenabdichtungen im Bestand könnte folgende Checkliste berücksichtigt werden.

- Allgemeine Kenndaten:
  - Ausführungsfirma
  - Abdichter/-in
  - Auftraggeber
  - Bauvorhaben
  - Abdichtungssystem
  - Hersteller der Abdichtungsbauweise
  - Systemkomponenten/Produktnamen/Chargennummer
  - Zeitpunkt/Zeitraum der Ausführung
  - Witterungsbedingungen
  - Luft-, Objekt- ggf. Materialtemperatur
  - Baufortschritt
    - Betonsohle
    - Kellerwände Kellerdecke
- Baugrund gemäß Bodengutachten:
- Dränung nach DIN 4095
- Wassereinwirkungsklasse nach DIN 18533
  - W1.1-E, Situation 1, Bodenfeuchte bei Bodenplatten in stark durchlässigem Boden
  - W1.1-E, Situation 2, Bodenfeuchte/nichtdrückendes Wasser bei erdberührten Bodenplatten und Wänden in stark durchlässigem Boden
  - W1.2-E Bodenfeuchte/nichtdrückendes Wasser bei erdberührten Bodenplatten und Wänden in wenig durchlässigem Boden mit Dränung nach DIN 4095
  - W2.1-E, Situation 1, Stauwasser bis 3 m bei Einbindetiefe maximal 3 m in wenig durchlässigem Boden
  - W2.1-E, Situation 2, Grundwasser bis 3 m, Einbindetiefe und Bodenart beliebig
  - W2.1-E, Situation 3, Hochwasser bis 3 m, Einbindetiefe und Bodenart beliebig
  - W3-E, Nichtdrückendes Wasser auf Deckenflächen mit maximal Anstauhöhe <10 cm
  - W4-E, Spritzwasser am Wandsockel
  - W4-E, Kapillarwasser in/unter Wänden
  - hygroskopische Feuchte nach WTA Merkblatt 4-6
  - Besonderheiten ...

- Untergründe:
  - Mineralische Bauteiluntergründe, wie:
  - Betonsohle (mit Überstand oder bündig)
  - Betonwand
  - WU-Beton
  - Mauerwerk
  - verputzte Fläche
  - Altabdichtungen, wie:
    - bituminöse Altanstriche
    - kunststoffmodifizierte Bitumendickbeschichtungen (PMBC)
    - bahnenförmige Bauwerksabdichtung
    - teerhaltige Abdichtungen
    - mineralische Dichtungsschlämmen
    - wasserundurchlässige Putzsysteme **(Sperrputz)**
  - Sonstige ...
  - Bemerkungen ...
  - Querschnittsabdichtung aus:
    - bahnenförmigem Abdichtungsstoff
    - mineralischer Dichtungsschlämme
  - Vorbehandlungen
    - WU-Betonvorsprung, Stirnseite mechanisch abgetragen nach Herstellervorschrift
    - Außenecken fasen
    - Hervorstehende Mauersperrbahn zurückgeschnitten
    - Vertiefungen und Ausbruchstellen <5 mm vermörtelt/Ausgleichsputz
    - Vertiefungen <5 mm verschlossen mit Kratzspachtelung/Dünnschichtputz
- Reinigungsverfahren:
  - Abkehren der Flächen
  - Hochdruckreinigung
  - Feuchtsandstrahlen
  - Trockeneisverfahren
  - mechanischer Rückbau
  - Sonstige ...
- Zwischenabdichtungen:
  - lokal
  - am Wandfußpunkt (Hinterfeuchtungsschutz)
  - flächig
  - sonstige Maßnahmen

- Untergrundvorbehandlungen:
  - Innenecken runden mit Dichtmörtel als Dichtkehle mit 4 bis 6 cm Ausrundung
  - Schutz gegen rückseitig einwirkendes Wasser durch Zwischenabdichtung/Hinterfeuchtungsschutz
  - Sonstige Vorbehandlungen
- Grundierungen:
  - Bitumenemulsion,
    Mischungsverhältnis 1:x (Wasserverdünnung nach Herstellervorschrift)
  - Bitumenanstrich auf Lösemittelbasis
  - Silikatgebundener Voranstrich,
    Mischungsverhältnis 1:x (Wasserverdünnung nach Herstellervorschrift)
  - Kunstharzdispersion
  - Wasser
- Abdichtungsbauweise:
  - bahnenförmige Bauwerksabdichtung
  - Art, Lage/n, Art des Auftrages
  - kunststoffmodifizierte Bitumendickbeschichtungen (PMBC)
    - einkomponentig
    - zweikomponentig
  - mineralische Dichtschlämmen (MDS)
    - rissüberbrückend (flexibel)
    - nicht rissüberbrückend (starr)
    - einkomponentig
    - zweikomponentig
  - flexible polymermodifizierte Dickbeschichtungen (FPD)
    - einkomponentig
    - zweikomponentig
  - Sonstige ...
- Fugen-/Dichtband
- Verstärkungseinlage
- Durchdringungssystem
- Schutz-/Nutzschicht:
  - Dränmatte
  - Dränplatte
  - Kombinationsplatte
  - Perimeterdämmung
    - Dicke
    - Verklebung
    - Kleber
      - punktweise
      - vollflächig

        - Sonstiges …
        - Flankierende Maßnahmen
            - Dränung zum Schutz baulicher Anlagen
            - nachträgliche Horizontalabdichtung
        - mechanisches Verfahren
            - Art …
        - Injektionsverfahren
            - drucklos
            - Niederdruck
        - Sockelinstandsetzung
        - Raumseitige Maßnahmen
            - technische Trocknung
            - Bodenflächenabdichtung
            - Sanierputzsystem-WTA
    - Sonstige Maßnahmen …
- Qualifikationsnachweis des Ausführenden:
    - Holz- und Bautenschutztechniker/in (Geselle/in)
    - Fachkraft für Holz- und Bautenschutz (Geselle/in)
    - Holz- und Bautenschutztechniker/in
    - Meister/in im Holz- und Bautenschutzhandwerk
    - Holz- und Bautenschutztechniker/in
    - DHBV/Handwerkskammer geprüfter Kellerabdichter
    - DHBV Fortbildungsseminar mit Personenqualifikation / TÜV-Prüfung »Nachträgliche Bauwerksabdichtung«
    - Personenqualifikation Abdichtungsschein
        - PMBC-Abdichtungsschein des Ausbildungsbeirat Abdichtung e. V.
        - TÜV-Zertifikat »Nachträgliche Bauwerksabdichtung« des Deutschen Holz- und Bautenschutzverbandes e. V.

8.6 Qualifikationen

Die Ausführung vermeintlich einfach zu verarbeitender Abdichtungsstoffe bedarf der speziellen Ausbildung des Bautenschützers/Bauwerksabdichters.

Die fachspezifische Aus- und Weiterbildung umfasst neben der Beurteilung des Dichtungsträgers die notwendigen vorbereitenden Arbeiten und Schutzmaßnahmen. Die Qualitätssichernden Maßnahmen, nicht nur für Bauwerksabdichtungen im Bestand, beginnen bevor die eigentliche Verarbeitung der Abdichtungsstoffe stattfindet und enden mit der Übergabe des mangelfreien Gewerks.

8.6.1 Qualifikationsnachweise durch Weiterbildungen

»Die ausführenden Unternehmen müssen die Fachkunde durch entsprechende personenbezogene Qualifikationsnachweise belegen« [5]. Dieses könnten z. B. Schulungsnachweise der WTA-Akademie, DHBV Aus-, Weiter- und Fortbildungen mit personengebunden Prüfungen/Qualifikationsnachweisen oder der Lehrgang zum Herstellen von erdberührten Bauwerksabdichtungen mit kunststoffmodifizierten Bitumendickbeschichtungen (KMB-Schein) sein.

Als Ersatz für die bis dahin nicht vorhandene Ausbildung im Holz- und Bautenschutz entwickelte der Deutsche Holz- und Bautenschutzverband e. V., als der für die Branche federführende Fachverband, zahlreiche Qualifikationsseminare. Einen Überblick über die Vielfalt und Inhalte der Seminare, die zu allen wichtigen Themen des Holzschutzes, des Bautenschutzes und der Schimmelpilzbekämpfung angeboten werden, bietet der Internetauftritt des Verbandes unter www.dhbv.de.

Fachspezifische Weiterbildungen im Bereich Bauwerksabdichtung mit personengebundenen Qualifikationsnachweisen:

- PMBC-Lehrgang »Herstellen von erdberührten Abdichtungen aus polymermodifizierten Bitumendickbeschichtungen (PMBC)« in Theorie und Praxis
  Inhalte:
  - Regelwerke
    - DIN 18533 Abdichtung erdberührter Bauteile
    - DIN 18195 Begriffe
    - DIN 18195 Beiblatt 2
    - DIN 15814
    - DIN 4095 Dränung zum Schutz baulicher Maßnahmen
    - Richtlinien für PMBC und FPD
  - Wassereinwirkungs-, Riss- und Nutzungsklassen
  - Abdichtungsbauarten und deren Anordnung
  - Stoffe für die Abdichtungsbauart mit flüssig zu verarbeitenden Abdichtungsstoffen
  - Bauliche Erfordernisse und normative Untergrundvorbehandlungen
  - Baustellenvoraussetzungen/Persönliche Schutzausrüstung (PSA)
  - Ausführung der Abdichtungen

  - Kontrollen und Prüfungen der Bauausführung
  - Schutzmaßnahmen und Schutzschichten
  - Anwendungsgrenzen und Schadensursachen
- Mauerwerksdiagnostik
  Inhalte:
  - Instandsetzungsplanung
  - Untersuchungsmethoden
  - Vor-Ort-Untersuchungen
  - Laboruntersuchung
  - Auswertung und Anwendung
  - Sanierungsvorschlag und Sanierungskonzept
  - Qualitätssicherung
  - Nachweis des Sanierungserfolgs
- Nachträgliche Bauwerksabdichtung
  Inhalte:
  - Schadensbilder und Schadensanalytik
  - Abdichtungsplanung und Konzipierung
  - Stoffe und deren Einsatzbereiche
  - Horizontalsperren
  - nachträgliche Innen- und Außenabdichtung erdberührter Bauteile
  - Sanierputzsysteme nach WTA
- Injektionsschein
  Inhalte:
  - Schadensursachen, Schadensaufnahme, Schadensuntersuchung
  - Rissversorgungssysteme, Rissversorgungsmaterialien
  - Injektionsverfahren, Injektionspacker
  - Injektionsgeräte
  - Ausführung der Rissinjektionen
  - Injizieren wasserführender Risse und Fehlstellen
  - Flächen- und Schleierinjektion
  - Mauerwerksinjektion
  - Dehn- und Bauwerksfugen
  - Vernadelungen, Verfestigung bzw. Hohlraumverfüllung
  - Injektion unbegehbarer Kanäle
  - Injektionsschläuche
  - Entsorgung und Arbeitsschutz
  - Qualitätskontrolle

- Sonderlösungen zum Schutz der Gebäude vor eindringendem Grundwasser
  Inhalte:
  - Schleiervergelung
  - Flächeninjektion
  - Vergelungen von Rissen, Fehlstellen, Hohlräumen und Fugen
- WTA-Sanierputzsysteme
  Inhalte:
  - Sanierungsgrundlagen
  - Grundlagen zur Instandsetzungsplanung
  - Bewertung der Untersuchungsergebnisse
  - Sanierungskonzeption
  - vorbereitende Maßnahmen
  - Aufbau und Zusammensetzung von Putzen und Putzsystemen
  - Sanierungsputzsysteme-WTA
  - weitere Putzsysteme
  - Materialien für die Sanierung
  - Kombination mit Maßnahmen der energetischen Sanierung
  - typische Sanierputzfehler

Detaillierte Informationen unter: http://www.dhbv.de/bautenschutz-qualifikationen/ (Aufruf 01/2019)

> *»Darüber hinaus kann die Fachkunde durch überprüfbare Referenzobjekte/-projekte nachgewiesen werden.«* [5]

Bild 117 PMBC-Lehrgangsexponat

8.6.2 Qualifikationsnachweise durch Aus- und Fortbildungen

Der Holz- und Bautenschutz ist der jüngste Ausbildungszweig im Bauhandwerk. Erst 2007 trat für das Holz- und Bautenschutzgewerbe eine eigene Ausbildungsverordnung in Kraft, die 2011 um eine Meisterprüfungsverordnung ergänzt wurde.

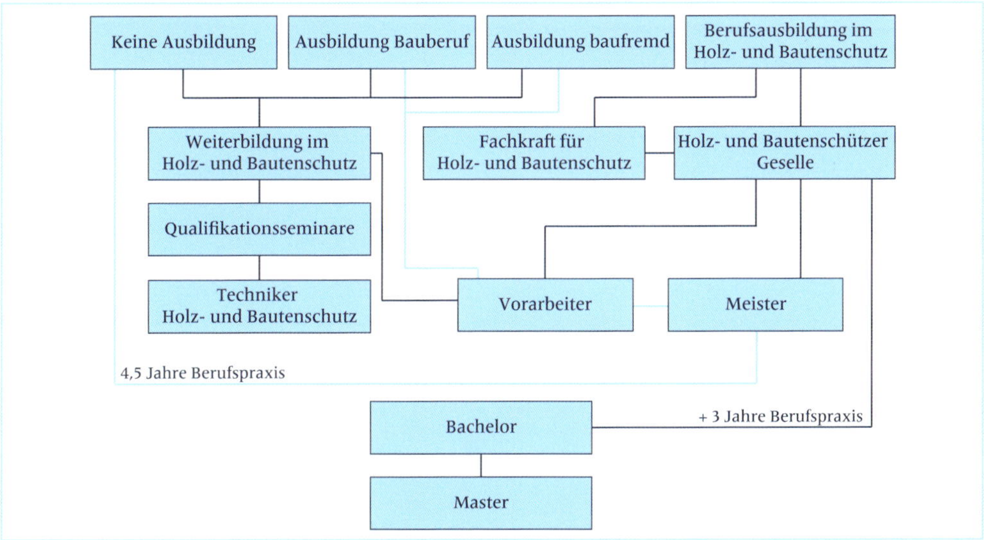

Bild 118 Übersicht der Qualifizierungsmöglichkeiten im Holz- und Bautenschutz [30]

Jugendliche, die einen Beruf in der Bauwerkssanierung ergreifen möchten, haben heute die Möglichkeit zwischen zwei Berufsabschlüssen zu wählen. Die Ausbildung zur **Fachkraft für Holz- und Bautenschutzarbeiten** schließt nach einer zweijährigen Lehrzeit mit der Gesellenprüfung ab, die Ausbildung zum/zur **Holz- und Bautenschützer/-in** umfasst drei Jahre, wobei im dritten Jahr eine Spezialisierung in Richtung Holz- oder Bautenschutz erfolgt.

Die Möglichkeit, sich nach der Ausbildung zum Vorarbeiter, Techniker und Meister zu qualifizieren, unterstreicht die Attraktivität dieser Ausbildungsberufe. Selbst die Aufnahme eines Studiums nach dreijähriger Ausbildung und zusätzlichen drei Jahren Berufserfahrung ist möglich. Hier bietet der Holz- und Bautenschutz mit dem Studium **Bachelor Bauen im Bestand** und dem Studium zum **Master Bautenschutz** Möglichkeiten, die im Handwerk in dieser Form richtungsweisend sind.

Für weiterführende Informationen rund um die Branche bietet der Deutsche Holz- und Bautenschutzverband e.V (www.dhbv.de) seine Dienste an.

8.7 Baubegleitende Kontrollen

»Weiterhin sind z. B. folgende Qualitätssicherungsmaßnahmen vor bzw. während der Ausführung zu erbringen:

- *Eigen-/Fremdüberwachung*
- *Baubegleitende Kontrollen*
- *Dokumentation der ausgeführten Maßnahmen.«* [5]

Während der Instandsetzungsmaßnahmen ist neben der Fachbauleitung des Unternehmens ebenfalls oftmals eine Fachbauleitung des Auftraggebers durch einen sachkundigen Planer sinnvoll.

Die Fachbauleitung sollte folgende Aufgaben wahrnehmen:

- Kontrolle der Systeme und Arbeitsschritte,
- Produktkontrolle ggf. mit Eigen- und Fremdüberwachung,
- Kontrolle der Verarbeitungshinweise, Ausführungstechniken, Untergründe, Materialmengen, Eindringtiefen usw.,
- Kontrolle von Bautagebüchern, Protokollen, Witterungsverhältnissen, Besonderheiten,
- Kontrolle der Gerüste, Schutzmaßnahmen, Entsorgung usw.,
- Abnahme einzelner Arbeitsschritte mit Protokollen, ggf. Fotodokumentation,
- Abnahme von Teilleistungen mit Protokollen, ggf. Fotodokumentation,
- Abnahme der gesamten Leistung mit Protokollen, ggf. Fotodokumentation.

8.8 Ergebniskontrollen

Nach Fertigstellung der Bausanierungs- bzw. Bauwerkserhaltungsarbeiten und Abnahme der Leistungen sind während des Gewährleistungszeitraumes in Zeitintervallen Kontrollen durchzuführen.

Die Kontrollen sollten sich zunächst auf optische Beobachtungen beschränken. Es empfiehlt sich, mit dem Ausführungsunternehmen einen Wartungsvertrag abzuschließen, um kleine Mängel unmittelbar zu beseitigen. Erst bei Feststellung von umfangreicheren Mängeln sollten ggf. spezielle Untersuchungen eingeleitet werden.

»Die Wirksamkeit der ausgeführten Abdichtungsmaßnahmen ist – soweit möglich und gesondert vereinbart – nachzuweisen. Dieser Nachweis kann z. B. durch vergleichende Feuchtemessungen vor und nach der Abdichtungsmaßnahme oder Funktionsprüfung erfolgen.« [5]

8.9 Ausführungs-, Nutzungs- und Wartungshinweise

Die Bauwerksaußenabdichtung im Bestand soll die Bausubstanz dauerhaft schützen und den Wert des Bauwerks erhalten. Um einen reibungslosen Baustellenablauf zu sichern, sollten folgende Voraussetzungen geklärt sein:

- Die Baustelle muss stets zugänglich sein.
- Alle Außenabdichtungsarbeiten müssen ohne Behinderung durchführbar sein.
- Die betroffene Bauwerksaußenabdichtung muss zugänglich, die Zuwegung geräumt sein.
- Verarbeitungsbedingte Lärm- und Staubentwicklungen zum Zeitpunkt der Untergrundvorbehandlungen und Ausführung der Bauwerksabdichtung sind unvermeidbar und sind seitens des Auftraggebers zu akzeptieren. Ebenso sind Beeinträchtigungen von Grünflächen zum Zwecke der Materiallagerungen möglich.
- Vorhandene Lichtschächte sind in die Abdichtung einzubinden und zu entwässern.
- Flüssig aufgetragene Abdichtungsstoffe müssen vor dem Verfüllen der Baugrube vollständig durchtrocknet sein und sind gegen mechanische Beschädigung zu schützen.

Nach Ausführung der erdberührten Abdichtung durch ein Fachunternehmen sind folgende Hinweise [30] zu beachten:

- Die Bauwerksabdichtung darf durch die Erdarbeiten nicht beschädigt werden. Setzungen des Baugrunds und Scherkräfte sind vor der Abdichtung abzuleiten. Als Füllgut ist ein gemischtkörniges Sand-/Kiesgemisch zu bevorzugen. Die Baugrubenverfüllung hat lagenweise und gut verdichtet zu erfolgen.
- Fertiggestellte Bauwerksabdichtungen dürfen zwecks Funktionalität nicht durch Folgegewerke beschädigt, mechanisch bearbeitet oder durchbohrt werden.
- Nach der Kelleraußenabdichtung müssen Kellerräume über längere Zeiträume intensiv gelüftet werden, damit die im Mauerwerk vorhandene Feuchtigkeit entweichen kann. Ein 36,5 cm dickes Kelleraußenmauerwerk benötigt einen Zeitraum >1 Jahr Trocknungszeit. Technische Trocknungsmaßnahmen können diesen Zeitraum verkürzen.
- Kellerräume müssen auch zur Vermeidung von Kondensationsfeuchtigkeit regelmäßig gelüftet werden. Dabei ist zu beachten, dass in der warmen Jahreszeit nur in den frühen Morgenstunden oder am Abend zu lüften ist.
- Die inneren Wandflächen von Kelleraußenwänden dürfen nur mit diffusionsoffenen Oberflächensystemen behandelt werden.
- Die Wirkweise von nachträglichen Horizontalsperren im Injektionsverfahren findet verzögert vom Ausführungszeitpunkt, erst nach Reaktion des Injektionsstoffes, statt.

- Wurden Dränanlagen zur Vermeidung von aufstauendem Sickerwasser eingebaut, so gilt es zu beachten, dass diese Wartungsanlagen sind. Empfehlenswert sind 2 Wartungen jährlich durchzuführen.
- Niederschlags- und Oberflächenwasser muss mit geeignetem Gefälle vor der Hauswand abgeleitet werden.
- Bepflanzungen sollten nicht direkt bis an die Hauswand geführt werden.
- Grünanlagen wie Bäume, Büsche und Hecken sollten nach Beendigung der Abdichtungsarbeiten nur in ausreichendem Abstand zur Kellerwand gepflanzt werden.

9 Anhang

9.1 Leistungsverzeichnisse

Hinweise für Leistungsverzeichnisse

Aufgrund der ermittelten Daten, Feststellungen, Erkenntnisse, Massen, Fakten usw. werden nun die einzelnen Arbeiten in Form von Leistungstexten/Ausschreibungen erstellt. Sie dienen zur Preisermittlung und sollen daher allen Anbietern gleiche Bedingungen erläutern.

Hierbei sollten u. a. folgende Faktoren Berücksichtigung finden:
- detaillierte Beschreibung der Leistung, möglichst in Kurzform, mit Angaben über Produkte, technische Daten, Massen, ggf. Arbeitsschritte, Reaktions- und Wartezeiten usw.,
- Ausführungsanweisungen über Verfahrens- und Anwendungstechniken, Materialverbräuche, Eindringtiefen usw.,
- Anforderungen über Kenntnisse des Personals, Bauleitung,
- Beschreibung von Detaillösungen, ggf. Ausführungsskizzen,
- Hinweise auf Geräteeinsatz und spezielle Fachfirmen,
- Beschreibung der Reinigungssysteme und der Entsorgung,
- Hinweise auf Schutzmaßnahmen und Vorkehrungen,
- Ausführungszeitraum, Verarbeitungstemperaturen,
- Beschreibung der Gerüste, Baustelleneinrichtung und Transporte,
- Hinweise auf Eigen- bzw. Fremdüberwachungen und Kontrollen,
- Gewährleistungszeitraum und Wartungsinspektionen,
- sonstige Problemstellungen, spezielle Anforderungen, Prüfzeugnisse, Erfordernisse, Farbgestaltung usw.

9.1.1 Nachträgliche Außenabdichtung erdberührter Wände mit PMBC auf mineralischen Untergründen wie Mauerwerk, Putz und Beton

Wassereinwirkungsklasse nach DIN 18533-1 *W1-E Bodenfeuchtigkeit und nichtdrückendes Wasser*		
1.	Baustelleneinrichtung	
1.01	Stk.	**Baustelle einrichten** Einrichten und Vorhalten der Baustelle, einschließlich aller benötigten Materialien, Geräte und Maschinen. Nach Beendigung der Baumaßnahme die Baustelle räumen und reinigen.
1.02	Stk.	**Stromversorgung** Gewährleistung der Versorgung der Baustelle mit Strom.
1.03	Stk.	**Wasserversorgung** Gewährleistung der Versorgung der Baustelle mit Wasser.
1.04	Stk.	**Container** Containergestellung _____ m³, Abtransport und Entsorgung.
1.05	Stk.	**Sondermüllentsorgung** Entsorgung Sondermüll, bestehend aus _______________.
2.	Vorbereitende technische Arbeiten	
2.01	qm	**Aufnahme Pflaster/Belag** Vorhandene/n Pflasterung/Belag einschließlich Unterbau aufnehmen und zur späteren Verwendung lagern.
2.02	cbm	**Erdarbeiten** Bodenaushub der Baugrube bis maximal UK Fundament/Bodenplatte seitlich lagern bzw. abfahren. Die DIN 4123 und 4124 sowie die geltenden Sicherheitsvorschriften der Bauberufsgenossenschaften sind zu beachten.
2.03	m	**Baugrubensicherung** Sicherung der Baugrube durch geeignete Maßnahmen.
3.	Untergrundvorbereitung	
3.01	qm	EVENTUALPOSITION **Schutzschicht entfernen** Vorhandene Schutzschicht der abzudichtenden Wandfläche entfernen und entsorgen.
3.02	qm	**Höchstdruckwasserstrahlen** Abzudichtende Fläche mit einem geeigneten Hochdruckreinigungsgerät reinigen. Haftungsmindernde Bestandteile und Verschmutzungen entfernen.
3.03	Stk.	**Prüfung der vorhandenen Dichtungskehle** Vorhandene Dichtungskehle nach der Reinigung auf festen Verbund und Funktionsfähigkeit überprüfen.
3.04	Stk.	**Prüfung auf Hohlstellen im Untergrund (Putz)** Hohlliegenden Putz abschlagen und entsorgen.

Wassereinwirkungsklasse nach DIN 18533-1
W1-E Bodenfeuchtigkeit und nichtdrückendes Wasser

3.05	Stk.	EVENTUALPOSITION **Prüfung auf schadhafte Fugen** Vorhandene Mauerwerksfugen nach der Reinigung auf festen Verbund und Funktionsfähigkeit überprüfen. Schadhafte und lose Fugen ca. 2 cm tief ausräumen.
3.06	m	EVENTUALPOSITION **Zwischenabdichtung am Wand-Sohlenanschluss** Herstellen einer auf das System abgestimmten Zwischenabdichtung nach Herstellerangaben (z. B. mineralische Dichtungsschlämme) als Schutz vor rückseitiger Durchfeuchtung und zur besseren Haftung der Dichtungskehle. Ausführung von der Stirnseite der Bodenplatte bzw. des Fundamentes (>10 cm) bis auf den Wandbereich.
3.07	m	EVENTUALPOSITION **Dichtungskehle einbauen** Herstellen einer Dichtungskehle im Wand-Sohlenanschluss bzw. im Fundamentbereich sowie an Innenecken und Vorsprüngen mit einem geeigneten Sperrmörtel oder Dichtspachtel (Schenkellänge ca. 4 bis 6 cm).
3.08	qm	**Fehlstellen <5 mm schließen** Vorhandene Fehlstellen und Ausbrüche <5 mm mit geeignetem Ausgleichsspachtel gemäß den Verarbeitungsrichtlinien des Herstellers schließen bzw. egalisieren.
3.09	qm	**Hohlstellen, Ausbrüche, Fehlstellen >5 mm beiarbeiten** Freigelegte Hohlstellen sowie Ausbrüche und Fehlstellen >5 mm mit geeignetem Ausgleichsmörtel gemäß den Verarbeitungsrichtlinien des Herstellers verschließen.
3.10	m	EVENTUALPOSITION **Fugenverschluss Mauerwerk** Ausgeräumte Fugen mit einem geeigneten Sperr- bzw. Dichtungsmörtel schließen.
3.11	m	**Kanten fasen/brechen** Vorhandene Kanten und Außenecken mit geeignetem Gerät fasen oder brechen.
4.	**Grundierung**	
4.01	qm	**Grundierung bei mineralischem Untergrund** Mineralischen Untergrund mit einer auf das nachfolgende Abdichtungssystem abgestimmten Grundierung behandeln. Die Herstellerangaben sind zu beachten.
5.	**Fugenabdichtung**	
5.01	m	**Bewegungsfugenabdichtung** Bewegungsfugenabdichtung mit einem auf das Abdichtungssystem abgestimmten und zugelassenen Fugenband. Die Verarbeitung erfolgt nach Herstellerangaben. Das Fugenband wird in die anschließende Flächenabdichtung eingebunden.
5.02	m	**Arbeitsfugenabdichtung** Arbeitsfugen, wie Elementfugen und Wandaufsatzbereiche, unter Einbettung eines Armierungsgewebes mit kunststoffmodifizierter Bitumendickbeschichtung (PMBC) überarbeiten. Die Fugenabdichtung wird in die anschließende Flächenabdichtung eingebunden.

Wassereinwirkungsklasse nach DIN 18533-1 *W1-E Bodenfeuchtigkeit und nichtdrückendes Wasser*		
6.		Flächenabdichtung
6.01	qm	EVENTUALPOSITION Zwischenabdichtung Herstellen einer auf das System abgestimmten Zwischenabdichtung nach Herstellerangaben (z. B. mineralische Dichtungsschlämme) als Schutz vor rückseitiger Durchfeuchtung.
6.02		Flächenabdichtung mit PMBC W1-E nach DIN 18533: Bodenfeuchtigkeit/nichtdrückendes Wasser Abdichtung der Wandflächen gegen Bodenfeuchtigkeit/nichtdrückendes Wasser mit einer PMBC in zwei Arbeitsgängen. Die Arbeitsgänge können frisch in frisch erfolgen. Die Mindesttrockenschichtdicke beträgt 3 mm.
7.		Durchdringungen
7.01	Stk.	Durchdringungen, Bodenfeuchtigkeit/nichtdrückendes Wasser Flächenabdichtung mit PMBC kehlenartig an die Durchdringung anarbeiten. Eine ausreichende Haftung ist durch geeignete Maßnahmen, wie z. B. Aufrauen der Durchdringungsoberfläche, zu gewährleisten. Die Flächenabdichtung ist >5 cm auf die Durchdringung zu führen.
7.02	Stk.	ALTERNATIVPOSITION Durchdringung Einbau einer Flansch- bzw. Sonderkonstruktion mit Vlies- oder Gewebekaschierung zum Einbetten in die Flächenabdichtung aus PMBC.
8.		Schutzschichten
8.01	qm	Schutzbahn Nach vollständiger Durchtrocknung der Flächenabdichtung, Einbau eines Systemschutzes aus einer Noppenbahn mit Gleit-, Schutz- und Lastverteilungsschicht.
8.02	qm	EVENTUALPOSITION Perimeterdämmung, unbeheizte Kellerräume Perimeterdämmung aus extrudierten Polystyrolhartschaumplatten (XPS) oder aus expandierten Polystyrolhartschaumplatten (EPS) nach dem Durchtrocknen der Flächenabdichtung mit einem geeigneten Kleber nach Herstellerangaben teilflächig aufkleben.
8.03	qm	EVENTUALPOSITION Perimeterdämmung, beheizte Kellerräume W1-E nach DIN 18533: Bodenfeuchtigkeit/nichtdrückendes Wasser Zugelassene Perimeterdämmung aus XPS oder aus EPS nach dem Durchtrocknen der Flächenabdichtung mit einem geeigneten Kleber nach Herstellerangaben teilflächig aufkleben.

Wassereinwirkungsklasse nach DIN 18533-1 *W1-E Bodenfeuchtigkeit und nichtdrückendes Wasser*		
9.		**Sockelabdichtung**
9.01		**Sockelabdichtung** Sockelflächen ab ca. 20 cm unter GOK bis mindestens 30 cm über GOK mit geeignetem Abdichtungssystem, z. B. mineralische Dichtungsschlämme, nach Herstellerangaben abdichten. Die zu erstellende nachträgliche Flächenabdichtung ist mindestens 10 cm auf die Sockelabdichtung heranzuführen.
10.		**Flankierende Maßnahme: Horizontalsperre**
10.01	m	**Erstellen einer Bohrlochkette** In Abhängigkeit von dem gewählten Injektionsverfahren Bohrlöcher in der erforderlichen Neigung, Durchmesser, Tiefe und Abstand setzen. Der Bohrstaub ist abzusaugen oder mit ölfreier Druckluft auszublasen.
10.02	m	EVENTUALPOSITION **Mauerwerksverfestigung** Zerklüftetes Mauerwerk, Risse und Hohlräume mittels geeigneter Bohrlochsuspension gemäß den Verarbeitungsrichtlinien des Herstellers verfüllen.
10.03	m	**Einbringen Horizontalsperre, drucklose Injektion** Einbringen des Injektionsstoffes mittels Vorratsbehälter in die Bohrlöcher bis zur Sättigung des Mauerwerks bzw. bis zur Sicherstellung einer ausreichenden Ausbreitung.
10.04	m	ALTERNATIVPOSITION **Einbringen Horizontalsperre, Druckinjektion** Einbringen des Injektionsstoffes mittels geeignetem Gerät (Injektionspumpe) im Niederdruckverfahren über Bohrlöcher und Packer. Der Injektionsdruck ist bis zur Sättigung des Mauerwerks bzw. zur Sicherstellung einer ausreichenden Ausbreitung konstant zu halten.
10.05	m	**Bohrlochverschluss** Bohrlöcher mittels geeigneter Bohrlochsuspension gemäß den Verarbeitungsrichtlinien des Herstellers bündig verschließen.
11.		**Flankierende Maßnahme: Dränung**
11.01		**Einbau Dränanlage nach DIN 4095** Einbau einer Dränanlage bei einer gegebenen Einbausituation von wenig durchlässigen Boden ($k \leq 10^{-4}$ m/s). Ausführung sowie Baustoffe der Dränschichten, Dränleitungen und Kontrolleinrichtungen nach DIN 4095.

Wassereinwirkungsklasse nach DIN 18533-1 *W2.1-E Mäßige Einwirkung von drückendem Wasser ≤3 m Eintauchtiefe*		
1.	Baustelleneinrichtung	
1.01	Stk.	**Baustelle einrichten** Einrichten und Vorhalten der Baustelle, einschließlich aller benötigten Materialien, Geräte und Maschinen. Nach Beendigung der Baumaßnahme die Baustelle räumen und reinigen.
1.02	Stk.	**Stromversorgung** Gewährleistung der Versorgung der Baustelle mit Strom.
1.03	Stk.	**Wasserversorgung** Gewährleistung der Versorgung der Baustelle mit Wasser.
1.04	Stk.	EVENTUALPOSITION **Grundwasserabsenkung** Einrichtung zur Wasserabsenkung installieren und vorhalten.
1.05	Stk.	**Container** Containergestellung _____ m³, Abtransport und Entsorgung.
1.06	Stk.	**Sondermüllentsorgung** Entsorgung Sondermüll, bestehend aus _______________.
2.	Vorbereitende technische Arbeiten	
2.01	qm	**Aufnahme Pflaster/Belag** Vorhandene/n Pflasterung/Belag, einschließlich Unterbau, aufnehmen und zur späteren Verwendung lagern.
2.02	cbm	**Erdarbeiten** Bodenaushub der Baugrube bis maximal UK Fundament/Bodenplatte seitlich lagern bzw. abfahren. Die DIN 4123 und 4124 sowie die geltenden Sicherheitsvorschriften der Bauberufsgenossenschaften sind zu beachten.
2.03	m	**Baugrubensicherung** Sicherung der Baugrube durch geeignete Maßnahmen.
3.	Untergrundvorbereitung	
3.01	qm	EVENTUALPOSITION **Schutzschicht entfernen** Vorhandene Schutzschicht der abzudichtenden Wandfläche entfernen und entsorgen.
3.02	qm	**Höchstdruckwasserstrahlen** Abzudichtende Fläche mit einem geeigneten Hochdruckreinigungsgerät reinigen. Haftungsmindernde Bestandteile und Verschmutzungen entfernen.
3.03	Stk.	**Prüfung der alten Dichtungskehle** Vorhandene Dichtungskehle nach der Reinigung auf festen Verbund und Funktionsfähigkeit überprüfen.
3.04	Stk.	**Prüfung auf Hohlstellen im Untergrund (Putz)** Hohlliegenden Putz abschlagen und entsorgen.

Wassereinwirkungsklasse nach DIN 18533-1 *W2.1-E Mäßige Einwirkung von drückendem Wasser ≤3 m Eintauchtiefe*		
3.05	Stk.	EVENTUALPOSITION **Prüfung auf schadhafte Fugen** Vorhandene Mauerwerksfugen nach der Reinigung auf festen Verbund und Funktionsfähigkeit überprüfen. Schadhafte und lose Fugen ca. 2 cm tief ausräumen.
3.06	m	EVENTUALPOSITION **Zwischenabdichtung am Wand-Sohlenanschluss** Herstellen einer auf das System abgestimmten Zwischenabdichtung nach Herstellerangaben (z. B. mineralische Dichtungsschlämme) als Schutz vor rückseitiger Durchfeuchtung und zur besseren Haftung der Dichtungskehle. Ausführung von der Stirnseite der Bodenplatte bzw. des Fundamentes (>10 cm) bis auf den Wandbereich.
3.07	m	EVENTUALPOSITION **Dichtungskehle einbauen** Herstellen einer Dichtungskehle im Wand-Sohlenanschluss bzw. im Fundamentbereich sowie an Innenecken und Vorsprüngen mit einem geeigneten Sperrmörtel oder Dichtspachtel (Schenkellänge ca. 4 bis 6 cm).
3.08	qm	**Fehlstellen <5 mm schließen** Vorhandene Fehlstellen und Ausbrüche <5 mm mit geeignetem Ausgleichsspachtel gemäß den Verarbeitungsrichtlinien des Herstellers schließen bzw. egalisieren.
3.09	qm	**Hohlstellen, Ausbrüche, Fehlstellen >5 mm bearbeiten** Freigelegte Hohlstellen sowie Ausbrüche und Fehlstellen >5 mm mit geeignetem Ausgleichsmörtel gemäß den Verarbeitungsrichtlinien des Herstellers verschließen.
3.10	m	EVENTUALPOSITION **Fugenverschluss Mauerwerk** Ausgeräumte Fugen mit einem geeigneten Sperr- bzw. Dichtungsmörtel schließen.
3.11	m	**Kanten fasen/brechen** Vorhandene Kanten und Außenecken mit geeignetem Gerät fasen oder brechen.
4.	**Grundierung**	
4.01	qm	**Grundierung bei mineralischem Untergrund** Mineralischen Untergrund mit einer auf das nachfolgende Abdichtungssystem abgestimmten Grundierung behandeln. Die Herstellerangaben sind zu beachten.
5.	**Fugenabdichtung**	
5.01	m	**Bewegungsfugenabdichtung** Bewegungsfugenabdichtung mit einem auf das Abdichtungssystem abgestimmten und zugelassenen Fugenband. Die Verarbeitung erfolgt nach Herstellerangaben. Das Fugenband wird in die anschließende Flächenabdichtung eingebunden.

Wassereinwirkungsklasse nach DIN 18533-1 ***W2.1-E Mäßige Einwirkung von drückendem Wasser ≤3 m Eintauchtiefe***		
6.	Flächenabdichtung	
6.01	qm	**Eventualposition** **Durchfeuchtungsschutz** Herstellen einer auf das System abgestimmten Zwischenabdichtung nach Herstellerangaben (z. B. mineralische Dichtungsschlämme) als Schutz vor rückseitiger Durchfeuchtung.
6.02	qm	**Flächenabdichtung mit PMBC** **W2.1-E Mäßige Einwirkung von drückendem Wasser ≤3 m Eintauchtiefe** Abdichtung der Wandflächen gegen aufstauendes Sickerwasser und drückendes Wasser mit einer PMBC in zwei Arbeitsgängen unter Einbettung eines Armierungsgewebes. Der Auftrag der zweiten Abdichtungslage erfolgt nach vollständiger Durchtrocknung der ersten Lage. Die Mindesttrockenschichtdicke beträgt 4 mm.
7.	Durchdringungen	
7.01	Stk.	**Durchdringung** Einbau einer Flansch- bzw. Sonderkonstruktion mit Vlies- oder Gewebekaschierung zum Einbetten in die Flächenabdichtung aus PMBC.
8.	Schutzschichten	
8.01	qm	**Schutzbahn** Nach vollständiger Durchtrocknung der Flächenabdichtung Einbau eines Systemschutzes aus einer Noppenbahn mit Gleit-, Schutz- und Lastverteilungsschicht.
8.02	qm	**Eventualposition** **Perimeterdämmung, unbeheizte Kellerräume** Perimeterdämmung aus extrudierten Polystyrolhartschaumplatten (XPS) oder aus expandierten Polystyrolhartschaumplatten (EPS) nach dem Durchtrocknen der Flächenabdichtung mit einem geeigneten Kleber nach Herstellerangaben teilflächig aufkleben.
8.03	qm	**Eventualposition** **Perimeterdämmung, beheizte Kellerräume** **Lastfall: Aufstauendes Sickerwasser und drückendes Wasser** Zugelassene Perimeterdämmung aus XPS oder aus EPS nach dem Durchtrocknen der Flächenabdichtung mit einem geeigneten Kleber nach Herstellerangaben vollflächig aufkleben.
9.	Sockelabdichtung	
9.01	qm	**Sockelabdichtung** Sockelflächen ab ca. 20 cm unter GOK bis mindestens 30 cm über GOK mit geeignetem Abdichtungssystem, z. B. mineralische Dichtungsschlämme, nach Herstellerangaben abdichten. Die zu erstellende nachträgliche Flächenabdichtung ist mindestens 10 cm auf die Sockelabdichtung heranzuführen.

Wassereinwirkungsklasse nach DIN 18533-1 *W2.1-E Mäßige Einwirkung von drückendem Wasser ≤3 m Eintauchtiefe*		
10.		**Flankierende Maßnahme: Horizontalsperre**
10.01	m	**Erstellen einer Bohrlochkette** In Abhängigkeit von dem gewählten Injektionsverfahren Bohrlöcher in der erforderlichen Neigung, Durchmesser, Tiefe und Abstand setzen. Der Bohrstaub ist abzusaugen oder mit ölfreier Druckluft auszublasen.
10.02	m	EVENTUALPOSITION **Mauerwerksverfestigung** Zerklüftetes Mauerwerk, Risse und Hohlräume mittels geeigneter Bohrlochsuspension gemäß den Verarbeitungsrichtlinien des Herstellers verfüllen.
10.03	m	**Einbringen Horizontalsperre, drucklose Injektion** Einbringen des Injektionsstoffes mittels Vorratsbehälter in die Bohrlöcher bis zur Sättigung des Mauerwerks bzw. bis zur Sicherstellung einer ausreichenden Ausbreitung.
10.04	m	ALTERNATIVPOSITION **Einbringen Horizontalsperre, Druckinjektion** Einbringen des Injektionsstoffes mittels geeignetem Gerät (Injektionspumpe) im Niederdruckverfahren über Bohrlöcher und Packer. Der Injektionsdruck ist bis zur Sättigung des Mauerwerks bzw. zur Sicherstellung einer ausreichenden Ausbreitung konstant zu halten.
10.05	m	**Bohrlochverschluss** Bohrlöcher mittels geeigneter Bohrlochsuspension gemäß den Verarbeitungsrichtlinien des Herstellers bündig verschließen.

9.1.2 Nachträgliche Außenabdichtung erdberührter Wände mit einer PMBC auf vorhandener bituminöser Altabdichtung

Wassereinwirkungsklasse nach DIN 18533-1 *W1 Bodenfeuchtigkeit/nichtdrückendes Wasser*		
1.	**Baustelleneinrichtung**	
1.01	Stk.	**Baustelle einrichten** Einrichten und Vorhalten der Baustelle, einschließlich aller benötigten Materialien, Geräte und Maschinen. Nach Beendigung der Baumaßnahme die Baustelle räumen und reinigen.
1.02	Stk.	**Stromversorgung** Gewährleistung der Versorgung der Baustelle mit Strom.
1.03	Stk.	**Wasserversorgung** Gewährleistung der Versorgung der Baustelle mit Wasser.
1.04	Stk.	**Container** Containergestellung _____ m³, Abtransport und Entsorgung.
1.05	Stk.	**Sondermüllentsorgung** Entsorgung Sondermüll, bestehend aus ______________.
2.	**Vorbereitende technische Arbeiten**	
2.01	qm	**Aufnahme Pflaster/Belag** Vorhandene/r Pflasterung/Belag, einschließlich Unterbau, aufnehmen und zur späteren Verwendung lagern.
2.02	cbm	**Erdarbeiten** Bodenaushub der Baugrube bis maximal UK Fundament/Bodenplatte seitlich lagern bzw. abfahren. Die DIN 4123 und 4124 sowie die geltenden Sicherheitsvorschriften der Bauberufsgenossenschaften sind zu beachten.
2.03	m	**Baugrubensicherung** Sicherung der Baugrube durch geeignete Maßnahmen.
3.	**Untergrundvorbereitung**	
3.01	qm	EVENTUALPOSITION **Schutzschicht entfernen** Vorhandene Schutzschicht der abzudichtenden Wandfläche entfernen und entsorgen.
3.02	qm	**Höchstdruckwasserstrahlen** Abzudichtende Fläche mit einem geeigneten Hochdruckreinigungsgerät reinigen. Haftungsmindernde Bestandteile und Verschmutzungen entfernen.
3.03	Stk.	**Prüfung auf Teer/Bitumen** Vorhandene, gereinigte Flächenabdichtung auf ihre Bestandteile (Teer/Bitumen) prüfen. Die Eignung der Überarbeitung (bituminöser Untergrund) ist eindeutig festzustellen, die Materialverträglichkeit ist nachzuweisen.

Wassereinwirkungsklasse nach DIN 18533-1 *W1 Bodenfeuchtigkeit/nichtdrückendes Wasser*		
3.04	Stk.	**Prüfung der Haftung der bituminösen Altabdichtung** Vorhandene bituminöse Altabdichtung auf festen Verbund zum Untergrund prüfen. Lose und schlecht haftende Bereiche sind zu entfernen.
3.05	Stk.	**Prüfung der alten Dichtungskehle** Vorhandene Dichtungskehle nach der Reinigung auf festen Verbund und Funktionsfähigkeit überprüfen.
3.06	m	EVENTUALPOSITION **Durchfeuchtungsschutz Wand-Sohlenanschluss** Herstellen einer auf das System abgestimmten Zwischenabdichtung nach Herstellerangaben (z. B. mineralische Dichtungsschlämme) als Schutz vor rückseitiger Durchfeuchtung und zur besseren Haftung der Dichtungskehle. Ausführung von der Stirnseite der Bodenplatte bzw. des Fundamentes (>10 cm) bis auf den Wandbereich.
3.07	m	EVENTUALPOSITION **Dichtungskehle einbauen** Herstellen einer Dichtungskehle im Wand-Sohlenanschluss bzw. im Fundamentbereich sowie an Innenecken und Vorsprüngen mit einem geeigneten Sperrmörtel oder Dichtspachtel (Schenkellänge ca. 4 bis 6 cm).
3.08	Stk.	**Prüfung auf Hohlstellen im Untergrund (Putz)** Hohlliegenden Putz abschlagen und entsorgen.
3.09	qm	**Fehlstellen <5 mm schließen** Vorhandene Fehlstellen und Ausbrüche <5 mm mit PBMC gemäß den Verarbeitungsrichtlinien des Herstellers schließen bzw. egalisieren.
3.10	qm	**Hohlstellen, Ausbrüche, Fehlstellen >5 mm beiarbeiten** Freigelegte Hohlstellen sowie Ausbrüche und Fehlstellen >5 mm mit geeignetem Ausgleichsmörtel gemäß den Verarbeitungsrichtlinien des Herstellers verschließen.
3.11	m	**Kanten fasen/brechen** Vorhandene Kanten und Außenecken mit geeignetem Gerät fasen oder brechen.
4.	Grundierung	
4.01	qm	**Grundierung bei bituminösem Untergrund** Vorhandene bituminöse Altabdichtung mit einer geeigneten, auf das aufzubringende Abdichtungssystem abgestimmten Grundierung vorbehandeln. Nach Herstellerangaben sind die Trocknungszeiten vor dem Auftrag der Folgeschichten zu beachten.
4.02	qm	EVENTUALPOSITION **Grundierung bei mineralischem Untergrund** Mineralischen Untergrund mit einer auf das nachfolgende Abdichtungssystem abgestimmten Grundierung behandeln. Die Herstellerangaben sind zu beachten.

Wassereinwirkungsklasse nach DIN 18533-1 *W1 Bodenfeuchtigkeit/nichtdrückendes Wasser*		
5.	**Fugenabdichtung**	
5.01	m	**Bewegungsfugenabdichtung** Bewegungsfugenabdichtung mit einem auf das Abdichtungssystem abgestimmten und zugelassenen Fugenband. Die Verarbeitung erfolgt nach Herstellerangaben. Das Fugenband wird in die anschließende Flächenabdichtung eingebunden.
5.02	m	**Arbeitsfugenabdichtung** Arbeitsfugen, wie Elementfugen und Wandaufsatzbereiche, unter Einbettung eines Armierungsgewebes mit PBMC überarbeiten. Die Fugenabdichtung wird in die anschließende Flächenabdichtung eingebunden.
6.	**Flächenabdichtung**	
6.01		**Flächenabdichtung mit PMBC** **W1-E Bodenfeuchtigkeit und nichtdrückendes Wasser** Abdichtung der Wandflächen gegen Bodenfeuchte und nicht stauendes Sickerwasser mit einer PMBC in zwei Arbeitsgängen. Die Arbeitsgänge können frisch in frisch erfolgen. Die Mindesttrockenschichtdicke beträgt 3 mm.
7.	**Durchdringungen**	
7.01	Stk.	**Durchdringungen, Bodenfeuchte und nicht stauendes Sickerwasser** Flächenabdichtung mit PMBC dichtungskehlenartig an die Durchdringung anarbeiten. Eine ausreichende Haftung ist durch geeignete Maßnahmen, wie z.B. Aufrauen der Durchdringungsoberfläche, zu gewährleisten. Die Flächenabdichtung ist >5 cm auf die Durchdringung zu führen.
7.02	Stk.	ALTERNATIVPOSITION **Durchdringung** Einbau einer Flansch- bzw. Sonderkonstruktion mit Vlies- oder Gewebekaschierung zum Einbetten in die Flächenabdichtung aus PMBC.
8.	**Schutzschichten**	
8.01	qm	**Schutzbahn** Nach vollständiger Durchtrocknung der Flächenabdichtung Einbau eines Systemschutzes aus einer Noppenbahn mit Gleit-, Schutz- und Lastverteilungsschicht.
8.02	qm	EVENTUALPOSITION **Perimeterdämmung, unbeheizte Kellerräume** Perimeterdämmung aus extrudierten Polystyrolhartschaumplatten (XPS) oder aus expandierten Polystyrolhartschaumplatten (EPS) nach dem Durchtrocknen der Flächenabdichtung mit einem geeigneten Kleber nach Herstellerangaben teilflächig aufkleben.
8.03	qm	EVENTUALPOSITION **Perimeterdämmung, beheizte Kellerräume** **Lastfall: Bodenfeuchte und nicht stauendes Sickerwasser** Zugelassene Perimeterdämmung aus XPS oder aus EPS nach dem Durchtrocknen der Flächenabdichtung mit einem geeigneten Kleber nach Herstellerangaben teilflächig aufkleben.

Wassereinwirkungsklasse nach DIN 18533-1 *W1 Bodenfeuchtigkeit/nichtdrückendes Wasser*		
9.	Sockelabdichtung	
9.01		Sockelabdichtung Sockelflächen ab ca. 20 cm unter GOK bis mindestens 30 cm über GOK mit geeignetem Abdichtungssystem, z. B. mineralische Dichtungsschlämme, nach Herstellerangaben abdichten. Die zu erstellende nachträgliche Flächenabdichtung ist ca. 10 cm auf die Sockelabdichtung heranzuführen.
10.	Flankierende Maßnahme: Horizontalsperre	
10.01	m	Erstellen einer Bohrlochkette In Abhängigkeit von dem gewählten Injektionsverfahren Bohrlöcher in der erforderlichen Neigung, Durchmesser, Tiefe und Abstand setzen. Der Bohrstaub ist abzusaugen oder mit ölfreier Druckluft auszublasen.
10.02	m	EVENTUALPOSITION Mauerwerksverfestigung Zerklüftetes Mauerwerk, Risse und Hohlräume mittels geeigneter Bohrlochsuspension gemäß den Verarbeitungsrichtlinien des Herstellers verfüllen.
10.03	m	Einbringen Horizontalsperre, drucklose Injektion Einbringen des Injektionsstoffes mittels Vorratsbehälter in die Bohrlöcher bis zur Sättigung des Mauerwerks bzw. bis zur Sicherstellung einer ausreichenden Ausbreitung.
10.04	m	ALTERNATIVPOSITION Einbringen Horizontalsperre, Druckinjektion Einbringen des Injektionsstoffes mittels geeignetem Gerät (Injektionspumpe) im Niederdruckverfahren über Bohrlöcher und Packer. Der Injektionsdruck ist bis zur Sättigung des Mauerwerks bzw. zur Sicherstellung einer ausreichenden Ausbreitung konstant zu halten.
10.05	m	Bohrlochverschluss Bohrlöcher mittels geeigneter Bohrlochsuspension gemäß den Verarbeitungsrichtlinien des Herstellers bündig verschließen.
11.	Flankierende Maßnahme: Dränung	
11.01	Stk.	Einbau Dränanlage nach DIN 4095 Einbau einer Dränanlage bei einer gegebenen Einbausituation von wenig durchlässigem Boden ($k \leq 10^{-4}$ m/s). Ausführung sowie Baustoffe der Dränschichten, Dränleitungen und Kontrolleinrichtungen nach DIN 4095.

Wassereinwirkungsklasse nach DIN 18533-1 *W2.1-E Mäßige Einwirkung von drückendem Wasser ≤3 m Eintauchtiefe*		
1.	**Baustelleneinrichtung**	
1.01	Stk.	**Baustelle einrichten** Einrichten und Vorhalten der Baustelle, einschließlich aller benötigten Materialien, Geräte und Maschinen. Nach Beendigung der Baumaßnahme die Baustelle räumen und reinigen.
1.02	Stk.	**Stromversorgung** Gewährleistung der Versorgung der Baustelle mit Strom.
1.03	Stk.	**Wasserversorgung** Gewährleistung der Versorgung der Baustelle mit Wasser.
1.04	Stk.	EVENTUALPOSITION **Grundwasserabsenkung** Einrichtung zur Wasserabsenkung installieren und vorhalten.
1.05	Stk.	**Container** Containergestellung _____ m³, Abtransport und Entsorgung.
1.06	Stk.	**Sondermüllentsorgung** Entsorgung Sondermüll, bestehend aus _______________.
2.	**Vorbereitende technische Arbeiten**	
2.01	qm	**Aufnahme Pflaster/Belag** Vorhandene/r Pflasterung/Belag, einschließlich Unterbau, aufnehmen und zur späteren Verwendung lagern.
2.02	cbm	**Erdarbeiten** Bodenaushub der Baugrube bis maximal UK Fundament/Bodenplatte seitlich lagern bzw. abfahren. Die DIN 4123 und 4124 sowie die geltenden Sicherheitsvorschriften der Bauberufsgenossenschaften sind zu beachten.
2.03	m	**Baugrubensicherung** Sicherung der Baugrube durch geeignete Maßnahmen.
3.	**Untergrundvorbereitung**	
3.01	qm	EVENTUALPOSITION **Schutzschicht entfernen** Vorhandene Schutzschicht der abzudichtenden Wandfläche entfernen und entsorgen.
3.02	qm	**Höchstdruckwasserstrahlen** Abzudichtende Fläche mit einem geeigneten Hochdruckreinigungsgerät reinigen. Haftungsmindernde Bestandteile und Verschmutzungen entfernen.
3.03	Stk.	**Prüfung auf Teer/Bitumen** Vorhandende, gereinigte Flächenabdichtung auf ihre Bestandteile (Teer/Bitumen) prüfen. Die Eignung der Überarbeitung (bituminöser Untergrund) ist eindeutig festzustellen, im Zweifelsfall ist die Materialverträglichkeit nachzuweisen.
3.04	Stk.	**Prüfung der Haftung der bituminösen Altabdichtung** Vorhandene bituminöse Altabdichtung auf festem Verbund zum Untergrund prüfen. Lose und schlecht haftende Bereiche sind zu entfernen.

Wassereinwirkungsklasse nach DIN 18533-1 *W2.1-E Mäßige Einwirkung von drückendem Wasser ≤3 m Eintauchtiefe*		
3.05	Stk.	**Prüfung der alten Dichtungskehle** Vorhandene Dichtungskehle nach der Reinigung auf festen Verbund und Funktionsfähigkeit überprüfen.
3.06	m	EVENTUALPOSITION **Durchfeuchtungsschutz Wand-Sohlenanschluss** Herstellen einer auf das System abgestimmten Zwischenabdichtung nach Herstellerangaben (z. B. mineralische Dichtungsschlämme) als Schutz vor rückseitiger Durchfeuchtung und zur besseren Haftung der Dichtungskehle. Ausführung von der Stirnseite der Bodenplatte bzw. des Fundamentes (>10 cm) bis auf den Wandbereich.
3.07	m	EVENTUALPOSITION **Dichtungskehle einbauen** Herstellen einer Dichtungskehle im Wand-Sohlenanschluss bzw. im Fundamentbereich sowie an Innenecken und Vorsprüngen mit einem geeigneten Sperrmörtel oder Dichtspachtel (Schenkellänge ca. 4 bis 6 cm).
3.08	Stk.	**Prüfung auf Hohlstellen im Untergrund (Putz)** Hohlliegenden Putz abschlagen und entsorgen.
3.09	qm	**Fehlstellen <5 mm schließen** Vorhandene Fehlstellen und Ausbrüche <5 mm mit kunststoffmodifizierter Bitumendickbeschichtung (PMBC) gemäß den Verarbeitungsrichtlinien des Herstellers schließen bzw. egalisieren.
3.10	qm	**Hohlstellen, Ausbrüche, Fehlstellen >5 mm beiarbeiten** Freigelegte Hohlstellen sowie Ausbrüche und Fehlstellen >5 mm mit geeignetem Ausgleichsmörtel gemäß den Verarbeitungsrichtlinien des Herstellers verschließen.
3.11	m	**Kanten fasen/brechen** Vorhandene Kanten und Außenecken mit geeignetem Gerät fasen oder brechen.
4.	Grundierung	
4.01	qm	**Grundierung bei bituminösem Untergrund** Vorhandene bituminöse Altabdichtung mit einer geeigneten, auf das aufzubringende Abdichtungssystem abgestimmten Grundierung vorbehandeln. Nach Herstellerangaben sind die Trocknungszeiten vor dem Auftrag der Folgeschichten zu beachten.
4.02	qm	EVENTUALPOSITION **Grundierung bei mineralischem Untergrund** Mineralischen Untergrund mit einer auf das nachfolgende Abdichtungssystem abgestimmten Grundierung behandeln. Die Herstellerangaben sind zu beachten.
5.	Fugenabdichtung	
5.01	m	**Bewegungsfugenabdichtung** Bewegungsfugenabdichtung mit einem auf das Abdichtungssystem abgestimmten und zugelassenen Fugenband. Die Verarbeitung erfolgt nach Herstellerangaben. Das Fugenband wird in die anschließende Flächenabdichtung eingebunden.

Wassereinwirkungsklasse nach DIN 18533-1 *W2.1-E Mäßige Einwirkung von drückendem Wasser ≤3 m Eintauchtiefe*		
6.		Flächenabdichtung
6.01		**Flächenabdichtung mit PMBC** **W2.1-E Mäßige Einwirkung von drückendem Wasser ≤3 m Eintauchtiefe** Abdichtung der Wandflächen gegen aufstauendes Sickerwasser und drückendes Wasser mit einer kunststoffmodifizierten Bitumendickbeschichtung (PMBC) in zwei Arbeitsgängen, unter Einbettung eines Armierungsgewebes. Der Auftrag der zweiten Abdichtungslage erfolgt nach vollständiger Durchtrocknung der ersten Lage. Die Mindesttrockenschichtdicke beträgt 4 mm.
7.		Durchdringungen
7.01	Stk.	**Durchdringung** Einbau einer Flansch- bzw. Sonderkonstruktion mit Vlies- oder Gewebekaschierung zum Einbetten in die Flächenabdichtung aus PMBC.
8.		Schutzschichten
8.01	qm	**Schutzbahn** Nach vollständiger Durchtrocknung der Flächenabdichtung Einbau eines Systemschutzes aus einer Noppenbahn mit Gleit-, Schutz- und Lastverteilungsschicht.
8.02	qm	EVENTUALPOSITION **Perimeterdämmung, unbeheizte Kellerräume** Perimeterdämmung aus extrudierten Polystyrolhartschaumplatten (XPS) oder aus expandierten Polystyrolhartschaumplatten (EPS) nach dem Durchtrocknen der Flächenabdichtung mit einem geeigneten Kleber nach Herstellerangaben teilflächig aufkleben.
8.03	qm	EVENTUALPOSITION **Perimeterdämmung, beheizte Kellerräume** **Lastfall: Aufstauendes Sickerwasser und drückendes Wasser** Zugelassene Perimeterdämmung aus XPS oder aus EPS nach dem Durchtrocknen der Flächenabdichtung mit einem geeigneten Kleber nach Herstellerangaben vollflächig aufkleben.
9.		Sockelabdichtung
9.01	qm	**Sockelabdichtung** Sockelflächen ab ca. 20 cm unter GOK bis mindestens 30 cm über GOK mit geeignetem Abdichtungssystem, z. B. mineralische Dichtungsschlämme, nach Herstellerangaben abdichten. Die zu erstellende nachträgliche Flächenabdichtung ist ca. 10 cm auf die Sockelabdichtung heranzuführen.

Wassereinwirkungsklasse nach DIN 18533-1 *W2.1-E Mäßige Einwirkung von drückendem Wasser ≤3 m Eintauchtiefe*		
10.		**Flankierende Maßnahme: Horizontalsperre**
10.01	m	**Erstellen einer Bohrlochkette** In Abhängigkeit von dem gewählten Injektionsverfahren Bohrlöcher in der erforderlichen Neigung, Durchmesser, Tiefe und Abstand setzen. Der Bohrstaub ist abzusaugen oder mit ölfreier Druckluft auszublasen.
10.02	m	EVENTUALPOSITION **Mauerwerksverfestigung** Zerklüftetes Mauerwerk, Risse und Hohlräume mittels geeigneter Bohrlochsuspension gemäß den Verarbeitungsrichtlinien des Herstellers verfüllen.
10.03	m	**Einbringen Horizontalsperre, drucklose Injektion** Einbringen des Injektionsstoffes mittels Vorratsbehälter in die Bohrlöcher bis zur Sättigung des Mauerwerks bzw. bis zur Sicherstellung einer ausreichenden Ausbreitung.
10.04	m	ALTERNATIVPOSITION **Einbringen Horizontalsperre, Druckinjektion** Einbringen des Injektionsstoffes mittels geeignetem Gerät (Injektionspumpe) im Niederdruckverfahren über Bohrlöcher und Packer. Der Injektionsdruck ist bis zur Sättigung des Mauerwerks bzw. zur Sicherstellung einer ausreichenden Ausbreitung konstant zu halten.
10.05	m	**Bohrlochverschluss** Bohrlöcher mittels geeigneter Bohrlochsuspension gemäß den Verarbeitungsrichtlinien des Herstellers bündig verschließen.

9.1.3 Nachträgliche Außenabdichtung erdberührter Wände mit einer flexiblen MDS auf mineralischen Untergründen wie Mauerwerk, Putz, Beton

Wassereinwirkungsklasse nach DIN 18533-1 *W1 Bodenfeuchtigkeit und nichtdrückendes Wasser*		
1.	**Baustelleneinrichtung**	
1.01	Stk.	**Baustelle einrichten** Einrichten und Vorhalten der Baustelle, einschließlich aller benötigten Materialien, Geräte und Maschinen. Nach Beendigung der Baumaßnahme die Baustelle räumen und reinigen.
1.02	Stk.	**Stromversorgung** Gewährleistung der Versorgung der Baustelle mit Strom.
1.03	Stk.	**Wasserversorgung** Gewährleistung der Versorgung der Baustelle mit Wasser.
1.04	Stk.	**Container** Containergestellung _____ m³, Abtransport und Entsorgung.
1.05	Stk.	**Sondermüllentsorgung** Entsorgung Sondermüll, bestehend aus ______________.
2.	**Vorbereitende technische Arbeiten**	
2.01	qm	**Aufnahme Pflaster/Belag** Vorhandene/n Pflasterung/Belag, einschließlich Unterbau, aufnehmen und zur späteren Verwendung lagern.
2.02	cbm	**Erdarbeiten** Bodenaushub der Baugrube bis maximal UK Fundament/Bodenplatte seitlich lagern bzw. abfahren. DIN 4123 und 4124 sowie die geltenden Sicherheitsvorschriften der Bauberufsgenossenschaften sind zu beachten.
2.03	m	**Baugrubensicherung** Sicherung der Baugrube durch geeignete Maßnahmen.
3.	**Untergrundvorbereitung**	
3.01	qm	EVENTUALPOSITION **Schutzschicht entfernen** Vorhandene Schutzschicht der abzudichtenden Wandfläche entfernen und entsorgen.
3.02	qm	**Höchstdruckwasserstrahlen** Abzudichtende Fläche mit einem geeigneten Hochdruckreinigungsgerät reinigen. Haftungsmindernde Bestandteile und Verschmutzungen entfernen.
3.03	Stk.	**Prüfung der alten Dichtungskehle** Vorhandene Dichtungskehle nach der Reinigung auf festen Verbund und Funktionsfähigkeit überprüfen.
3.04	Stk.	**Prüfung auf Hohlstellen im Untergrund (Putz)** Hohlliegenden Putz abschlagen und entsorgen.

Wassereinwirkungsklasse nach DIN 18533-1 *W1 Bodenfeuchtigkeit und nichtdrückendes Wasser*		
3.05	Stk.	EVENTUALPOSITION **Prüfung schadhafte Fugen** Vorhandene Mauerwerksfugen nach der Reinigung auf festen Verbund und Funktionsfähigkeit überprüfen. Schadhafte und lose Fugen ca. 2 cm tief ausräumen.
3.06	m	EVENTUALPOSITION **Durchfeuchtungsschutz Wand-Sohlenanschluss** Herstellen einer auf das System abgestimmten Zwischenabdichtung nach Herstellerangaben (z.B. mineralische Dichtungsschlämme) als Schutz vor rückseitiger Durchfeuchtung und zur besseren Haftung der Dichtungskehle. Ausführung von der Stirnseite der Bodenplatte bzw. des Fundamentes (>10 cm) bis auf den Wandbereich.
3.07	m	EVENTUALPOSITION **Dichtungskehle einbauen** Herstellen einer Dichtungskehle im Wand-Sohlenanschluss bzw. im Fundamentbereich sowie an Innenecken und Vorsprüngen mit einem geeignete Sperrmörtel oder Dichtspachtel (Schenkellänge ca. 4 bis 6 cm).
3.08	qm	**Fehlstellen <5 mm schließen** Vorhandene Fehlstellen und Ausbrüche <5 mm mit mineralischer Dichtungsschlämme gemäß den Verarbeitungsrichtlinien des Herstellers schließen bzw. egalisieren.
3.09	qm	**Hohlstellen, Ausbrüche, Fehlstellen >5 mm beiarbeiten** Freigelegte Hohlstellen sowie Ausbrüche und Fehlstellen >5 mm mit geeignetem Ausgleichsmörtel gemäß den Verarbeitungsrichtlinien des Herstellers verschließen.
3.10	m	EVENTUALPOSITION **Fugenverschluss Mauerwerk** Ausgeräumte Fugen mit einem geeigneten Sperr- bzw. Dichtungsmörtel schließen.
3.11	m	**Kanten fasen/brechen** Vorhandene Kanten und Außenecken mit geeignetem Gerät fasen oder brechen.
4.	**Grundierung**	
4.01	qm	**Grundierung bei mineralischem Untergrund** Mineralischen Untergrund mit einer auf das nachfolgende Abdichtungssystem abgestimmten Grundierung behandeln. Die Herstellerangaben sind zu beachten.
5.	**Fugenabdichtung**	
5.01	m	**Bewegungsfugenabdichtung** Bewegungsfugenabdichtung mit einem auf das Abdichtungssystem abgestimmten und zugelassenen Fugenband. Die Verarbeitung erfolgt nach Herstellerangaben. Das Fugenband wird in die anschließende Flächenabdichtung eingebunden.
5.02	m	**Arbeitsfugenabdichtung** Arbeitsfugen, wie Elementfugen und Wandaufsatzbereiche, unter Einbettung eines Dichtbandes bzw. eines Armierungsgewebes mit flexibler MDS überarbeiten. Die Fugenabdichtung wird in die anschließende Flächenabdichtung eingebunden.

Wassereinwirkungsklasse nach DIN 18533-1 *W1 Bodenfeuchtigkeit und nichtdrückendes Wasser*		
6.		Flächenabdichtung
6.01	qm	EVENTUALPOSITION Durchfeuchtungsschutz Herstellen einer auf das System abgestimmten Zwischenabdichtung nach Herstellerangaben (z. B. mineralische Dichtungsschlämme) als Schutz vor rückseitiger Durchfeuchtung.
6.02		Flächenabdichtung mit flexibler MDS W1-E Bodenfeuchtigkeit und nichtdrückendes Wasser Abdichtung der Wandflächen gegen Bodenfeuchte und nicht stauendes Sickerwasser mit einer rissüberbrückenden Dichtungsschlämme (flexible MDS) in zwei Arbeitsgängen. Zwischen den Arbeitsgängen sind die vom Hersteller vorgegebenen Wartezeiten einzuhalten. Die Mindesttrockenschichtdicke beträgt 2 mm.
7.		Durchdringungen
7.01	Stk.	Durchdringungen, Bodenfeuchte und nicht stauendes Sickerwasser Flächenabdichtung mit rissüberbrückender Dichtungsschlämme (flexible MDS) kehlenartig an die Durchdringung anarbeiten. Eine ausreichende Haftung ist durch geeignete Maßnahmen, wie z. B. Aufrauen der Durchdringungsoberfläche zu gewährleisten. Die Flächenabdichtung ist >5 cm auf die Durchdringung zu führen.
7.02	Stk.	ALTERNATIVPOSITION Durchdringung Einbau einer Flansch- bzw. Sonderkonstruktion mit Vlies- oder Gewebekaschierung zum Einbetten in die Flächenabdichtung aus MDS.
8.		Schutzschichten
8.01	qm	Schutzbahn Nach vollständiger Durchtrocknung der Flächenabdichtung Einbau eines Systemschutzes aus einer Noppenbahn mit Gleit-, Schutz- und Lastverteilungsschicht.
8.02	qm	EVENTUALPOSITION Perimeterdämmung, unbeheizte Kellerräume Perimeterdämmung aus extrudierten Polystyrolhartschaumplatten (XPS) oder aus expandierten Polystyrolhartschaumplatten (EPS) nach dem Durchtrocknen der Flächenabdichtung mit einem geeigneten Kleber nach Herstellerangaben teilflächig aufkleben.
8.03	qm	EVENTUALPOSITION Perimeterdämmung, beheizte Kellerräume W1-E Bodenfeuchtigkeit/nichtdrückendes Wasser Zugelassene Perimeterdämmung aus XPS oder aus EPS nach dem Durchtrocknen der Flächenabdichtung mit einem geeigneten Kleber nach Herstellerangaben teilflächig aufkleben.

Wassereinwirkungsklasse nach DIN 18533-1
W1 Bodenfeuchtigkeit und nichtdrückendes Wasser

9.	**Sockelabdichtung**	
9.01	qm	EVENTUALPOSITION **Sockelabdichtung** Sockelflächen ab ca. 20 cm unter GOK bis mindestens 30 cm über GOK mit geeignetem Abdichtungssystem, z. B. mineralische Dichtungsschlämme, nach Herstellerangaben abdichten. Die zu erstellende nachträgliche Flächenabdichtung ist ca. 10 cm auf die Sockelabdichtung heranzuführen.
10.	**Flankierende Maßnahme: Horizontalsperre**	
10.01	m	**Erstellen einer Bohrlochkette** In Abhängigkeit von dem gewählten Injektionsverfahren Bohrlöcher in der erforderlichen Neigung, Durchmesser, Tiefe und Abstand setzen. Der Bohrstaub ist abzusaugen oder mit ölfreier Druckluft auszublasen.
10.02	m	EVENTUALPOSITION **Mauerwerksverfestigung** Zerklüftetes Mauerwerk, Risse und Hohlräume mittels geeigneter Bohrlochsuspension gemäß den Verarbeitungsrichtlinien des Herstellers verfüllen.
10.03	m	**Einbringen Horizontalsperre, drucklose Injektion** Einbringen des Injektionsstoffes mittels Vorratsbehälter in die Bohrlöcher bis zur Sättigung des Mauerwerks bzw. bis zur Sicherstellung einer ausreichenden Ausbreitung.
10.04	m	ALTERNATIVPOSITION **Einbringen Horizontalsperre, Druckinjektion** Einbringen des Injektionsstoffes mittels geeignetem Gerät (Injektionspumpe) im Niederdruckverfahren über Bohrlöcher und Packer. Der Injektionsdruck ist bis zur Sättigung des Mauerwerks bzw. zur Sicherstellung einer ausreichenden Ausbreitung konstant zu halten.
10.05	m	**Bohrlochverschluss** Bohrlöcher mittels geeigneter Bohrlochsuspension gemäß den Verarbeitungsrichtlinien des Herstellers bündig verschließen.
11.	**Flankierende Maßnahme: Dränung**	
11.01	Stk.	**Einbau Dränanlage nach DIN 4095** Einbau einer Dränanlage bei einer gegebenen Einbausituation von wenig durchlässigem Boden ($k \leq 10^{-4}$ m/s). Ausführung sowie Baustoffe der Dränschichten, Dränleitungen und Kontrolleinrichtungen nach DIN 4095.

Wassereinwirkungsklasse nach DIN 18533-1 *W2.1-E Mäßige Einwirkung von drückendem Wasser ≤3 m Eintauchtiefe*		
1.	Baustelleneinrichtung	
1.01	Stk.	**Baustelle einrichten** Einrichten und Vorhalten der Baustelle, einschließlich aller benötigten Materialien, Geräte und Maschinen. Nach Beendigung der Baumaßnahme die Baustelle räumen und reinigen.
1.02	Stk.	**Stromversorgung** Gewährleistung der Versorgung der Baustelle mit Strom.
1.03	Stk.	**Wasserversorgung** Gewährleistung der Versorgung der Baustelle mit Wasser.
1.04	Stk.	EVENTUALPOSITION **Grundwasserabsenkung** Einrichtung zur Wasserabsenkung installieren und vorhalten.
1.05	Stk.	**Container** Containergestellung ______ m³, Abtransport und Entsorgung.
1.06	Stk.	**Sondermüllentsorgung** Entsorgung Sondermüll, bestehend aus ______________.
2.	Vorbereitende technische Arbeiten	
2.01	qm	**Aufnahme Pflaster/Belag** Vorhandene/n Pflasterung/Belag, einschließlich Unterbau, aufnehmen und zur späteren Verwendung lagern.
2.02	cbm	**Erdarbeiten** Bodenaushub der Baugrube bis maximal UK Fundament/Bodenplatte seitlich lagern bzw. abfahren. Die DIN 4123 und 4124 sowie die geltenden Sicherheitsvorschriften der Bauberufsgenossenschaften sind zu beachten.
2.03	m	**Baugrubensicherung** Sicherung der Baugrube durch geeignete Maßnahmen.
3.	Untergrundvorbereitung	
3.01	qm	EVENTUALPOSITION **Schutzschicht entfernen** Vorhandene Schutzschicht der abzudichtenden Wandfläche entfernen und entsorgen.
3.02	qm	**Höchstdruckwasserstrahlen** Abzudichtende Fläche mit einem geeigneten Hochdruckreinigungsgerät reinigen. Haftungsmindernde Bestandteile und Verschmutzungen entfernen.
3.03	Stk.	**Prüfung der alten Dichtungskehle** Vorhandene Dichtungskehle nach der Reinigung auf festen Verbund und Funktionsfähigkeit überprüfen.
3.04	Stk.	**Prüfung auf Hohlstellen im Untergrund (Putz)** Hohlliegenden Putz abschlagen und entsorgen.

Wassereinwirkungsklasse nach DIN 18533-1
W2.1-E Mäßige Einwirkung von drückendem Wasser ≤3 m Eintauchtiefe

3.05	Stk.	EVENTUALPOSITION **Prüfung auf schadhafte Fugen** Vorhandene Mauerwerksfugen nach der Reinigung auf festen Verbund und Funktionsfähigkeit überprüfen. Schadhafte und lose Fugen ca. 2 cm tief ausräumen.
3.06	m	EVENTUALPOSITION **Durchfeuchtungsschutz Wand-Sohlenanschluss** Herstellen einer auf das System abgestimmten Zwischenabdichtung nach Herstellerangaben (z. B. mineralische Dichtungsschlämme) als Schutz vor rückseitiger Durchfeuchtung und zur besseren Haftung der Dichtungskehle. Ausführung von der Stirnseite der Bodenplatte bzw. des Fundamentes (>10 cm) bis auf den Wandbereich.
3.07	m	EVENTUALPOSITION **Dichtungskehle einbauen** Herstellen einer Dichtungskehle im Wand-Sohlenanschluss bzw. im Fundamentbereich sowie an Innenecken und Vorsprüngen mit einem geeigneten Sperrmörtel oder Dichtspachtel (Schenkellänge ca. 4 bis 6 cm).
3.08	qm	**Fehlstellen <5 mm schließen** Vorhandene Fehlstellen und Ausbrüche <5 mm mit mineralischer Dichtungsschlämme gemäß den Verarbeitungsrichtlinien des Herstellers schließen bzw. egalisieren.
3.09	qm	**Hohlstellen, Ausbrüche, Fehlstellen >5 mm beiarbeiten** Freigelegte Hohlstellen sowie Ausbrüche und Fehlstellen >5 mm mit geeignetem Ausgleichsmörtel gemäß den Verarbeitungsrichtlinien des Herstellers verschließen.
3.10	m	EVENTUALPOSITION **Fugenverschluss Mauerwerk** Ausgeräumte Fugen mit einem geeigneten Sperr- bzw. Dichtungsmörtel schließen.
3.11	m	**Kanten fasen/brechen** Vorhandene Kanten und Außenecken mit geeignetem Gerät fasen oder brechen.
4.	**Grundierung**	
4.01	qm	**Grundierung bei mineralischem Untergrund** Mineralischen Untergrund mit einer auf das nachfolgende Abdichtungssystem abgestimmten Grundierung behandeln. Die Herstellerangaben sind zu beachten.
5.	**Fugenabdichtung**	
5.01	m	**Bewegungsfugenabdichtung** Bewegungsfugenabdichtung mit einem auf das Abdichtungssystem abgestimmten und zugelassenen Fugenband. Die Verarbeitung erfolgt nach Herstellerangaben. Das Fugenband wird in die anschließende Flächenabdichtung eingebunden.
5.02	m	**Arbeitsfugenabdichtung** Arbeitsfugen, wie Elementfugen und Wandaufsatzbereiche, unter Einbettung eines Dichtbandes bzw. eines Armierungsgewebes mit flexibler MDS überarbeiten. Die Fugenabdichtung wird in die anschließende Flächenabdichtung eingebunden.

Wassereinwirkungsklasse nach DIN 18533-1 *W2.1-E Mäßige Einwirkung von drückendem Wasser ≤3 m Eintauchtiefe*		
6.	**Flächenabdichtung**	
6.01	qm	EVENTUALPOSITION **Durchfeuchtungsschutz** Herstellen einer auf das System abgestimmten Zwischenabdichtung nach Herstellerangaben (z. B. mineralische Dichtungsschlämme) als Schutz vor rückseitiger Durchfeuchtung.
6.02		**Flächenabdichtung mit flexibler MDS** **W2.1-E Mäßige Einwirkung von drückendem Wasser ≤3 m Eintauchtiefe** Abdichtung der Wandflächen gegen aufstauendes Sickerwasser und drückendes Wasser mit rissüberbrückender Dichtungsschlämme (flexible MDS) in zwei Arbeitsgängen. Zwischen den Arbeitsgängen sind die vom Hersteller vorgegebenen Wartezeiten einzuhalten. Die Mindesttrockenschichtdicke beträgt 3 mm.
6.03		EVENTUALPOSITION **Armierungsgewebe** Vollflächige Einlage eines Armierungsgewebes. Das Armierungsgewebe ist hohlstellenfrei in die erste Abdichtungslage einzubetten.
7.	**Durchdringungen**	
7.01	Stk.	**Durchdringung** Einbau einer Flansch- bzw. Sonderkonstruktion mit Vlies- oder Gewebekaschierung zum Einbetten in die Flächenabdichtung.
8.	**Schutzschichten**	
8.01	qm	**Schutzbahn** Nach vollständiger Durchtrocknung der Flächenabdichtung Einbau eines Systemschutzes aus einer Noppenbahn mit Gleit-, Schutz- und Lastverteilungsschicht.
8.02	qm	EVENTUALPOSITION **Perimeterdämmung, unbeheizte Kellerräume** Perimeterdämmung aus extrudierten Polystyrolhartschaumplatten (XPS) oder aus expandierten Polystyrolhartschaumplatten (EPS) nach dem Durchtrocknen der Flächenabdichtung mit einem geeigneten Kleber nach Herstellerangaben teilflächig aufkleben.
8.03	qm	EVENTUALPOSITION **Perimeterdämmung, beheizte Kellerräume** W2.1-E Mäßige Einwirkung von drückendem Wasser ≤3 m Eintauchtiefe Zugelassene Perimeterdämmung aus XPS oder aus EPS nach dem Durchtrocknen der Flächenabdichtung mit einem geeigneten Kleber nach Herstellerangaben vollflächig aufkleben.
9.	**Sockelabdichtung**	
9.01	qm	**Sockelabdichtung** Sockelflächen ab ca. 20 cm unter GOK bis mindestens 30 cm über GOK mit geeignetem Abdichtungssystem, z. B. mineralischer Dichtungsschlämme, nach Herstellerangaben abdichten. Die zu erstellende nachträgliche Flächenabdichtung ist ca. 10 cm auf die Sockelabdichtung heranzuführen.

Wassereinwirkungsklasse nach DIN 18533-1 *W2.1-E Mäßige Einwirkung von drückendem Wasser ≤3 m Eintauchtiefe*		
10.		**Flankierende Maßnahme: Horizontalsperre**
10.01	m	**Erstellen einer Bohrlochkette** In Abhängigkeit von dem gewählten Injektionsverfahren Bohrlöcher in der erforderlichen Neigung, Durchmesser, Tiefe und Abstand setzen. Der Bohrstaub ist abzusaugen oder mit ölfreier Druckluft auszublasen.
10.02	m	EVENTUALPOSITION **Mauerwerksverfestigung** Zerklüftetes Mauerwerk, Risse und Hohlräume mittels geeigneter Bohrlochsuspension gemäß den Verarbeitungsrichtlinien des Herstellers verfüllen.
10.03	m	**Einbringen Horizontalsperre, drucklose Injektion** Einbringen des Injektionsstoffes mittels Vorratsbehälter in die Bohrlöcher bis zur Sättigung des Mauerwerks bzw. bis zur Sicherstellung einer ausreichenden Ausbreitung.
10.04	m	ALTERNATIVPOSITION **Einbringen Horizontalsperre, Druckinjektion** Einbringen des Injektionsstoffes mittels geeignetem Gerät (Injektionspumpe) im Niederdruckverfahren über Bohrlöcher und Packer. Der Injektionsdruck ist bis zur Sättigung des Mauerwerks bzw. zur Sicherstellung einer ausreichenden Ausbreitung konstant zu halten.
10.05	m	**Bohrlochverschluss** Bohrlöcher mittels geeigneter Bohrlochsuspension gemäß den Verarbeitungsrichtlinien des Herstellers bündig verschließen.

9.2 Kalkulatorische Arbeitszeitrichtwerte (ARH) nachträglicher Außenabdichtung erdberührter Außenwände

Pos.	Menge	Beschreibung	ARH-Wert
Untergrundvorbereitung			
	qm	Schutzschicht entfernen	0,10–0,30
	qm	Höchstdruckwasserstrahlen	0,10–0,20
	m	Hinterfeuchtungsschutz/Zwischenabdichtung am Wand-Sohlenanschluss	0,15
	m	Dichtungskehle einbauen	0,15–0,20
	qm	Fehlstellen <5 mm schließen	0,10–0,15
	qm	Hohlstellen, Ausbrüche, Fehlstellen >5 mm beiarbeiten	0,15–0,25
	m	Kanten fasen/brechen	0,10–0,15
Grundierung			
	qm	Grundierung/Kontaktschicht bei bituminösem Untergrund	0,15–0,25
	qm	Grundierung bei mineralischem Untergrund	0,05
Fugenabdichtung			
	m	Bewegungsfugenabdichtung	0,15–0,20
	m	Arbeitsfugenabdichtung	0,10
Flächenabdichtung			
	qm	Flächenabdichtung mit PMBC Wassereinwirkungsklasse W1-E Bodenfeuchte/nichtdrückendes Wasser; die Mindesttrockenschichtdicke beträgt 3 mm	0,10–0,15
	qm	Flächenabdichtung mit PMBC Wassereinwirkungsklasse W2.1-E Drückendes Wasser mäßiger Einwirkung bis 3 m einschließlich Einlage eines Armierungsgewebes; die Mindesttrockenschichtdicke beträgt 4 mm	0,20–0,30
	qm	Flächenabdichtung mit flexibler MDS Wassereinwirkungsklasse W1-E Bodenfeuchte und nichtdrückendes Wasser; die Mindesttrockenschichtdicke beträgt 2 mm	0,15–0,20
	qm	Flächenabdichtung mit flexibler MDS Wassereinwirkungsklasse W2.1-E Drückendes Wasser mäßiger Einwirkung bis 3 m; die Mindesttrockenschichtdicke beträgt 3 mm	0,20–0,25

Pos.	Menge	Beschreibung	ARH-Wert
Durchdringungen			
	Stk.	Durchdringungen, Bodenfeuchte/nichtdrückendes Wasser	0,25–0,50
	Stk.	Durchdringung, Einbau einer Flansch- bzw. Sonderkonstruktion	1,00–1,50
Schutzschichten			
	qm	Schutzbahn nach vollständiger Durchtrocknung der Flächenabdichtung Einbau eines Systemschutzes aus einer Noppenbahn mit Gleit-, Schutz- und Lastverteilungsschicht	0,10–0,15
	qm	Perimeterdämmung, XPS oder EPS teilflächig aufkleben	0,15–0,20
	qm	Perimeterdämmung, XPS oder EPS vollflächig aufkleben	0,25–0,35
Sockelabdichtung			
	qm	Perimeterdämmung, XPS oder EPS vollflächig aufkleben	0,20–0,30
Horizontalsperre im Injektionsverfahren			
	m	Erstellen einer Bohrlochkette	0,50–0,70
	m	Mauerwerksverfestigung mittels geeigneter Bohrlochsuspension	0,20–1,20
	m	Einbringen Horizontalsperre, drucklose Injektion	0,60–1,70
	m	Einbringen Horizontalsperre, Druckinjektion	0,30–1,20
	m	Bohrlochverschluss mittels geeigneter Bohrlochsuspension	0,10

9.3 Abrechnungsgrundlage von Leistungen für erdberührte Bauwerksaußenabdichtungen und Sockelinstandsetzungen im Bestand

Grundsätzlich gelten für die Abrechnung von Leistungen zur nachträglichen Außenabdichtung und Sockelinstandsetzung, bei vergleichbaren Leistungen, folgende Allgemeine Technische Vertragsbedingungen für Bauleistungen (ATV):

Allgemeine Regelungen für Bauarbeiten jeder Art	ATV DIN 18299
Erdarbeiten	ATV DIN 18300
Maurerarbeiten	ATV DIN 18330
Abdichtungsarbeiten	ATV DIN 18336
Wärmedämmverbundsysteme	ATV DIN 18345
Putz- und Stuckarbeiten	ATV DIN 18350
Maler- und Lackierarbeiten – Beschichtungen	ATV DIN 18363

Die nachfolgende Auswahl ordnet den wesentlichen Leistungen die entsprechende Abrechnungsmodalität zu.

Erdarbeiten

Abtrag Oberboden

- Die Abrechnung erfolgt nach Raummaß (m^3) oder nach Flächenmaß (m^2) bei Angabe der maximal Abtragshöhe.
- Abgezogen werden Unterbrechungen durch Baukörper mit einer Einzelgröße von 1 m^3 bzw. 1 m^2.

Erdaushub

- Die Abrechnung erfolgt nach Raummaß (m^3). Hierbei sind die tatsächliche Breite, Länge und Höhe des Grabens oder freigelegten Bereiches die Grundlage für die Berechnung.
- Abgezogen werden Unterbrechungen durch Baukörper mit einer Einzelgröße von 1 m^3.

Erdstoff verfüllen

- Die Abrechnung erfolgt nach Raummaß (m^3). Hierbei sind die tatsächliche Breite, Länge und Höhe des Grabens oder freigelegten Bereiches die Grundlage für die Berechnung.
- Abgezogen werden Unterbrechungen durch Baukörper mit einer Einzelgröße von 1 m^3.

Abdichtungsarbeiten

Untergrund reinigen

- Die Abrechnung erfolgt nach Flächenmaß (m^2).
- Abgezogen werden Aussparungen, z. B. Öffnungen, Durchdringungen, über 2,5 m^2 Einzelgröße.

Untergrund vorbereiten

- Die Abrechnung erfolgt nach Flächenmaß (m^2).
- Abgezogen werden Aussparungen, z. B. Öffnungen, Durchdringungen, über 2,5 m^2 Einzelgröße.
- Die Abrechnung für das Herstellen und Schließen von Aussparungen, Anschlüssen an Durchdringungen, Einbauteilen und dergleichen erfolgt je Stück.

Kanten fasen

- Die Abrechnung erfolgt nach Längenmaß (m).
- Abgezogen werden Unterbrechungen über 1 m Einzellänge.

Dichtungskehle

- Die Abrechnung erfolgt nach Längenmaß (m).
- Abgezogen werden Unterbrechungen über 1 m Einzellänge.

Abdichtung einschließlich möglicher Verstärkungseinlagen

- Die Abrechnung erfolgt nach Flächenmaß (m^2).
- Die Abrechnung für das Herstellen und Schließen von Aussparungen, Anschlüssen an Durchdringungen, Klebe- und Anschlussflansche, Los- und Festflanschkonstruktionen, Manschetten, Schellen, Klemmschienen, Klemmprofilen, beschichteten Blechen, Telleranker und dergleichen erfolgt je Stück.
- Die Abrechnung für das Einbauen von Klemmschienen, Klemmprofilen, beschichteten Blechen und dergleichen erfolgt nach Längenmaß (m).
- Abgezogen werden Aussparungen, z. B. Öffnungen, Durchdringungen, über 2,5 m^2 Einzelgröße und Unterbrechungen über 1 m Einzellänge.

Schutzschichten/Dämmung

- Die Abrechnung erfolgt nach Flächenmaß (m^2).
- Die Abrechnung für das Herstellen und Schließen von Aussparungen, Anschlüssen an Durchdringungen, Klebe- und Anschlussflansche, Los- und Festflanschkonstruktionen,

Manschetten, Schellen, Klemmschienen, Klemmprofilen, beschichteten Blechen, Tellerankern und dergleichen erfolgt je Stück.

- Die Abrechnung für das Einbauen von Klemmschienen, Klemmprofilen, beschichteten Blechen und dergleichen erfolgt nach Längenmaß (m).
- Abgezogen werden Aussparungen, z. B. Öffnungen, Durchdringungen, über 2,5 m² Einzelgröße und Unterbrechungen über 1 m Einzellänge.

Sockelputzarbeiten/WDVS

Putz abschlagen/vorhandene Dämmung entfernen

- Die Abrechnung erfolgt nach Flächenmaß (m²).
- Abgezogen werden Aussparungen, z. B. Öffnungen, Durchdringungen, über 2,5 m² Einzelgröße und Unterbrechungen.

Untergrund reinigen

- Die Abrechnung erfolgt nach Flächenmaß (m²).
- Abgezogen werden Aussparungen, z. B. Öffnungen, Durchdringungen, über 2,5 m² Einzelgröße.

Untergrund vorbereiten

- Die Abrechnung erfolgt nach Flächenmaß (m²).
- Abgezogen werden Aussparungen, z. B. Öffnungen, Durchdringungen, über 2,5 m² Einzelgröße.
- Die Abrechnung für das Herstellen und Schließen von Aussparungen, Anschlüssen an Durchdringungen, Einbauteilen und dergleichen erfolgt je Stück.

Sockelabdichtung

- Die Abrechnung erfolgt nach Flächenmaß (m²).
- Die Abrechnung für das Herstellen und Schließen von Aussparungen, Anschlüssen an Durchdringungen, Klebe- und Anschlussflansche, Los- und Festflanschkonstruktionen, Manschetten, Schellen, Klemmschienen, Klemmprofilen, beschichteten Blechen, Tellerankern und dergleichen erfolgt je Stück.
- Die Abrechnung für das Einbauen von Klemmschienen, Klemmprofilen, beschichteten Blechen und dergleichen erfolgt nach Längenmaß (m).
- Abgezogen werden Aussparungen, z. B. Öffnungen, Durchdringungen, über 2,5 m² Einzelgröße und Unterbrechungen über 1 m Einzellänge.

Verfugung neu/Sockelputz neu/WDVS neu

- Die Abrechnung erfolgt nach Flächenmaß (m^2).
- Abgezogen werden Aussparungen, z.B. Öffnungen, Durchdringungen, über 2,5 m^2 Einzelgröße und Unterbrechungen. Bei der Ermittlung der Abzugsmaße sind die kleinsten Maße der Aussparung zugrunde zu legen.
- Abgezogen werden weiterhin Unterbrechungen in der zu bearbeitenden Fläche durch Bauteile, z.B. Fachwerkteile, Stützen, Vorlagen, Podeste, mit einer Einzelbreite über 30 cm.
- Abgezogen werden bei Verfugungsarbeiten, die separat in m Einzellänge abgerechnet werden, Unterbrechungen über 1 m Einzellänge.

Eckschutzschienen/Profile

- Die Abrechnung erfolgt nach Längenmaß (m).
- Abgezogen werden Unterbrechungen über 1 m Einzellänge.

Malerarbeiten/WDVS

Farbanstrich/Rau- oder Buntsteinputz

- Die Abrechnung erfolgt nach Flächenmaß (m^2).
- Abgezogen werden Aussparungen, z.B. Öffnungen, Durchdringungen, über 2,5 m^2 Einzelgröße und Unterbrechungen.

9.4 Checklisten

9.4.1 Allgemeine Checkliste zur Beantwortung offener Fragestellungen vor Ort

Objekt		
Adresse	Straße	
	PLZ / Ort	
Auftraggeber		
Aufnahme durch		
Datum		

Teilnehmer

- ☐ Bauherr
- ☐ Planer
- ☐ Sonderfachleute
- ☐ Denkmalpfleger
- ☐ Restaurator
- ☐ Materialhersteller
- ☐ Fachunternehmer

Vorstudien vorhandener Unterlagen, z. B.

- ☐ Zeichnungen
- ☐ Baubeschreibungen
- ☐ statische Berechnungen
- ☐ Fotodokumentationen etc.

Raumseitige Schadensfeststellung

- ☐ Art
- ☐ Umfang
- ☐ Verteilung

Feststellungen an der Außenwand / in der Schürfgrube

- [ ] Schadensbilder nach Art und Umfang
- [ ] Art der vorhanden Bauwerksabdichtung
- [ ] Hohllagen
- [ ] Fehlstellen

Tragfähigkeit

- [ ] des Untergrundes
- [ ] der vorhandenen Bauwerksabdichtung

Detailuntersuchungen

- [ ] An-/Abschlüsse
- [ ] Übergänge
- [ ] Durchdringungen
- [ ] Fugen

Untersuchung äußerer Einflüsse

- [ ] Wassereinwirkung
- [ ] Witterung
- [ ] Umwelt
- [ ] mechanische Belastungen
- [ ] chemische Angriffe

Ermittlung evtl. Nutzungs- oder Konstruktionsänderungen

- [ ] Planer
- [ ] Statiker
- [ ] Sonderfachmann

Anfertigen von

- [ ] Bestandszeichnungen
- [ ] Detailzeichnungen
- [ ] Protokollen
- [ ] Fotodokumentationen
- [ ] Sonstiges

Untersuchungsplanung

- ☐ am Objekt
- ☐ im Labor

Ermittlung der Maße

- ☐ Länge/Breite/Höhe/Tiefe

9.4.2 Checkliste zur Ermittlung von Kenndaten für die Ortsbegehung

Objekt		
Adresse	Straße	
	PLZ / Ort	
Auftraggeber		
Aufnahme durch		
Datum		

Teilnehmer

☐ Bauherr	
☐ Planer	
☐ Sonderfachleute	
☐ Denkmalpfleger	
☐ Restaurator	
☐ Materialhersteller	
☐ Fachunternehmer	

Lage und Beschreibung des Bauwerks

- ☐ Wohnhaus
- ☐ gewerblich genutztes Objekt
- ☐ öffentliches Gebäude
- ☐ Kirche
- ☐ Schloss
- ☐ Hanglage
- ☐ Gefälle
- ☐ Sonstiges

Abmessungen

- ☐ Höhe
- ☐ Breite
- ☐ Länge
- ☐ Sonstiges

Witterungsbedingungen zum Zeitpunkt

- ☐ relative Luftfeuchtigkeit in %
- ☐ Temperatur außen in °C
- ☐ Temperatur innen in °C

Außenflächen

- ☐ Putz
- ☐ Naturstein
- ☐ Beton
- ☐ Ziegel
- ☐ Kalksandstein
- ☐ Sonstige

Anstrich

- ☐ Dispersion
- ☐ Silikat-gebundenes System
- ☐ Kalkanstrich
- ☐ Imprägnierung
- ☐ sonstiges Oberflächenschutzsystem

Mauerwerksaufbau

- ☐ einschalig
- ☐ zweischalig
- ☐ Mischmauerwerk
- ☐ zerklüftet
- ☐ Sonstige

Verwendete Baustoffe

- ☐ Beton
- ☐ Ziegel
- ☐ Naturstein
- ☐ Kalksandstein
- ☐ Bimsstein
- ☐ Sonstige

Beschreibung der vorhandenen Abdichtung

- ☐ vertikal:
  - ☐ bahnenförmiger Abdichtungsstoff
  - ☐ teerhaltiges Anstrichsystem
  - ☐ bituminöses Anstrichsystem
  - ☐ polymermodifizierte Bitumendickbeschichtung (PMBC)
  - ☐ mineralisches Putzsystem
  - ☐ mineralische Dichtungsschlämme (MDS)
  - ☐
- ☐ horizontal:
  - ☐

Dränung und Filterschichten baulicher Anlagen

- ☐ vorhanden
- ☐ nicht vorhanden
- ☐ geplant

Beschreibung des Umfeldes

- ☐ Grundwasseranfall
- ☐ durch Gewässer
- ☐ Fluss
- ☐ Sonstiges

Bodenverhältnisse

- ☐ Fels
- ☐ Lehm
- ☐ Sand
- ☐ Kies
- ☐ Sonstige

9.4.3 Checkliste zur optischen Beurteilungen von Schäden im Gründungsbereich

Objekt

Adresse Straße

PLZ / Ort

Auftraggeber

Aufnahme durch

Datum

Teilnehmer

- [ ] Bauherr
- [ ] Planer
- [ ] Sonderfachleute
- [ ] Denkmalpfleger
- [ ] Restaurator
- [ ] Materialhersteller
- [ ] Fachunternehmer

Lage und Beschreibung des Bauwerks

- [ ] Wohnhaus
- [ ] gewerblich genutztes Objekt

Schäden am Objekt

- [ ] Sockel
- [ ] Kelleraußenwand
- [ ] Übergangsbereich Fundament/Wand
- [ ] Fugen
- [ ] Durchdringungen

Schadenslage, Umfang und Häufigkeit

- [ ] vereinzelt
- [ ] verteilt
- [ ] gleichmäßig
- [ ] ganzflächig

Anstrichschäden

- ☐ Abplatzungen
- ☐ Risse
- ☐ Unterwanderungen
- ☐ Feuchtigkeit
- ☐ bauschädigende Salze

Oberflächenschäden

- ☐ Mauerwerk
- ☐ Putz
- ☐ Beton
  - ☐ Absandungen
  - ☐ Abplatzungen
  - ☐ Salzausblühungen
  - ☐ Krustenbildung
  - ☐ Auswitterungen
  - ☐ Verschmutzungen

Feuchtigkeitsschäden

- ☐ Druckwasser
- ☐ Bodenfeuchtigkeit
- ☐ Funktionstüchtigkeit der Bauwerksdränung
- ☐ Höhe der Durchfeuchtungszone
- ☐ Salzschäden
- ☐ Putzabplatzungen
- ☐ Anstrichschäden
- ☐ Bewuchs mit Algen

Risikofaktoren vorhanden?

- ☐ Zugänglichkeit des Schadensbereiches
- ☐ Versorgungsanlagen
- ☐ Verteilerkästen
- ☐ elektrische Einrichtungen
- ☐ Sonstige

Besondere Schadensbilder erkennbar?

- [ ] Bodenvertiefungen an Kanälen oder Regenrohren
- [ ] korrodierende Metallteile
- [ ] sonstige Risikofaktoren:

Bauteilöffnungen

Weitere Maßnahmen zur nachträglichen Außenabdichtung

- [ ] mineralische Innenabdichtung
- [ ] abdichtende Injektionsarbeiten
- [ ] Sockelabdichtung
- [ ] Sonstige

Flankierende Maßnahmen

- [ ] nachträgliche Horizontalabdichtung des Mauerwerks
- [ ] Perimeterdämmung
- [ ] Sockelinstandsetzung
- [ ] Sanierputzsystem-WTA
- [ ] technische Lüftungsmaßnahmen

9.4.4 Checkliste zur Probennahme im Keller-, Sockel- und Erdgeschossbereich

Objekt		
Adresse	Straße	
	PLZ / Ort	
Auftraggeber		
Aufnahme durch		
Datum		

1. Wo treten die Schäden auf?
   - ☐ K.G. ☐ E.G. ☐ Sockel

   Wo soll die Instandsetzung erfolgen?
   - ☐ von innen ☐ von außen
2. Welche Schädigung ist erkennbar?
   - ☐ Feuchtigkeit ☐ Mauersalze
   - ☐ Putzschäden ☐ Anstrichschäden
   - ☐ Steinschäden ☐ Frostschäden
   - ☐ Fugenschäden ☐ Pilz-/Schimmelbefall
   - ☐ Algen/Vergrünung ☐ Risse
3. Um welche Art von Feuchtigkeit kann es sich handeln?
   - ☐ aufsteigende Feuchtigkeit
   - ☐ eindringende Bodenfeuchtigkeit
   - ☐ Sickerwasser/Fließstellen
   - ☐ Kondensfeuchtigkeit
   - ☐ Regenfeuchtigkeit
   - ☐ Spritzwasser
   - ☐ hygroskopische Feuchte
4. Wird die Fassade saniert?
   - ☐ ja ☐ nein

1. Wie ist die Fassade aufgebaut?

2. Welcher Untergrund liegt im Instandsetzungsbereich vor?

☐ Beton ☐ Mauerwerk ☐ Putz

☐

Wandaufbau:

3. Wie dick ist die Wand? cm dick.

☐ einschalig cm

☐ zweischalig cm

4. Vorhandene Abdichtungen?

☐ waagerecht, besteht aus

☐ senkrecht, besteht aus

5. Bodenverhältnisse (Baugrund)?
   - ☐ Kies/Sand
   - ☐ Lehm
   - ☐ Hanglage
   - ☐ mit Dränage
   - ☐ ohne Dränage
   - ☐ Grundwasser
6. Ergänzende Angaben:

   relative Luftfeuchtigkeit ____ %

   Temperatur außen ____ °C

   Temperatur innen ____ °C
7. Anlagen

   ☐ Skizzen ☐ Fotodokumentation
8. Anzahl der Proben ____ Stück
9. Bemerkungen:

Dokumentation der Probenentnahmen

	Probenbereich	1 Wohnen	2 Schlafen 1	3 Schlafen 2	4 Küche	5 Bad
1	oberhalb, z. B. Fußboden (ca. 0,1 m)					
2	oberhalb HZ-Sperre (ca. 0,25 m)					
3	oberhalb sichtbarer Schadzone (innen, ca. 0,8 m)					
4	oberhalb Terrain (außen, ca. 0,1 m)					
5	oberhalb Terrain (außen, ca. 0,5 m)					

Anlagen

Handskizzen und Grundrisse mit Kennzeichnung der Probenbereiche

9.4.5 Auftrag zur Probenbearbeitung

Bearbeitungs-Nr.		
Objekt		
Adresse	Straße	
	PLZ / Ort	
Auftraggeber		
Aufnahme durch		
Datum		

Probe-Nr.	Probenart	Bezeichnung/Entnahmestelle/Entnahmedatum
1		
2		
3		
4		
5		
6		
7		
8		

Labortechnische Untersuchungen

- ☐ Bestimmung der bauschädlichen Salze
- ☐ Salzgehalt an mehreren Proben (quantitativ bzw. halbquantitativ)
- ☐ Bestimmung der Bauteilfeuchte
- ☐ Durchfeuchtungsgrad (DFG)
- ☐ Durchfeuchtungsgrad hygroskopischer Feuchte (DFGhyg.)
- ☐ Feuchteprofil im Wandquerschnitt

Probe-Nr.	Gewünschte Untersuchung	Anzahl
1		
2		
3		
4		
5		
6		
7		
8		

Ort, Datum

Unterschrift

9.4.6 Ausführungsprotokoll

Für die Herstellung von Bauwerksabdichtungen erdberührter Bauteile mit:

- ☐ polymermodifizierten Bitumendickbeschichtungen (PMBC)
- ☐ mineralischen Dichtungsschlämmen (MDS)
- ☐ flexiblen polymermodifizierten Dickbeschichtungen (FPD)

gemäß ☐ DIN 18533 **Bauwerksabdichtung**

gemäß ☐ Richtlinie für die Planung und Ausführung von Abdichtungen mit polymermodifizierten Bitumendickbeschichtungen (PMBC)

gemäß ☐ Richtlinie für die Planung und Ausführung von Abdichtungen mit flexiblen polymermodifizierten Dickbeschichtungen (FPD)

gemäß ☐ WTA-Merkblatt 4-6 **Nachträgliches Abdichten erdberührter Bauteile**

Objekt		
Adresse	Straße	
	PLZ / Ort	
Auftraggeber		
Aufnahme durch		
Datum		

Teilnehmer

☐ Bauherr	
☐ Planer	
☐ Sonderfachleute	
☐ Denkmalpfleger	
☐ Restaurator	
☐ Materialhersteller	
☐ Fachunternehmer	

Anlagen

Anlage 1: Prüfung der Nassschichtdicke
Anlage 2: Referenzprobe
Anlage 3: Durchtrocknungsprüfung

1. Allgemeine Angaben

Fachunternehmen	
Adresse	
Auftraggeber	
Beginn der Arbeiten	
Ende der Arbeiten	
Ausführender	

Qualifikation

Lehrgang »**Herstellen von erdberührten Bauwerksabdichtungen mit polymermodifizierten Bitumendickbeschichtungen (PMBC)**« – PMBC-Abdichtungsschein:

☐ ja ☐ nein

Nr.:

Sonstige

☐ ja ☐ nein

2. Wassereinwirkungsklasse nach DIN 18533-1

☐ W1.1-E Bodenfeuchte und nichtdrückendes Wasser bei Bodenplatten und Wänden

☐ W1.2-E Bodenfeuchte und nichtdrückendes Wasser bei Bodenplatten und erdberührten Wänden mit Dränung

☐ W2.1-E Mäßige Einwirkung von drückendem Wasser ≤3 m Eintauchtiefe*

3. Hinweise

* Für die Wassereinwirkungsklasse W2.2-E Hohe Einwirkung von drückendem Wasser >3 m Eintauchtiefe lässt die DIN 18533 im Anwendungsbereich Neubauabdichtung keine flüssig aufzutragenden Abdichtungsstoffe zu. Entsprechend DIN 18336 VOB/C Punkt 0.3.1 ist die Abdichtung mit PMBC/MDS/FLP zu vereinbaren und eindeutig und im Einzelnen im LV anzugeben. Empfehlenswert ist diese Art der Ausführung nur auf Stahlbetonoberflächen.

Der Auftraggeber ist auf die Abweichung zu DIN 18533 ausdrücklich in einem Beratungsgespräch hinzuweisen. Dieses muss schriftlich vereinbart werden.

☐ vereinbart ☐ nicht vereinbart

4. Boden

Bodengutachten ☐ ja ☐ nein

☐ stark durchlässig ($k < 0{,}1$ mm/s), z. B. Kies, Sand

☐ wenig durchlässig ($k < 0{,}1$ mm/s), z. B. Lehm, Ton

☐ Besonderheiten:

5. Dränung

langjährig ermittelter, höchster Grundwasserstand

☐ >30 cm UK Gründung ☐ <30 cm UK Gründung

gemäß DIN 4095

☐ vorhanden ☐ geplant nach LV ☐ nicht geplant nach LV

6. Baufortschritt

☐ Sauberkeitsschicht aus Beton

☐ Stahlbetonsohle

☐ Kellerwände

☐ Kellerdecke

7. Klimadaten

☐ Luft-/Objekttemperatur: °C

☐ Untergrundtemperatur: °C

☐ relative Luftfeuchte: %

☐ Witterung:

☐ sonnig ☐ bewölkt ☐ regnerisch

8. Untergrund

Mauerwerk

☐ Hochlochziegel ☐ Vollziegel

☐ Hohlblocksteine ☐ Vollsteine/-blöcke

☐ Hüttensteine ☐ Kalksandsteine

☐ Porenbetonsteine ☐ Sonstige

Beton

☐ Ortbeton ☐ Elementwände ☐ Fertigteile

Putz

☐ CS III/MGr. (P 2 a) ☐ CS IV/MGr. (P 3) ☐ Sonstige

Oberflächenbeschaffenheit

☐ trocken ☐ feucht ☐ nass

Altabdichtung

☐ Bitumenanstrichsystem
☐ polymermodifizierte Bitumendickbeschichtung

Teer

☐ festgestellt ☐ entfernt
☐ Besonderheiten

9. Vorbereitende Arbeiten

Vorbehandlungen des Untergrundes

☐ Zementleim entfernt ☐ Außenecken gefast

Reinigungen des Untergrundes

☐ Wandfläche ☐ Bodenfläche

10. Untergrundvorbereitung

☐ Vertiefungen, Fugen, Ausbruchstellen vermörtelt (>5 mm)
Produkt:

Chargen-Nr.:

☐ Egalisierungs-/Kratz-/Füll- oder Lunkerspachtelung (<5 mm)
Produkt:

Chargen-Nr.:

11. Vordichtungen

☐ Sockelabdichtung

Produkt:

Chargen-Nr.:

☐ Schutz vor rückseitig einwirkendem Wasser

☐ Wand-Sohlenanschluss

☐ Wandfläche

Produkt:

Chargen-Nr.:

12. Dichtungskehle

☐ mineralisch aus Dichtungsmörtel (Radius <50 mm)

Produkt:

Chargen-Nr.:

☐ PMBC-Kehle, zweikomponentig nach Herstellerangabe (Radius <20 mm)

Produkt:

Chargen-Nr.:

13. Voranstrich

☐ Bitumenemulsion

Mischverhältnis: :

Produkt:

Chargen-Nr.:

☐ Sonstige

Produkt:

Chargen-Nr.:

☐ Haft-/Kontaktbrücke

Produkt:

Chargen-Nr.:

14. Flächenabdichtung

☐ polymermodifizierte Bitumendickbeschichtung (PMBC)

Hersteller:

Produkt:

Chargen-Nr.:

☐ mineralische Dichtungsschlämme (MDS)

Hersteller:

Produkt:

Chargen-Nr.:

☐ flexible polymermodifizierte Dickbeschichtung (FPD)

Hersteller:

Produkt:

Chargen-Nr.:

Art

☐ einkomponentig ☐ zweikomponentig

Auftrag

☐ geschlämmt ☐ gespachtelt ☐ gespritzt

Verbrauch (ℓ/kg je m²)

lt. Herstellerangaben:

am Bauvorhaben:

Verstärkungseinlage

Produkt:

15. An-/Abschlüsse

☐ Sockelanschluss (>10 cm)
☐ Stirnseite Betonbodenplatte (>10 cm)
☐ aufstauendes Sickerwasser (WU-Betonsohle) (>15 cm)
☐ drückendes Wasser, Anschluss an WU-Betonbauteil (15 cm)

16. Detail-/Systemkomponenten

☐ Fugenbänder

Produkt:

☐ Durchdringungen

Produkt:

☐ Sonstige

Produkt:

17. Schutz-/Nutzschichten

☐ Dränplatte

Hersteller:

Produkt:

☐ Perimeterdämmung

Hersteller:

Produkt:

☐ Schutz-/Dränplatte

Hersteller:

Produkt:

☐ Sonstige

Hersteller:

Produkt:

18. Verklebung

☐ punktweise
☐ Punkt-/Wulsttechnik
☐ vollflächig

Kleber

Hersteller:

Produkt:

Anlage 1: Prüfung der Nassschichtdicke

Nassschichtdickenprüfung (20 je Objekt / 20 je 100 m^2)			
Messung Nr.	1. Auftrag in mm	2. Auftrag in mm	Gesamtschichtdicke in mm
1			
2			
3			
4			
5			
6			
7			
8			
9			
10			
11			
12			
13			
14			
15			
16			
17			
18			
19			
20			

Anlage 2: Referenzprobe

Abdichtungsfertigstellung am:	
Referenzprobe angelegt am:	

Anlage 3: Durchtrocknungsprüfung an der Referenzfläche

			Besonderheiten:
Datum	ja	nein	
Datum	ja	nein	
Datum	ja	nein	
Datum	ja	nein	
Datum	ja	nein	
Datum	ja	nein	
Datum	Unterschrift		

Raum für Notizen/Skizzen

9.5 Literatur

[1] Deutsche Gesellschaft für Mauerwerks- und Wohnungsbau e. V. (DGfM) (Hrsg.): Merkblatt zur Abdichtung von Mauerwerk. 1. Aufl. Berlin:Selbstverlag, 2013

[2] DIN 18533-1 Abdichtung von erdberührten Bauteilen – Teil 1: Anforderungen, Planungs- und Ausführungsgrundsätze (Einleitung)

[3] Deutsche Bauchemie e. V. (Hrsg.): Richtlinie für die Planung und Ausführung von Abdichtungen mit polymermodifizierten Bitumendickbeschichtungen (PMBC). 4. Ausgabe, Frankfurt/Main: Selbstverlag, 2018

[4] Deutsche Bauchemie e. V. (Hrsg.): Richtlinie für die Planung und Ausführung von Abdichtungen mit flexiblen polymermodifizierten Dickbeschichtungen (FPD); Manuskript 12-2017

[5] Wissenschaftlich-Technische Arbeitsgemeinschaft für Bauwerkserhaltung und Denkmalpflege e. V. -WTA-, Referat 4 Mauerwerk/Bauwerksabdichtung, München (Hrsg.): WTA-Merkblatt 4-6-14/D Nachträgliches Abdichten erdberührter Bauteile. Stand: November 2014. Stuttgart: Fraunhofer IRB Verlag, 2014

[6] Wissenschaftlich-Technische Arbeitsgemeinschaft für Bauwerkserhaltung und Denkmalpflege e. V. -WTA-, Referat 4 Mauerwerk/Bauwerksabdichtung, München (Hrsg.): WTA-Merkblatt 4-5-99/D Beurteilung von Mauerwerk – Mauerwerksdiagnostik. Stuttgart: Fraunhofer IRB Verlag, 1999

[7] Wissenschaftlich-Technische Arbeitsgemeinschaft für Bauwerkserhaltung und Denkmalpflege e. V. -WTA-, Referat 4 Mauerwerk/Bauwerksabdichtung, München (Hrsg.): WTA-Merkblatt E-4-9-18/D Instandsetzen von Gebäude- und Bauteilsockeln. Stuttgart: Fraunhofer IRB Verlag, 2018 (Entwurf)

[8] DIN e. V. (Hrsg.): Handbuch Eurocode 6 – Mauerwerksbau. Von DIN konsolidierte Fassung. Berlin: Beuth Verlag, 2012

[9] DIN 18195-3:2011-12 Bauwerksabdichtungen – Teil 3: Anforderungen an den Untergrund und Verarbeitung der Stoffe [zurückgezogen]

[10] Wissenschaftlich-Technische Arbeitsgemeinschaft für Bauwerkserhaltung und Denkmalpflege e. V. -WTA-, Referat 4 Mauerwerk/Bauwerksabdichtung, München (Hrsg.): WTA-Merkblatt 4-7-02/D Nachträgliche mechanische Horizontalsperre. Stuttgart: Fraunhofer IRB Verlag, 2002

[11] Wissenschaftlich-Technische Arbeitsgemeinschaft für Bauwerkserhaltung und Denkmalpflege e.V. -WTA-, Referat 4 Mauerwerk/Bauwerksabdichtung, München (Hrsg.): WTA-Merkblatt 4-4-04/D Mauerwerksinjektion gegen kapillare Feuchtigkeit. Stuttgart: Fraunhofer IRB Verlag, 2004

[12] Wissenschaftlich-Technische Arbeitsgemeinschaft für Bauwerkserhaltung und Denkmalpflege e. V. -WTA-, Referat 4 Mauerwerk/Bauwerksabdichtung, München (Hrsg.): WTA-Merkblatt 4-10-15/D Injektionsverfahren mit zertifizierten Injektionsstoffen gegen kapillaren Feuchtetransport. Stuttgart: Fraunhofer IRB Verlag, 2015

[13] vdd Industrieverband Bitumen-Dach- und Dichtungsbahnen e.V. (Hrsg.); Böving, Björn et al.: Technische Regeln für die Planung und Ausführung von Abdichtungen mit Polymerbitumen- und Bitumenbahnen – abc der Bitumenbahnen. 5. überarb. Aufl. 2012; Frankfurt/Main: Selbstverlag, 2011

[14] DIN EN 15814:2013-01 Kunststoffmodifizierte Bitumendickbeschichtungen zur Bauwerksabdichtung – Begriffe und Anforderungen; Deutsche Fassung EN 15814:2011+ A1:2012

[15] DIN 1053-1:1996-11 Mauerwerk – Teil 1: Berechnung und Ausführung

[16] DIN V 18550:2005-04 Putz- und Putzsysteme – Ausführung

[17] DIN EN 13914-1:2016-09 Planung, Zubereitung und Ausführung von Außen- und Innenputzen – Teil 1: Außenputze

[18] DIN 18550-1:2018-01 Planung, Zubereitung und Ausführung von Außen- und Innenputzen – Teil 1: Ergänzende Festlegungen zu DIN EN 13914-1:2016-09 für Außenputze

[19] DIN 18195-9:2010-05 Bauwerksabdichtungen – Teil 9: Durchdringungen, Übergänge, An- und Abschlüsse [zurückgezogen]

[20] Forschungsgesellschaft Landschaftsentwicklung, Landschaftsbau e.V. -FLL- (Hrsg.): Empfehlungen für Planung, Bau und Instandhaltung der Übergangsbereiche von Freiflächen zu Gebäuden. Bonn: Selbstverlag, 2012

[21] DIN 4108-3:2001-07 Wärmeschutz und Energie-Einsparung in Gebäuden – Teil 3: Klimabedingter Feuchteschutz; Anforderungen, Berechnungsverfahren und Hinweise für Planung und Ausführung

[22] DIN 18195-4:2011-12 Bauwerksabdichtungen – Teil 4: Abdichtungen gegen Bodenfeuchte (Kapillarwasser, Haftwasser) und nicht stauendes Sickerwasser an Bodenplatten und Wänden, Bemessung und Ausführung [zurückgezogen]

[23] DIN 18195-6:2011-12 Bauwerksabdichtungen – Teil 6: Abdichtungen gegen von außen drückendes Wasser und aufstauendes Sickerwasser, Bemessung und Ausführung [zurückgezogen]

[24] Fachverband der Stuckateure für Ausbau und Fassade Baden-Württemberg -SAF-; Verband Garten-, Landschafts- und Sportplatzbau Baden-Württemberg e.V. -GaLaBa- (Hrsg.): Richtlinie Fassadensockelputz/Außenanlage – Richtlinie für die fachgerechte Planung und Ausführung des Fassadensockelputzes sowie des Anschlusses der Außenanlagen. 2., überarb. Aufl., Stuttgart: Selbstverlag, 2004

[25] DIN 18195-2:2009-04 Bauwerksabdichtungen – Teil 2: Stoffe

[26] DIN 4095:1990-06 Baugrund; Dränung zum Schutz baulicher Anlagen; Planung, Bemessung und Ausführung

[27] Kabrede, Hans-Axel; Spirgatis, Rainer: Abdichten erdberührter Bauteile. Nachträgliche Abdichtung, Horizontalsperren, Mauerwerkstrockenlegung. Stuttgart: Fraunhofer IRB Verlag, 2003 (Gebäudeinstandsetzung; 1)

[28] Wissenschaftlich-Technische Arbeitsgemeinschaft für Bauwerkserhaltung und Denkmalpflege e.V. -WTA-, Referat 2 Oberflächentechnologie, München (Hrsg.): WTA-Merkblatt E-2-9-18/D Sanierputzsysteme. Stuttgart: Fraunhofer IRB Verlag, 2018 (Entwurf)

[29] DIN EN 998-1:2010-12 Festlegungen für Mörtel im Mauerwerksbau – Teil 1: Putzmörtel; Deutsche Fassung EN 998-1:2010

[30] Deutscher Holz- und Bautenschutzverband e.V. (Hrsg.): DHBV-Hinweis Nr. 1: Außenabdichtungen. Köln: Selbstverlag, 1994

[31] Deutsche Bauchemie: Richtlinie für die Planung und Ausführung von Abdichtungen mit polymermodifizierten Bitumendickbeschichtungen (PMBC) – erdberührte Bauteile. (Stand: 12-2018), Teil C, 1.2.2 Schichtdickenzuschlag

[32] Wissenschaftlich-Technische Arbeitsgemeinschaft für Bauwerkserhaltung und Denkmalpflege e.V. -WTA-, Referat 3 Naturstein, München (Hrsg.): WTA-Merkblatt 3-17-10/D Hydrophobierende Imprägnierungen von mineralischen Baustoffen. Stuttgart: Fraunhofer IRB Verlag

[33] DIN 4123:2013-04 Ausschachtungen, Gründungen und Unterfangungen im Bereich bestehender Gebäude

Weitere Literaturhinweise

DIN 18195-5:2011-12 Bauwerksabdichtungen – Teil 5: Abdichtungen gegen nichtdrückendes Wasser auf Deckenflächen und in Nassräumen, Bemessung und Ausführung [zurückgezogen]

DIN 18195-7:2009-07 Bauwerksabdichtungen – Teil 7: Abdichtungen gegen von innen drückendes Wasser, Bemessung und Ausführung [zurückgezogen]

DIN 18195-8:2011-12 Bauwerksabdichtungen – Teil 8: Abdichtungen über Bewegungsfugen [zurückgezogen]

DIN 18195-10:2011-12 Bauwerksabdichtungen – Teil 10: Schutzschichten und Schutzmaßnahmen [zurückgezogen]

Fachverband Hoch- und Massivbau im Zentralverband des Deutschen Baugewerbes e.V. (Hrsg.): Merkblatt – Baupraktische Hinweise zur DIN 4095 – Dränung zum Schutz baulicher Anlagen. Entwurfsfassung Stand 5/2007

Industrieverband WerkMörtel e.V. (Hrsg.): Leitlinien für das Verputzen von Mauerwerk und Beton. Grundlagen für die Planung, Gestaltung und Ausführung. 2., vollst. überarb. Aufl., Düsseldorf: Verlag Bau + Technik, 2014

Gemeinsamer Technischer Ausschuss der Verbände -GTA- (Hrsg.): Merkblatt Wärmedämm-Verbundsysteme im Sockel- und im erdberührten Bereich. Ausgabe: Oktober 2000

Fachvereinigung Polystyrol-Extruderschaumstoff -FPX- (Hrsg.): Merkblatt für den Wärmeschutz erdberührter Bauteile. Aktual. Aufl. Rossdorf bei Darmstadt: Selbstverlag, 2013

Appel, Bodo et. al: Praxis-Handbuch Bautenschutz. Beurteilen, Vorbereiten, Ausführen. Köln: Verlagsgesellschaft Rudolf Müller, 2012

Bernhard-Remmers-Akademie / Europäisches Institut für handwerkliche Bauwerkerhaltung und Baudenkmalpflege gemeinnützige GmbH (Hrsg.); Weber, Helmut; Hölzen, Franz-Josef; Westfeld, Hans: Gebäudeinstandsetzung. Löningen: 2011

Bernhard-Remmers-Akademie / Europäisches Institut für handwerkliche Bauwerkerhaltung und Baudenkmalpflege gemeinnützige GmbH (Hrsg.); Plagge, Rudolf; Hölzen, Franz-Josef; Westfeld, Hans: Gebäudeinstandsetzung. Löningen: 2014

Stichwortverzeichnis

A
Abdichtungsschein PMBC , 82
Abdichtungsstoffe
~ aufzutragende 109
Ankerrührer , 68
Armierung , 76
Armierungsschicht 152
Ausführungsprotokoll , 82

B
Baustellenprotokoll , 82
Bauwerksabdichtung 16
Bestandsaufnahme 89
Blasenbildung , 55, 86
Bodenplatte
~ hoher Wasserwiderstand (WU) 106
Bohrlochtränkverfahren 146

D
Dränung zum Schutz baulicher Anlagen 34

E
Einhausung , 78
Einkomponentig 1K 48
Exzenterschneckenpumpe , 71

F
Fehlstelle , 86
Feinmörtelschicht , 53
Festflansch , 63
Flüssigkunststoff 120
Fugenband , 63

G
Glätter , 70
Glättkelle , 70

H
Haftung
~ mangelnde , 84
Hochdruckspritzgerät , 74
Hybridabdichtung 128

K
Kehlenausrundung , 57

L
Leitfähigkeit
~ kapillar 168
Losflansch , 63

M
Materialbehälter , 72
Mikroorganismus 156

N
Nassschichtdickenmessung , 81
Niederdruckverfahren 147
Nutzschicht , 79

Q
Quarzsandabstreuung 113

R
Reaktivabdichtung 128
Regenfestigkeit , 65
Rissbildung , 86
Rohrflansch , 62

S
Sanierputzsystem 149
Sanierputz-WTA 149
Schichtdickenkelle 71
Schlagregenbeanspruchung 155
Sinterschicht , 53
Spachtelkragen , 61

T
Teer 111

V
Verdrängerpumpe , 72
Verfilmung , 65
Voranstrich , 60

W
Weißverfärbung 66

Z
Zweikomponentig 2K 48
Zwischenabdichtung , 59, 116